Otto-Peter A. Bühler

Omnibustechnik

Aus dem Programm Fahrzeugtechnik

Vieweg Handbuch Kraftfahrzeugtechnik
von H.-H. Braess (Hrsg.) und U. Seiffert (Hrsg.)

Who is who in der Automobil- und Motorentechnik 2000
von U. Seiffert (Hrsg.) und W. Siebenpfeiffer (Hrsg.)

Omnibustechnik
vom Verband der Automobilindustrie e. V. (VDA) (Hrsg.) und O.-P. A. Bühler

Nutzfahrzeugtechnik
von E. Hoepke (Hrsg.)

Motorradtechnik
von J. Stoffregen

Passive Sicherheit von Kraftfahrzeugen
von F. Kramer

Verbrennungsmotoren
von E. Köhler

Kurbeltriebe
von S. Zima

Die BOSCH-Fachbuchreihe mit Standardwerken zur Kraftfahrzeugtechnik

- **Ottomotor-Management**
- **Dieselmotor-Management**
- **Autoelektrik/Autoelektronik**
- **Fahrsicherheitssysteme**

von ROBERT BOSCH GmbH (Hrsg.)

vieweg

Otto-Peter A. Bühler

Omnibustechnik

Historische Fahrzeuge und aktuelle Technik

Mit 431 Abbildungen

Herausgegeben vom Verband der Automobilindustrie e. V. (VDA)

vieweg

Die Deutsche Bibliothek – CIP-Einheitsaufnahme
Ein Titeldatensatz für diese Publikation ist bei
Der Deutschen Bibliothek erhältlich.

Verzeichnis der Autoren

Otto-Peter A. Bühler	Technischer Journalist und Fachautor
Christoph Kirsch	Robert Bosch GmbH, Stuttgart
Dr. Rudolph Maier	Robert Bosch GmbH, Stuttgart
Rudolph Buhmann	J. Eberspächer GmbH & Co., Esslingen
Dr. Thomas Hauber	J. Eberspächer GmbH & Co., Esslingen
Josef Uttenthaler	MAN Nutzfahrzeuge AG, München
Hans Fisch	MAN Nutzfahrzeuge AG, München
Bengt Hamsten	Evo-Bus GmbH, Mercedes-Benz Omnibusse, Mannheim
Dr. Robert Müller	Voith Turbo GmbH & Co. KG, Heidenheim
Markus Renner	Webasto Klimatechnik GmbH, Stockdorf
Bert Ettwein	ZF Friedrichshafen, Friedrichsdorf
Erich Hoepke	Freier Fachautor

1. Auflage Dezember 2000

Der Verlag Vieweg ist ein Unternehmen der Fachverlagsgruppe BertelsmannSpringer.

www.vieweg.de

Technische Redaktion: Hartmut Kühn von Burgsdorff
Konzeption und Layout des Umschlags: Ulrike Weigel, www.CorporateDesignGroup.de
Druck und buchbinderische Verarbeitung: Lengericher Handelsdruckerei, Lengerich
Gedruckt auf säurefreiem Papier

ISBN 978-3-528-03928-8

Forschung und Entwicklung sind ein ununterbrochener Prozess, der aus den Erfahrungen der Vergangenheit und den Erkenntnissen von Heute das Projekt von Morgen entstehen lässt.

Vorwort

Vor 100 Jahren begann der motorisierte Verkehr.

Seither hat er die Welt erobert und das Leben verändert. Die Mobilität, das Mehr an persönlicher Freiheit, die enorme Erweiterung des Bewusstseins sind heute nicht mehr zurückzuführen.

Aufgabe und Verpflichtung der Automobiltechnik ist es daher, die millionenfache Motorisierung in Einklang zu bringen mit der Welt, in der wir leben.

Kein technischer Höhenflug ist mehr möglich ohne das Bewusstsein, verantwortlich zu sein für den Menschen, der diese Technik nutzt, für die Umwelt, in der wir uns bewegen.

Gegenwart war die Zukunft von gestern

Omnibus-Geschichte ist die Geschichte des Automobils, ist die Geschichte der Mobilität der Gemeinschaft, ist die Geschichte der Geselligkeit, ist die Geschichte kontinuierlicher Veränderungen unserer Gesellschaft.

Im Gegensatz zum Personen-Kraft-Wagen war der Omnibus von jeher ein Objekt, das Tabus abbaute, Klassenunterschiede verwischte und die Kommunikation förderte. Dies war so, als es noch von Pferden gezogene Omnibusse gab – das ist mit dem Einbau des Motors nicht anders geworden.

Heute ist der komfortable Omnibus das Medium, die eigene wie die weitere Welt kennen zu lernen, mit Menschen aller Schichten und Rassen auf Tuchfühlung zu kommen und Toleranz zu üben.

Welch eine Entwicklung. Seit am 18. März 1895 der erste tatsächlich motorbetriebene Omnibus im Siegerland den Personentransport aufnahm und eine Stunde für die 15 km benötigte, ist ein Jahrhundert vergangen. Seinerzeit unvorstellbar der Wandel, der sich in dieser Zeit vollzog.

Unsere Omnibus-Technik hat heute eine Stufe erreicht, die den Anschein erweckt, entscheidend Neues gäbe es nicht. Irrtum!

Jene Generation, die den Anfang der Motorisierung erlebte, dachte kaum anders. Über sie war eine Entwicklung hereingebrochen, zu der es keine Weiterung geben konnte oder durfte.

Horror-Fantasien begleiteten den Fortschritt. Ist es heute nicht anders? Doch das Gesetz des Fortschritts belehrt uns immer wieder: Jede technische Entwicklung ist folgenreicher, als es sich bei ihrem Ursprung ermessen lässt. Nirgendwo in der Menschengeschichte ist Stillstand. Der menschliche Geist treibt aus der Gegenwart in die Zukunft. Die Gegenwart war die Zukunft von gestern.

Otto-Peter A. Bühler

Inhaltsverzeichnis

Kapitel I

Kapitel II

Kapitel III

Industrieteil

1

Geschichte

Vorgeschichte zum Omnibus unserer Zeit

Die Entwicklungsgeschichte des Omnibusses unserer Zeit ist zuallererst eine Geschichte des Motors, dann eine Geschichte der Mechanik und Elektrik und eine Geschichte der Räder und nicht zuletzt eine Geschichte des Karosseriebaus, d. h., die Entwicklung der Aufbautechnik, des Stylings, des Einflusses steigender Komfortansprüche sowie der gesellschaftlichen Entwicklungen. Nicht zuletzt ist es aber auch die Geschichte kontinuierlich sich wandelnder Straßenbautechnik.

100 Jahre Omnibus mit Verbrennungsmotoren

Mit der ersten Omnibus-Linie, die zwischen Siegen – Netphen und Deuz am 18. März 1895 die automobile Personenbeförderung aufnahm, anstelle des bis dato eingerichteten Postkutschen-Dienstes mit Pferdezug, beginnt nach Meinung vieler Historiker die Geschichte des – wohlgemerkt – motorgetriebenen Omnibusses, und damit überhaupt die entscheidende Phase der Omnibusentwicklung in Europa, ja in der ganzen Welt.
Das ist in der Sache richtig, doch Omnibusse „das Gefährt für Alle" gab es schon sehr lange vor der Jahrhundertwende – allerdings mit Pferdegespann, später mit Dampfantrieb und elektrischen Antrieben.

Am Anfang war das Pferd – dann der Dampfbetrieb, und dies mit einem Doppeldecker anno 1830 – Dampfomnibus von Dr. William Church.

Nach der Überlieferung sollen 1662 bereits in Paris „Pferdeomnibusse" eingesetzt worden sein. Richtig ist, dass mit dem Ausbau eines Straßennetzes, vorwiegend in größeren Städten und in Bergwerk- und Hüttengebieten, Pferdebahnen den Personentransport besorgten.
1822 verkehrte z. B. in New York für kurze Zeit die erste Pferde-Straßenbahn der Welt. 1873 debutierte in San Francisco eine Kabelstraßenbahn mit stationärem Dampfantrieb.
1877 wurde in Kassel eine Dampfstraßenbahnlinie zur Wilhelmshöhe eröffnet, die aber wegen zu starker Rauchbelästigung ihren Betrieb einstellen musste.
1880 gab es in den USA bereits elektrische Bahnbusse als Überlandlinien.
1884 wird in den USA die erste elektrische Straßenbahn mit Stromzuführung über eine Oberleitung in Betrieb genommen, deren System – einfacher Fahrdraht und Stromrückführung durch die Schiene – von Franklin Julian Spragne erfunden wurde.
1909 wurde in Bonn die letzte Pferde-Straßenbahn eingestellt.
Daraus lässt sich schließen, dass schon im 18. und 19. Jahrhundert der Personentransport maßgeblich die Entwicklung von Großraumfahrzeugen beeinflusst hat.

1820 bis 1900 – Jahre des technischen Aufbruchs

Unbestritten: Jahrzehnte früher fuhren auto-mobile, also selbstfahrende Omnibusse durch die Straßen der damals einzigen Weltstädte Paris und London. Auch in manchen aufstrebenden Mittelzentren sorgten sie für Aufsehen. Den Antrieb besorgte eine Dampfmaschine.
Dabei handelte es sich vorwiegend um große Kutschwagen, wie man sie zu der damaligen Zeit überall benutzte. Auch schwere, primitive Fahrwerke aus Vierkanthölzern waren üblich. Der Dampfantrieb war aufgesetzt, angehängt oder auf einem separaten Anhänger nachgeführt.
So baute 1824 Julius Griffith eine Chaisse mit zwei Abteilungen und einer Zweizylinder-Dampfmaschine für Edinburgh, Goldsworthy Guerney 1826 für London einen Dampfwagen für 15 Personen, Pagani 1830 für Turin einen ebensolchen für 30 Personen und Charles Dietz konstruierte sogar einen Dampfwagen, erstmals mit Kettenantrieb, für Paris.
1833 gab es in London – England gilt als Mutterland der Dampfmaschine – den ersten regelmäßigen dampfmobilen Linienverkehr zwischen Birmingham und London. Betreiber dieser 20 Plätze bietenden Dampfbuslinie war die Paddington Stream Carrige Company. Immer-

hin erreichten diese rasselnden und fauchenden, tonnenschweren Wagen Geschwindigkeiten um die 20 km/h.
1878 „raste" das erste Dampfwagenrennen vor den Toren von Paris. Die Strecke führte vom Pte. Maillot nach Versailles und wieder zurück. Gewinner war Marquis de Dion (ebenfalls Wagenbauer) auf einem Vierradwagen. Die Durchschnittsgeschwindigkeit lag bei 10 km/h.
In dieser Dampfwagen-Zeit erscheint in Deutschland der erste nicht schienengebundene Elektrobus von Siemens, 1882 in Berlin vorgestellt. Der offene Landauer für 8 Personen war über eine Rolle als Stromabnehmer sowie Kabel mit den Elektromotoren im – „Urvater" des O-Bus – verbunden. Später experimentierte Siemens & Halske mit Batterien. Dieser Vorläufer des „Trolley und Duo-Bus" lud seine Strom-Speicher-Batterien an Haltestellen auf.
1888 begann der Bau von Straßenbahnen mit elektrischem Antrieb in Nürnberg bei der Maschinenbaugesellschaft Nürnberg AG.

Daimler Oberleitungs-Omnibus um 1911 – Nachfolger des Siemens-Trolley von 1882.
Die „gleislosen Bahnen (System Elektro-Daimler-Stoll)" waren die ersten planmäßig betriebenen Oberleitungs-Omnibusse.
Bis Ende 1911 befanden sich in Deutschland und Österreich insgesamt 10 Linien mit 38 Motorwagen bei 50 km Oberleitung in Betrieb.

Besonders hervorzuheben ist eine Busentwicklung, die ihrer Zeit weit voraus war: 1892 bauten in Baltimore (USA) die Mechaniker Harris und Holingworth einen 4,5 m langen Omnibus, der fünf hintereinander angeordnete Sitzbänke für 20 Personen aufwies. Der Frontlenker-Bus hatte einen Unterflur Einzylinder-Leuchtgasmotor nach dem System Lenoir. Dieses, tatsächlich grundlegende Merkmale eines Omnibusses zeigende Fahrzeug, verbrannte ein Jahr später in Chicago. Weitere Fahrzeuge wurden nicht mehr gebaut mangels Finanzen.
Diese wenigen, für den mechanischen Aufbruch bezeichnenden Beispiele mögen für unzählige andere stehen, denn die Liste solch früher, oft erfolgloser und meist unklarer Versuche mit auto-mobilen Omnibussen ist, besonders in Frankreich und England, erstaunlich lang.

Die Gründerjahre

Zurecht werden die letzten Jahrzehnte des 19. Jahrhunderts heute als die Gründerjahre bezeichnet. Es war die Zeit der sich anbahnenden technisch-wissenschaftlichen Revolution, der sich entwickelnden Industrieproduktion in Deutschland, mit einem Boom von Neugründungen von Unternehmen, deren einige wenige heute noch existieren.
Es war vor allem aber eine Zeit, in der die Resonanz der technischen Entwicklung den Wandel des wirtschaftlichen und sozialen Lebens in einem, in der bisherigen Weltgeschichte noch nie dagewesenen Maße beschleunigte. Die rasche Entwicklung des Automobils, anfangs mit Verbrennungsmotoren nach dem Otto-, 30 Jahre später dann nach dem Diesel-Prinzip, war ohne Zweifel der eskalierende, alles mitreißende Faktor.
Darin eingeschlossen die relativ späte Abspaltung und Wandlung des Omnibusses aus dem Nutz-Fahrzeug zur Güterbeförderung zum „feinen" Nutzfahrzeug zur ausschließlichen Beförderung von Personen.

Motorenentwicklung beginnt vor der Fahrzeugentwicklung

Es klingt zwar unwahrscheinlich, aber es ist so: die Entwicklung der Verbrennungsmotoren, zuerst mit einem Gas-Gemisch, auch Ammoniak, zögernd mit Petroleum und später Benzin, beginnt lange vor der Verdrängung pferdegezogener Kutschen, Chaissen oder Landauer, zum auto-mobilen Omnibus (Motor von Léon Bollee von 1899).

Keine Frage also, weshalb Carl Benz und Gottlieb Daimler ihre Motoren zuerst in solchen Kutschen auf den Markt brachten und somit unbestritten als die Urväter des motorgetriebenen Omnibusses gelten.

Motor-Schnittzeichnung von Léon Bollee 1899.

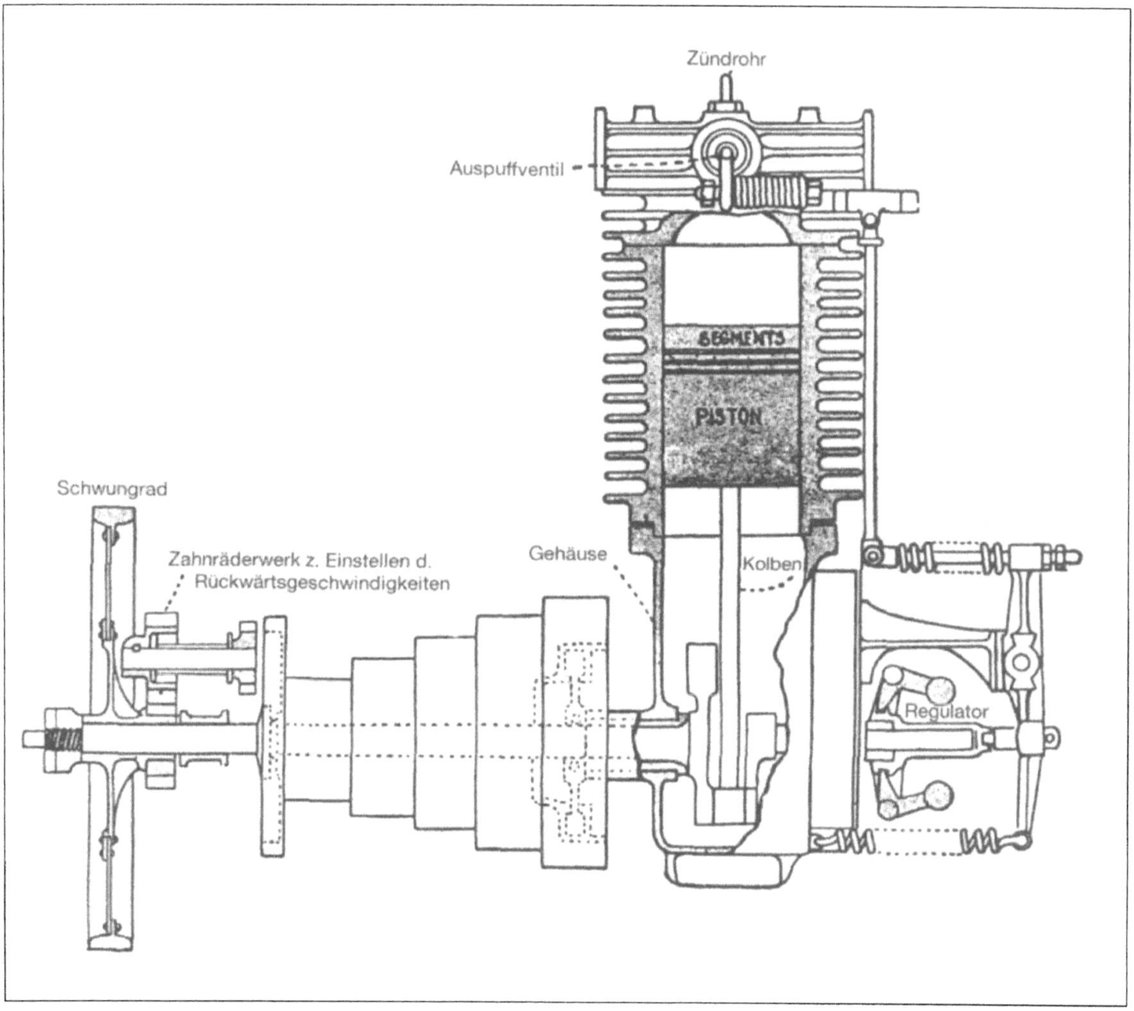

Nikolaus August Otto – Erfinder des funktionstüchtigen Vier-Takt-Motors.

Der Name Lenoir steht vor Nikolaus August Otto

Man erinnere sich: 1860 konstruiert Jean Josef Etienne Lenoir einen Leuchtgas-Motor. Die Bauart entsprach im Prinzip einer doppelt wirkenden Dampfmaschine.
Das Medium Gas wird elektrisch gezündet. Ein erster Versuch, diesen Gasmotor in ein Fahrzeug einzubauen, schlägt fehl, weil die mitzuführende Gasmenge einen größeren Behälter erforderte als die Fahrzeugdimension. Weitere Versuche unterbleiben. Die Idee allerdings initiierte 30 Jahre später in den USA clevere Mechaniker – Gasmotoren zu bauen. Erfolge großen Ausmaßes blieben aber aus.
Ab 1895 begann in USA erstmals das Interesse an Gas-Motoren von Benz für Automobile, die die Gebrüder Charles und Edward Duryea bauen wollten.
Bereits 1888 wurde in New York die Daimler Motor Companie gegründet durch Vermittlung des Bruders von Wilhelm Maybach, Karl Maybach, der bei Steinway & Co. eine leitende Stellung hatte. Steinway verkaufte stationäre Gas- und Petroleum-Motoren von Daimler.
Der Lenoir-Gasmotor von 1860 revolutionierte zwar die Antriebstechnik, doch den entscheidenden Schritt vollzieht Nikolaus August Otto mit seiner Erfindung des Viertakt-Verbrennungs-Prinzips.
Als er 1864 mit Eugen Langen, einem Ingenieur „mit internationalem Horizont", den Förderer seiner Viertakt-Motoren-Idee findet, entsteht aus dieser Verbindung die Motoren-Firma N.A. Otto und Cie., die die Verwertung der Viertakt-Gas-Motoren-Patente übernimmt. Die eigentliche „Reifephase" des Viertakt-Motors fängt zwar an, doch bedurfte es noch vieler Versuche und Änderungen, ehe der Otto-Motor bereit für den Antrieb eines Fahrzeuges war.
Interessant ist die Tatsache, dass Otto bereits 1861 sein Patent „über die Motorisierung des Verkehrs" anmeldete und auch später eindeutig die Absicht bekundete, den „Verkehr zu motorisieren" mit seinem Motor.
Finanzielle Probleme brachten Ottos Firma in Bedrängnis, neue Geldgeber sorgten dann für die Gründung der Gasmotoren-Fabrik Deutz AG, in der Otto die technische Leitung behielt.

Gottlieb Daimler – Wilhelm Maybach

Gottlieb Daimler, berühmter genialer Konstrukteur und Organisator, Ideenträger für das Automobil.

Mit dieser Deutzer Firma beginnt zugleich die so folgenreiche Karriere des Gottlieb Daimler und seines Freundes Wilhelm Maybach zum Motoren- und zuletzt zum Automobilbauer.

Beide lernten sich 1865 im Bruderhaus Reutlingen kennen. Maybach war 19 und Daimler der Leiter der Maschinenfabrik, bereits 31. Beide arbeiteten dann später in der Maschinenbau-Gesellschaft Karlsruhe zusammen und beide wechselten 1872 in die neu gegründete Deutzer Gasmotorenfabrik, Daimler als Direktor und Maybach als Motoren-Konstrukteur. Otto experimentierte damals in Deutz an Viertakt-Gas-Motoren, Maybach erkannte die Probleme und begann sofort mit Versuchen, anstelle von Gas die Benzin-Vergasung anzuwenden. Schon 1876 hatte Maybach als Chefkonstrukteur die ersten Versuchsmotoren gebaut und hatte den Auftrag die Serienproduktion „durchzuarbeiten."

1877 (4. August DRP 532) erhielt Nikolaus August Otto das Patent auf seinen Viertakt-Verbrennungs-Motor, das ihm dann 1886 größtenteils wieder aberkannt wurde.

Neider fanden nämlich eine frühere Schrift, die das Grundprinzip des Viertakt-Verfahrens bereits beschreibt (Alphonse Beau de Rochas). Allerdings wäre dieser Motor nie gelaufen, praktische Versuche gab es überhaupt nicht.

Ottos Patent blieb dagegen in England voll bestehen.

Die serienreife Umsetzung von Ottos Erfindung lag in den Händen von Daimler und Maybach. Die ersten Typen leisteten 1/2/4 und 8 PS, später bis 20 PS.

Wilhelm Maybach, Vollender des Otto-Motors und der bedeutendste Motorenkonstrukteur in den Anfängen des Fahrzeugbaus.
Die wichtigsten Erfindungen tragen seine Handschrift.

An einen mobilen Einsatz dieser klotzigen Kraftmaschinen war keineswegs zu denken. Die 10-PS-Variante wog 4,6 Tonnen, die 20-PS-Ausführung 6,8 Tonnen.

Allerdings hatte in der Gasmotoren-Fabrik Deutz auch niemand Absichten für eine Verwendung in Fahrzeugen. Industriemotoren waren das große Geschäft.

Interessant ist, dass 1874 Gottlieb Daimler in Deutz das erste deutsche und englische Patent erhält für einen doppeltwirkenden Gasmotor nach atmosphärischem Prinzip (Differenzdruck zwischen Atmosphäre und dem Vakuum einer im Zylinder erfolgten Explosion des Gasgemisches), der dann auch in der Gasmotorenfabrik Deutz gebaut wird. Zu diesem Zeitpunkt standen zwar die atmosphärischen Motoren noch in einem Boom, doch war bereits erkennbar, dass dem Viertakt-Motor die Zukunft gehörte.

Besonders Wilhelm Maybach wurde dabei zur treibenden Kraft, obgleich die meisten der späteren Patente auf Gottlieb Daimler eingetragen sind. Maybach kommentierte einmal diese Situation so: „Obgleich Herr Daimler mir in alle meine Versuche und Erfindungen in

Deutz nicht dreinredete, war er andererseits sehr eifersüchtig darauf aus, unter jeder meiner Zeichnungen seinen Namen zu setzen, gleichsam als Genehmigung zur Ausführung; im Ernste aber war es offenbar purer Ehrgeiz. Ich war dies aber so gewöhnt, daß ich mir gar nichts daraus machte" (Schnauffer „Maybach in Deutz" 1872–1882).

Carl Benz – sein Name ist weltberühmt geworden und steht in direktem Zusammenhang mit der Geburt des Automobils. Sein „Motorenvelziped" fuhr 1886 erstmals auf öffentlichen Straßen von Mannheim. Damit legte er, ebenso wie Daimler/Maybach im gleichen Jahr mit ihrer Motorkutsche, den Grundstein für die heutige Auto-Mobilität.

Carl Benz

Carl Benz – geboren am 25. 11. 1844 in Karlsruhe/Stadtteil Mühlburg, der damaligen Haupt- und Residenzstadt des Großherzogtums Baden – beginnt als 20-jähriger mit abgeschlossenem Studium als Konstrukteur und Zeichner am Polytechnikum in Karlsruhe, der späteren ersten Technischen Hochschule in Deutschland, arbeitet als Werkleiter in verschiedenen technischen Betrieben, machte sich aber schon 1871 selbständig in Mannheim: „Carl Benz und August Ritter – Mechanische Werkstätte", so hieß seine Firma. Natürlich kannte der schwäbische Autopionier Carl Benz das Patent Ottos. Dies zwang ihn, zunächst Motoren nach dem nicht geschützten Zweitakt-Prinzip zu bauen. Sein erstes Aggregat lief in der Silvesternacht 1879. Doch das DRP 532 Ottos holte ihn trotzdem ein, denn die Deutschen Patentbehörden lehnten seine Anmeldung des Zweitakters mit dem Hinweis auf Ottos Patent ab.

Carl Benz entwickelte weiter Industriemotoren. Seine später patentierte Drosselregelung (DRP 22256 vom 25.10.1882) wurde Grundlage einer besseren Leistungsregelung bei den Benz-Motoren.

Eine von ihm entwickelte Zündung arbeitete bereits elektrisch durch Summer mit Zündkerzen und war richtungsweisend für die Niederspannungs-Magnetzündung für stationäre Motoren von Robert Bosch.

In den folgenden Jahren fand Carl Benz in der Industrie reichlich Absatz für seine Gas-Motoren, was 1883 zur Gründung einer neuen Fabrik „Benz & Cie. Rheinische Gasmotoren-Fabrik" in Mannheim führte. Aggregate bis zu 10 PS waren im Programm, jedoch mit Gewichten von 450 bis 650 kg pro PS. Für ein Automobil, das Benz sich tatsächlich vorstellte, waren diese Motoren also denkbar ungeeignet. So musste er sich dann doch an das Viertakt-Prinzip nach Otto „anlehnen".

Im Stillen rechnete der clevere Schwabe schon im Jahr 1884 mit einer Nichtigkeitserklärung des Otto-Patents. Aus den laufenden Prozessen wusste er um den Stand der Dinge.

Benz scheute kein Risiko, ignorierte den Einspruch des Patentamtes, macht 1885 weiter. Zur Gemischaufbereitung verwendet er bereits Benzin, und zwar benutzt er einen Oberflächenvergaser (später einen

Schwimmer-Vergaser), der den Kraftstoff entsprechend der Kolbenstellung in den Zylinder brachte.
Gegen Überhitzung des Motors installiert er eine Verdampfungskühlung, mit der über Kondensation ein Teil des Kühlwassers zurückgewonnen wird. Die elektrische Zündung ermöglichte Drehzahlen bis etwa 400/min, was Carl Benz damals (!) für ausreichend hielt. Im Gegensatz dazu erreichten seine Zweitakt-Gas-Motoren gerade 130/min.
Dies ist der Zeitpunkt, als die bis dato noch unpräzise Vorstellung, einen leichteren Motor als Antrieb in eine Kutsche einzubauen, konstruktive Form annahm.
Dieser dafür vorgesehene neue Benz-Viertakter funktioniert bereits mit gesteuertem Ein- und Auslass und ist tatäschlich der erste Motor, der an der Kurbelwelle Gegengewichte zur Verbesserung des Masse-Ausgleichs aufweist. Man nimmt an, dass Lokomotivräder (Jugenderinnerung?) als Vorbild dienten.
Der Hubraum dieses neuen Benz-Motors betrug 0,984 Liter, die Leistung stieg bei 400/min auf 0,9 PS. Auf Versuchsstrecken nahe der Fabrik erprobte er diesen liegenden Motor zuerst in einem Dreirad-Wagen. Überliefert ist, dass er damit überhaupt nicht zufrieden war.

Anzeige von 1884.

Am 29. Januar 1886 meldete er dieses auto-mobil zum Patent an, wohlweislich ohne Beschreibung des Motorprinzips, denn die Otto-Prozesse liefen noch.
Überraschend wurde dann Tage später das Otto-Patent für nichtig erklärt. Ein entscheidendes Hindernis war gefallen. Es konnte nicht überraschen, dass die Öffentlichkeit dieses selbstfahrende Dreirad nicht ernst nahm. Zitat aus einer Münchner Zeitung: „Auch hat Benz einen Benzinwagen gebaut. Diese Anwendung der Benzinmaschine dürfte indessen ebenso wenig zukunftsreich sein wie die des Dampfes auf die Fortbewegung von Straßenfuhrwerken." Totale Fehleinschätzung.
Dass Benz nicht aufgab, ist bekannt. Historisch verbürgt: seine erste erfolgreiche Probefahrt am 3. Juli 1886. In den folgenden sechs Jahren, ab Patentierung wurden 25 Dreiräder gebaut und verkauft.

Vom Dreirad zum Vierrad-Omnibus

1892 hatte Benz dann die Idee, eine Kutsche mit 8 Plätzen in ein Motorfahrzeug zu verwandeln. Von zwei Fahrzeugen wurde sogar eines nach London verkauft.
Mit dieser Möglichkeit, einen Motorwagen für mehrere Personen zu bauen, war im Grunde der eigentliche Schritt zum Omnibus mit Verbrennungsmotor vollzogen. 1895 eröffnete die Linie Siegen – Deuz mit einer Benz-Motorkutsche.

Das „Schwaben-Duo" Daimler-Maybach beginnt in Cannstatt

Weitaus konsequenter in Richtung Fahrzeug-Motor verliefen die Arbeiten Gottlieb Daimlers und Wilhelm Maybachs erst, als sich beide nacheinander wegen Differenzen zwischen Daimler und Otto 1882 von der Deutzer Fabrik getrennt hatten.
Daimler holte Maybach nach Bad Cannstatt. Beiden war klar: um die Motoren als Antriebe für Fahrzeuge nutzbar zu machen, mussten sie in Größe und Gewicht „abspecken", musste man Leistung über höhere Drehzahlen holen – hier manifestierte sich erstmals die Idee Maybachs, des „leichten schnelllaufenden Motors". Dass dafür nur das Viertakt-Verfahren infrage kam war klar, ein Zweitakter hätte wegen der doppelten Zündhäufigkeit zu viele Probleme aufgeworfen.
Das Kraftstoff-Gemisch für einen solchen Schnellläufer konnte jedoch nicht auf die gleiche Art gezündet werden, wie es bislang bei Ottos Flammzündung praktiziert wurde.
Dort musste nämlich noch mit Hilfe eines Zündschiebers die Flamme durch ein System korrespondierender Hohlräume in den Zylinder bugsiert werden. Eine Technik, die zwar zufriedenstellend funktionierte, aber die Drehzahlen auf einen Höchstwert von etwa 180/min begrenzte.
Ein Problem, an dem Carl Benz wesentlich früher laborierte. Das „Schwaben-Duo" wollte Drehzahlen bis zu 800/min, doppelt so viel wie Benz.
Am 16. Dezember 1893 wurde Gottlieb Daimler das Patent Nr. 28 VG 022 erteilt, das eine Gaskraftmaschine mit ungesteuertem „offenem" Glührohr beschreibt. Diese Maschine ist allerdings nie gebaut worden, weil sie so wie beschrieben nicht funktionierte.
Doch von hier führte der Weg zum ständig beheizten Glührohr und zur Kurven-Noten-Steuerung, die Maybach rechnete.

Unbestritten ist in diesem Zusammenhang, dass Maybach und Daimler bereits bei Deutz das 1838 eingetragene Patent für eine Flammenzündung für Gasmotoren (William Barnett), das 1879 gegebene Patent von Leo Funk für eine gesteuerte Glührohrzündung, kennen gelernt hatten. Letztere Zündungsart wurde dann von Watson 1881 aufgegriffen und verschiedene Steuerungsmöglichkeiten beschrieben, von denen keine verwirklicht wurde. Alle diese Ideen und Möglichkeiten wurden von Daimler/Maybach geprüft, was dann am Ende zur Realisierung der ungesteuerten „offenen" Glührohrzündung führte. Tatsächlich war es dann auch der noch 1883 konstruierte Versuchsmotor, der mit dieser funktionierenden Glührohrzündung den Erwartungen entsprach. Diese Zündungslösung blieb bis 1897 auf Anordnung von Daimler bestehen, entgegen Maybachs Einwänden.
Erst danach wurde auf die inzwischen von Bosch entwickelte Niederspannungs-Zündung umgestellt.

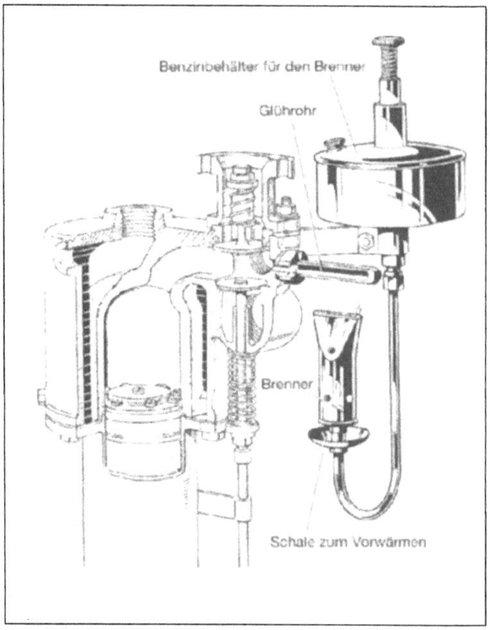

Zylinderkopf mit Glührohrzündung nach Maybach/Daimler 1883

Am 22. Dezember 1883 kam bereits die nächste Patenterteilung (DRP 28 V 243): die Kurven-Nuten-Steuerung. Sie war für die Betätigung des Auslassventils zuständig, das Einlassventil wurde durch das Ansaugen des Kolbens automatisch gehoben.
Zusätzlich ermöglichten die Kurvenscheiben auch eine genial einfache Motor-Regelung, bei zu hoher Drehzahl wurde das Auslassventil so lange blockiert, bis die Normaldrehzahl wieder erreicht war.

Der erste wirkliche Fahrzeugmotor

Die Grundlagen des Daimler-Maybach-Motors waren also zum Jahresende 1883 geschaffen, dennoch gab es noch einige Schwierigkeiten zu überwinden. Erst 1884 lief der Motor mit der gewünschten Drehzahl von 600/min. Die erste Ausführung war noch als liegendes und mit Gas betriebenes Aggregat ausgeführt. Auf der technischen Seite kam es darauf an, aus dem nun zufriedenstellend laufenden, aber liegenden Motor ein kompaktes, stehendes Triebwerk zu machen. Die geniale Lösung, die Wilhelm Maybach fand, war der erste wirklich höher drehende Leichtbau-Motor. Mit dem später entwickelten Zweizylinder V-Motor gelang es zudem, das Gewicht von ursprünglich 80 kg auf 35 kg pro PS zu verringern.
Wegen der Ähnlichkeit mit den damaligen Uhren halb scherzhaft „Standuhr" genannt.

Zumindest anfangs lief die „Standuhr" immer noch mit Gas, auch wenn im Patent der Betrieb bereits mit „Petroleum" (gemeint war Benzin) erwähnt ist. Da man aber von vornherein an Benzin gedacht hatte, fehlte noch ein Vergaser, der den flüssigen Kraftstoff in feine Nebel auflöst.

Maybach hatte schon in Deutz Erfahrungen mit Benzin-Motoren sammeln können, baute dort einen Oberflächenvergaser, eben jene Lösung, die auch Carl Benz, aus eigenen Überlegungen, realisiert hatte. Zwangsläufig erkannte Maybach, dass man die Luft am günstigsten durch das Benzin hindurch ansaugt und dass die Benzinschicht eine gleich bleibende Höhe haben müsste, damit sich die Luft gleichmäßig anreichere. So kam Maybach auf den Schwimmervergaser, eine technisch aufwendigere Ausführung des Oberflächenvergasers. Diese Lösung, die Maybach 1885 an der „Standuhr" installierte, war größer als der Motorzylinder selbst.

Im Grunde genommen stellte Maybach bereits eine „Benzin-Einspritzung" vor, die jedoch mit den damaligen technischen Möglichkeiten nicht realisierbar war.

Immerhin konnten mit dieser Lösung Daimler und Maybach beginnen, diesen höher drehenden Motor in ein Fahrzeug einzubauen. Sie wählten dazu das von Maybach konstruierte Zweirad, das später den Zusatz „Reitwagen" bekam.

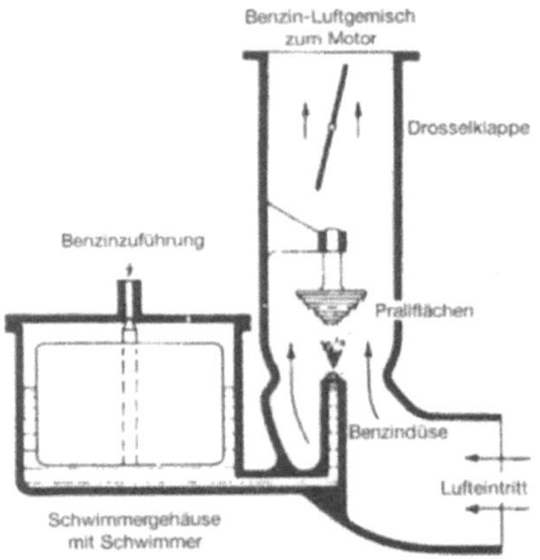

Erster Spritzvergaser 1893

von Daimler und Maybach

Im Oberflächenvergaser können die schwerflüchtigen Bestandteile des Benzins unverdampft zurückbleiben. Im Spritzvergaser dagegen werden alle Bestandteile des Brennstoffs gleichzeitig und fortlaufend fein zerstäubt und mit Luft vermischt. Der Stand des der Schwimmerkammer zufließenden Benzins wird durch den Schwimmer und das mit ihm verbundene Nadelventil dauernd auf solcher Höhe gehalten, daß die Flüssigkeit im Spritzdüsenrohr nahe an der Düsenöffnung steht. Die beim Ansaugen des Motors den Vergaser durchströmende Luft saugt das Benzin aus der Düse. Dieses wird an der Prallfläche weiter zerstäubt, so daß es feinzerteilt als Nebel und größtenteils verdampfend der Luft beigemischt wird.

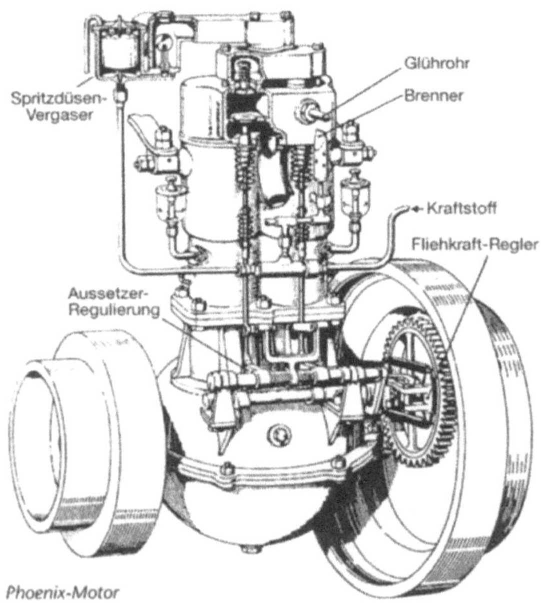

Phoenix-Motor in Zweizylinder-Ausführung mit Maybach-Spritzdüsen-Vergaser, 1893.

Allerdings schwebte Daimler damals schon ein Antrieb für Schiffe und vierrädrige Straßenfahrzeuge vor, also nicht ein festes Fahrzeugkonzept wie bei Carl Benz, sondern eine universelle Antriebsquelle, die auf der Straße, auf der Schiene, in der Luft und auf dem Wasser einsetzbar sein sollte – und auch wurde. 1888 gab erstmals ein Cannstatter Motor einem Luftschiff den Vortrieb.

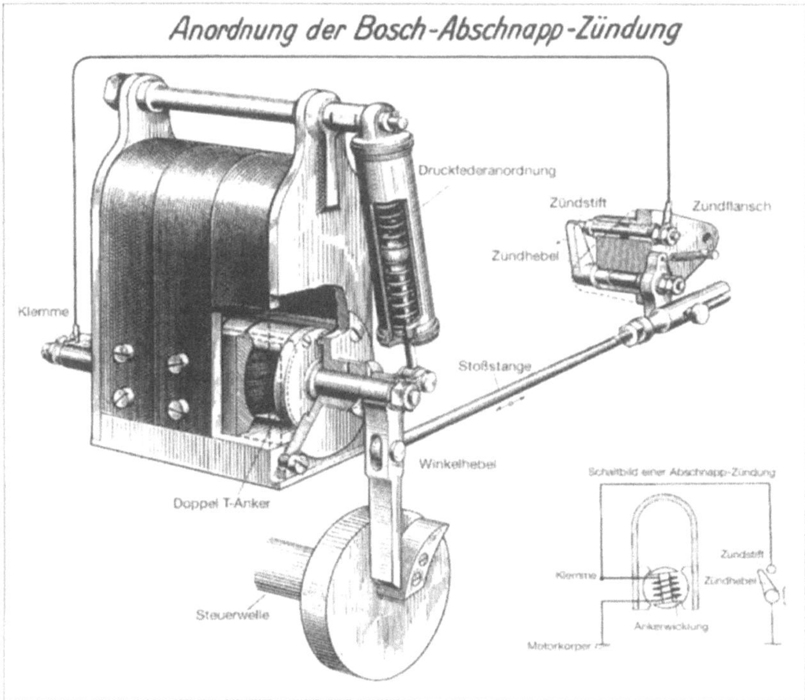

Erster Bosch Zündapparat aus dem Jahre 1887. Niederspannungs-Magnetzünder mit Abschnappvorrichtung und Zündflansch

Zwei Köpfe – ein Weg zum Automobil

Vergleicht man die beiden ersten brauchbaren Verbrennungsmotoren für den Einbau in Fahrzeuge, so kommt der fast mit doppelter Drehzahl laufenden „Standuhr" von Daimler/Maybach sicher mehr Raffinesse zu als dem liegenden Fahrzeugmotor des Carl Benz.
Benz arbeitete zielstrebig auf ein Straßenfahrzeug hin, während die beiden Cannstatter die universelle Antriebsquelle anvisierten.
Daher auch das frühe Patent Nr. 37435 vom 29. Januar 1886: geschützt wird ein „Fahrzeug mit Gasmotorenbetrieb". Das erste Automobil, das in die Annalen der Geschichte eingeht.
Zudem war Carl Benz in der Konstruktionsart seines Dreirades konsequent am Gesamtkonzept Motor/Fahrzeug orientiert, während das

„Schwabenduo" im 120 km entfernten Cannstatt Art und Aussehen eines möglichen Motor-Fahrzeugs zunächst als nachrangig in ihren Plänen einstuften, dafür aber den Motoreneinsatz „zu Lande, zu Wasser und in der Luft" protegierten.

Die Ära des Diesel-Motors – eine wichtige Erfindung für die Omnibus-Entwicklung

Die Ära des Diesel-Motors hatte einen entscheidenen Einfluss auf die Entwicklung des Omnibusses. Mit der Anwendung des Vorkammer-Prinzips und der Direkteinspritzung im Diesel-Motor war die Zeit des Otto-Motors im Omnibus ab 1931/32 schnell vorbei – wesentlich schneller als beim Nutzfahrzeug. Dort hielten Opel und Ford am Benzinmotor fest, weil deren hohe Stückzahlen ins Gewicht fielen. Gründe waren die völlig neuen Konstruktionen im Fahrwerkbau, dazu die höhere Wirtschaftlichkeit des Dieselmotors, dessen besseres Leistungsverhältnis und vor allem der geringere Kraftstoffverbrauch. Die Kosteneinsparungen, auch angesichts des zoll- und steuerfreien Gasöls, lagen bis zu 88 % niedriger gegenüber vergleichbaren Fahrzeugen mit Benzinmotor.

Inzwischen erkannte man, auch im Vergleich zum Otto-Motor, dass geringere Aufwendungen für Reparaturen die Wirtschaftlichkeit außergewöhnlich erhöhten, weil ein Dieselmotor robuster und langlebiger war.

Hier die Produktionszahlen aus dem Archiv von Daimler Benz:

1927–1929: Omnibus N 5
1132 Einheiten mit Benzinmotor
348 Einheiten mit Dieselmotor

1937–1940: Omnibus O 2000
1099 Einheiten mit Benzinmotor
1253 Einheiten mit Dieselmotor

Patenturkunde Nr. 67207 für Ingenieur Diesel, für Arbeitsverfahren und Ausführungsart für Verbrennungskraftmaschinen 1893

PATENT-URKUNDE

№ 67207

AUF GRUND DER ANGEHEFTETEN BESCHREIBUNG UND ZEICHNUNG IST DURCH BESCHLUSS DES KAISERLICHEN PATENTAMTES

an Rudolf Diesel, Ingenieur, in Berlin

EIN PATENT ERTHEILT WORDEN.

GEGENSTAND DES PATENTES IST:

Arbeitsverfahren und Ausführungsart für Verbrennungskraftmaschinen.

ANFANG DES PATENTES: 28. Februar 1892.

ZU URKUND DER ERTHEILUNG DES PATENTES IST DIESE AUSFERTIGUNG ERFOLGT.

Berlin, den 23. Februar 1893.

KAISERLICHES PATENTAMT.

Rudolf Diesel

1892 erhielt Rudolf Diesel, nach 12-jähriger Vorarbeit mit Studien und Labor-Versuchen die ersten Patente für seine Verbrennungskraftmaschine (DRP 67207). Später folgten weitere sechs Patente. Zu diesem Zeitpunkt war er noch Direktor und Konstrukteur bei Linde Kühlmaschinen in Berlin, zuständig für das nördliche und östliche Deutschland.

Die patentrechtlichen Fragen wurden in freundschaftlichem Einvernehmen mit Linde geregelt. Linde erhob keinen Anspruch auf Rechte aus den Patenten seines Angestellten.

1893 unterschreibt Rudolf Diesel den, nach anfänglicher Absage, aber dann mit Hilfe vieler potenter Befürworter zustande gekommenen Patentübertragungs-Vertrag, mit der Maschinenfabrik Augsburg. Der Diesel-Motor wird gebaut! Gleichzeitig vereinbart er mit dem Krupp-Gruson-Werk in Magdeburg, wo Gasmotoren gebaut werden, seinen Motorenbau in Augsburg zu unterstützen und mitzufinanzieren.

Diesel tritt alle Rechte auf seine deutschen Patente, die nicht bereits die Maschinenfabrik Augsburg besitzt, dazu das österreichisch-ungarische Patent, an Krupp ab.

Beide Firmen übertragen ihre Interessen einem Konsortium, Augsburg/Magdeburg, um die Versuche nicht getrennt, sondern gemeinsam bei gemeinsamen Kosten vorzusehen und die Erfindung gemeinsam auszuwerten.

Am 30. April 1893 kündigte Diesel seinen Vertrag mit Linde in Berlin und bleibt fortan nur seinem Motor verbunden.

Dritter Versuchsmotor von Diesel der 1896 bei MAN entstand. Leistung: 17,8 PS bei 154 U/min.

1894 drehte sich der Diesel-Motor zum ersten Mal aus eigener Kraft. 1897 war es dann soweit, dass Diesel seinen Motor einem interessierten Kreis vorführen konnte und auch wollte.

Die Leistung betrug 17,8 PS bei 154/min. An Kraftstoff verbrauchte die Maschine 238 Gramm pro PS und Stunde. Diese Daten waren mehr als überzeugend. 1901 hatten bereits 27 Lizenznehmer Rechte zum Bau von Dieselmotoren erworben, darunter auch die Firma Benz & Cie. in Mannheim.

Der Diesel-Motor übertraf alle bekannten Wärme-Kraftmaschinen. Die wirtschaftlichste Maschine der Welt war Realität geworden. – Doch der Weg bis zu den 1,2 Millionen PS 1913, im Jahre des Todes von Diesel, war reich an Rückschlägen und Enttäuschungen. Auch konnte keine Rede davon sein, trotz großer Fortschritte bei der MAN (1915 bis 1923) und bei der englischen Vickers Ltd durch James McKechnie

(1914) mit Direkteinspritzung, jene Probleme, die einen leichten, schnelllaufenden, leistungsfähigen Diesel-Motor für den Fahrzeugantrieb möglich machten, tatsächlich gelöst zu haben.
Erwähnenswert ist, dass 1898 Krupp und die Maschinenfabrik Augsburg AG eine Senkung der Importzölle für Rohöl bei der Regierung beantragten, um Dieselmotoren wirtschaftlicher betreiben zu können. Der Antrag wird abgelehnt. So wurde in Deutschland, dem Ursprungsland des Dieselmotores, dessen Verbreitung stärker gehemmt als im Ausland. Erst 1906 gab es im Zusammenhang mit dem Abschluss neuer Handelsverträge eine ausreichende Ermäßigung der Zollsätze. Zwischenzeitlich entdeckte die Chemie ein Verfahren, aus der heimischen Braunkohle Teeröl zu gewinnen, das für Dieselmotoren nutzbar war.

Vorkammerlösung bringt den Durchbruch

Es ist das Verdienst des begabten Ingenieurs Prosper L'Orange, der ab 1. Januar 1909 bei der Firma Benz & Cie die Motorenentwicklung übernahm, den richtigen Weg gefunden zu haben, dem Dieselmotor in Richtung Fahrzeug-Antrieb den Durchbruch zu verschaffen.
Seine zahlreichen, grundlegenden Erfindungen, das Vorkammerverfahren (DRP 230517 v. 1908) und die Gleichdruckverbrennung mit Hilfe einer „Rückdruckfrei regelbaren Brennstoffpumpe für Verbrennungskraftmaschinen" (DRP 378174) und der 1919 gefundene entscheidende Trick mit dem „Trichter" (DRP 397142), als die wertvollste Ergänzung zum Patent DRP 230517, machten den Benz-Diesel-Motor 1021/22 für ein Straßenfahrzeug erst verwendungsfähig, vor allen anderen Konkurrenten, die sich mit dem Diesel-Prinzip auseinander setzten.
Am nächsten kam die MAN 1920 (auf dem Wissensstand von James McKechnie) mit dem Patent auf Direkteinspritzung nach Wilhelm Riem. Jedoch der Fahrzeug-Dieselmotor wurde dort erst 1923 realisiert und in einem Lkw 1924 bei der Berliner IAA ausgestellt.
Der „rechenbare" Erfolg für Benz ließ nicht auf sich warten. Die Liste der Lizenznehmer von Benz-Vorkammer-Dieselmotoren zeigt es deutlich:

In Deutschland waren dies:

Gebr. Körting AG, Hannover

Hannoversche Maschinenbau AG
vorm. Georg Egerstorff (Hanomag)

Büssing-NAG, Vereinigte Nutzkraftwagen AG
in Braunschweig

Friedrich Krupp Aktiengesellschaft in Essen

Kaelble AG in Backnang

Eilenburger Motorenwerke AG, Eilenburg i. Sachsen

Süddeutsche Bremsen AG in München

Trumann-Werke Aktiengesellschaft in Aschersleben

Bohn & Kähler in Kiel

Erster MAN Fahrzeug-Diesel-Motor mit luftloser Brennstoffeinführung 1923. Leistung: 40 PS bei 900 U/min.

Im Ausland nahmen von Benz eine Motorenlizenz:

Wiener Automobilfabrik AG Gräf & Stift in Wien

H. Lang, Maschinenfabrik AG in Budapest

Codra-Unic in Puteaux, Frankreich

Mc Laren in Leeds, England

Bianchi in Mailand, Italien;

Pneumatic Tool Comapany in Chicago, USA

Direkt-Einspritzversuche im Fahrzeug-Dieselmotor mit einer Brennstoffpumpe mit verschiebbaren Nocken durch Wilhelm Riehm 1920.

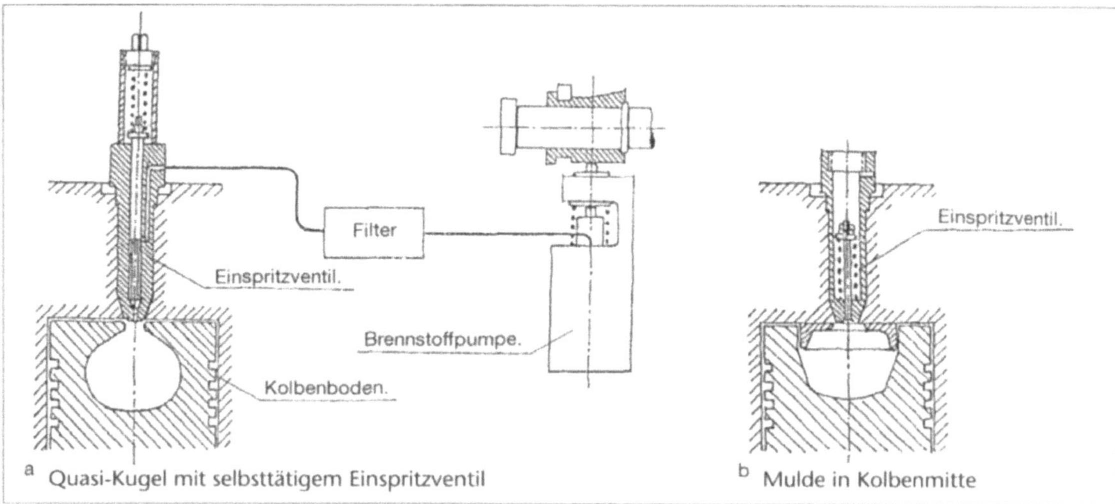

Vorkammer-Dieselmotoren bis 85 PS für Fahrzeug-Antriebe

Am 14. Juni 1922 wurden bei Benz & Cie auf dem Mannheimer Werksgelände die drei ersten Fünf-Tonner-Lastwagen mit Vorkammer-Dieselmotoren: Vierzylinder des Typs OB 2 – 115 mm Bohrung/180 mm Hub = 8125 cm^3, 50 PS bei 1 000/min eingesetzt und erprobt. Im September bereits weitere fünf mit Sechszylinder-Vorkammer-Diesel des Typs OM 5, 105 mm Bohrung/165 mm Hub = 8568 cm^3 Hubraum, 85 PS bei 1300/min.
Beide Motoren wurden für die zu jener Zeit von 13 Firmen gebauten oder karossierten Omnibusse zum wichtigsten Antriebsaggregat anstelle des bis dahin überwiegend verwendeten Benzinmotors.
Bemerkenswert ist die produzierte Zahl von 631 Fahrzeug-Vorkammer-Dieselmotoren, die von 1923 bis 1928 in den Markt gebracht wurden. Der Omnibusanteil lag über 50 %!
Wie groß das Interesse am Dieselmotor war beweisen die 19 Lizenznehmer, die Benz-Dieselmotoren in eigener Regie bauen und weiterentwickeln wollten.

1. Motorenfabrik Deutz AG, Köln-Deutz
2. Maschinenbauanstalt Humboldt AG, Köln-Kalk
3. Motorenfabrik Oberursel AG, Oberursel/Ts.
4. Caesar Wollheim, Breslau
5. Gebr. Körting AG, Hannover
6. Hannoversche Maschinenbau AG (Hannomag)
7. Automobilwerke H. Büssing AG, Braunschweig
8. Fried. Krupp AG, Essen
9. Carl Kaelble, Backnang
10. Eilenburger Motorenwerke AG, Eilenburg i. Sa.
11. Süddeutsche Bremsen AG, München
12. Trumann-Werke AG, Aschersleben
13. Motoren- und Maschinenfarik Bohn & Kähler AG, Kiel
14. Wiener Automobilfabrik AG Gräf & Schift, Wien
15. Maschinenfabrik H. Lang AG, Budapest
16. SA Codra-Unic, Puteaux (Seine)
17. Mc Laren Ltd., Leeds/England
18. SA Edoardo Bianchi, Fabbrica Automobili & Velecipedi, Milano
19. Pneumatic Tool Comp., Chicago

„Gold-Mark" verändert die Industrielandschaft

Die vermeintlich „goldenen Zwanziger" verursachten tiefe Einschnitte in der Wirtschaft.
Als sich 1925 die Umstellung von den Papierscheinen der Inflationszeit auf die Gold-Mark so stark auswirkte, dass von deutschen Automobil-Fabriken manche nicht mehr überlebten, wurde die Fusion von Benz & Cie. Mannheim und der Daimler-Motoren-Gesellschaft (DMG) Untertürkheim vorbereitet und am 28. Juni 1926 vollzogen.
Dass eine solche Fusion nicht reibungslos vonstatten geht, kann nicht überraschen. Die Unterschrift auf dem Vertragspapier war noch nicht trocken, verlangten die Mannheimer in der neuen Geschäftsleitung der Daimler-Benz AG die Garantie für den Weiterbau „ihrer" Lastwagen und Omnibusse mit den bei Carl Benz & Cie seit 1922 serienreif entwickelten Vorkammer-Dieselmotoren – im Gegensatz zur DMG, die Dieselmotoren mit Druckluft-Einblasung erst 1923 in einem Lastwagen-Prototyp auf die Straße brachte.
Hintergrund dafür war die Absicht der Marienfelder Tochtergesellschaft, die eigene Motorenentwicklung betrieb – allerdings mit Druckluft-Einblasung, die keine Chance hatte –, aber trotzdem hoffte, dass ihre Motoren künftig in der neuen Gesellschaft dominieren würden. Der Streit wurde dann salomonisch entschieden – alle Aktivitäten im Motorenbau und der Fahrzeug-Produktion wurden im Zentral-Konstruktions-Büro gebündelt und auch dort entschieden. Dessen Leitung wurde Ferdinand Porsche übertragen. Die Fahrzeug-Dieselmotoren-Entwicklung lag in den Händen des Mannheimer Chef-Konstrukteurs, Hans Nibel und dessen damals jugendlichen Mitarbeiters, Fritz Nallinger. Beide sorgten dafür, dass die Fabrikation in Mannheim angehoben und 1200 Fahrzeug-Einheiten pro Jahr produziert wurden, davon 432 Omnibusse.

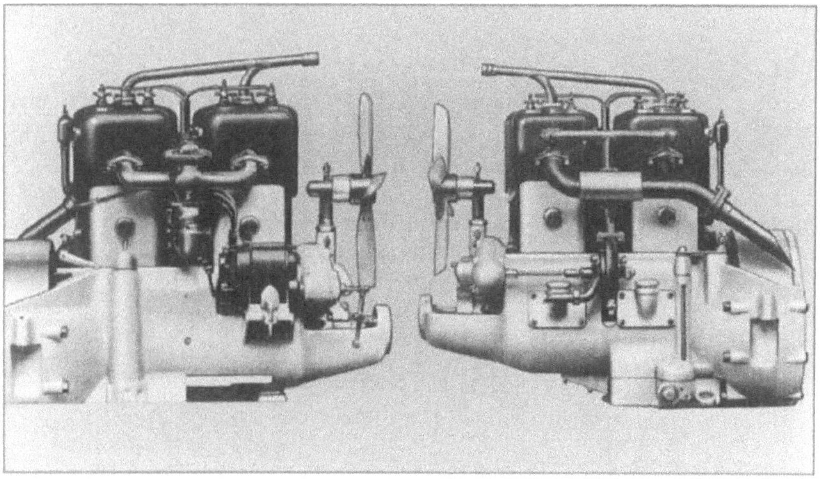

MAN-Saurer-Motoren – einfach wirkende Viertakt-Vierzylinder-Triebwerke, die mit Benzin, Benzol, Spiritus oder Mischungen mit Spiritus und Petroleum arbeiten.
Drei Modelle waren im Programm mit 140/160/180 mm Kolbenhub und Leistungen von 30/36/45 PS bei 1000 U/min.

Wandlungen des MAN-Fahrzeugmotors:
1923 scheibenförmiger Brennraum mit offenen Düsen.

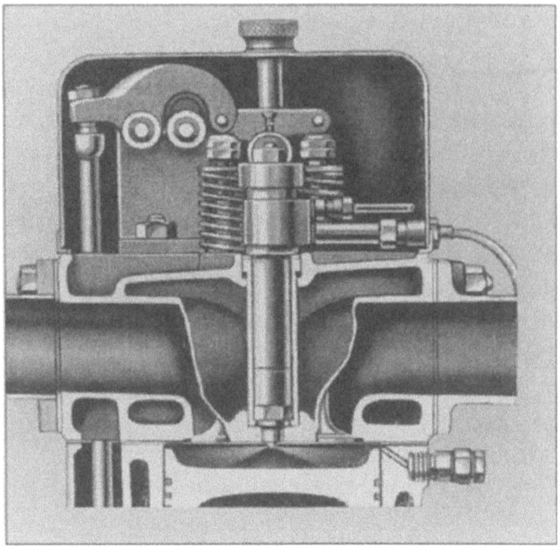

1927 schalenförmiger Brennraum mit senkrechter Mehrlochdüse.

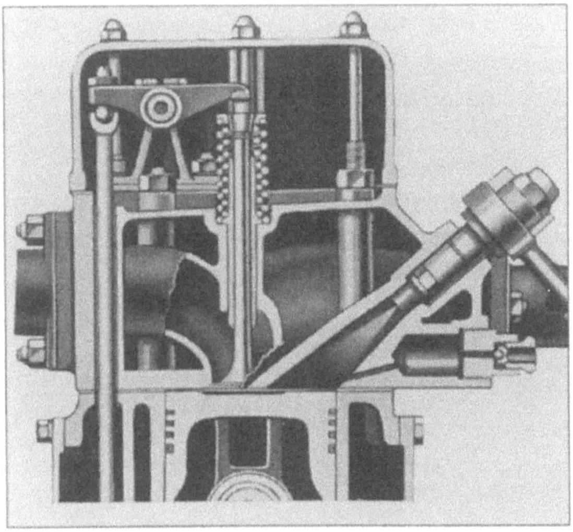

1937 Kugelbrennraum mit Flachsitzdüse.

1932 trichterförmiger Brennraum mit Luftkammer.

Erst die richtige Antriebslösung brachte die Omnibus-Entwicklung auf den Weg. Schon bei den ersten Omnibussen nach der Jahrhundertwende spielte die Antriebslösung mit Verbrennungs-Motoren die ausschlaggebende Rolle. Motor-Leistung, Auslegung der Kraftübertragung, Getriebeart und Achsausführungen beeinflussten die Mobile in ihrer Gesamtlösung in hohem Maße. Gewicht, Formen der Karosserie, Kapazität der Beförderungsleistung sollten zusammenpassen.

In den zwanziger Jahren, mit der Serienreife des Vorkammer-Diesel-Motors und der zur gleichen Zeit serienreifen Herstellung von Luftreifen, beginnt eigentlich auch die dann relativ schnelle Entwicklung der nächsten Omnibusgeneration in ihrer komplexen Konstruktion, die anfängt sich deutlich vom Lastwagen zu unterscheiden.

Kässbohrer Linien-Omnibus auf NAG-Fahrgestell mit Luftreifen 1920.

2

Urahnen des modernen automobilen Omnibus

„Das Maschinenwesen wälzt sich heran wie ein Gewittter, langsam, langsam aber es hat seine Richtung genommen. Es wird kommen und treffen"

J. W. Goethe, aus: „Wilhelm Meisters Wanderjahre"

Motorkutsche – Urahne des automobilen Omnibus

Technikgeschichtlich gesehen sind die Jahre um 1900 Schlüsseljahre für die Personenbeförderung. Mit der Eröffnung der ersten Untergrundbahnen in London und Budapest setzte sich, in Verbindung mit der elektrischen Beleuchtung, die Elektrifizierung des Nahverkehrs in den großen Städten durch. In Berlin war es Siemens 1902 mit dem „Elektromote" – Vorläufer des Trolleybusses auf der Linie zwischen dem Bahnhof Niederschöneweide und dem Flugplatz Johannistal, der ersten O-Bus-Linie. Die Berliner ABO AG nutzte auch noch Batteriebusse, die ca. 30 km Kapazität hatten. Frankfurt, München und Stuttgart setzten im Linienverkehr Busse mit Motor und „Dynamo" ein. Die ersten Hybridbusse! Alle diese Vorhaben hielten nicht lange. Kosten, Gewichte und die eisenbeschlagenen Räder sorgten für das Aus. Im Übrigen kamen auch die Motorbusse als die bessere Lösung in die teilweise mit privater Initiative gegründeten Verkehrsbetriebe.
Am Anfang hatten die neuen Motor-Kutschen die wichtigste Aufgabe, viele Menschen zu bestimmten Stätten zu fahren.
Zum Beispiel Arbeiter in die Industriebetriebe. Grund übrigens für die erste Motorbuslinie in Siegen.
1895 bringt Carl Benz den Landauer mit geschlossenem Aufbau für 8 Fahrgäste als motorgetriebenen Linienomnibus für die Siegener Verkehrsgesellschaft. Die dafür gegründete Genossenschaft brachte ein Kapital von 12.500 Mark zusammen.

1895 bringt Carl Benz den ersten motorbetriebenen Omnibus für 8 Personen als Linienbus für die Siegener-Verkehrsgesellschaft

Zwei Fahrzeuge werden auf der Linie Siegen – Netphen – Deuz eingesetzt. Der 5 PS bei 600/min leistende, 650 cm^3 Hubraum aufweisende Viertakt-Einzylinder-Motor war die Leistungs-Obergrenze im soeben aus der Taufe gehobenen automobilen Fahrzeugbau. Liegend, im Untergestell der „Kutsche ohne Pferd" eingebaut, erfolgte die Kraftübertragung über Riemen auf Ketten an die Hinterräder.
Unterschiedlich große Riemenscheiben, entsprechend zwei Vorwärtsgängen, ließen eine Geschwindigkeit von ca. 20 km/h zu.
Der Fahrer saß über der jetzt vollgummibereiften Vorderachse.
Ein großer Nachteil waren die schmalen großen Speichenräder, die eine schlechte Straßenhaftung brachten.

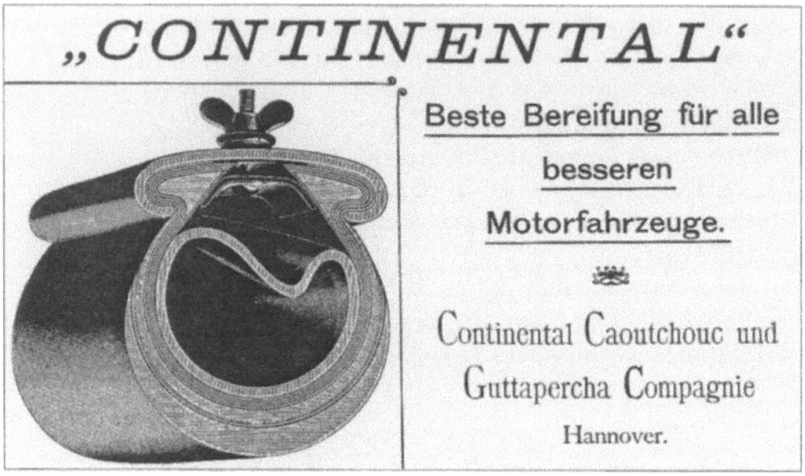

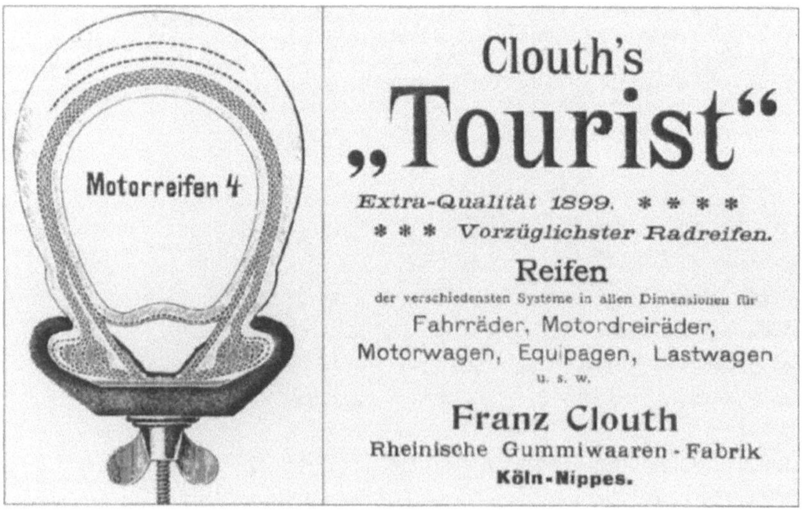

Auch die geringe Steigfähigkeit brachte Probleme. Das Aus war nach einem Jahr nicht aufzuhalten. Benz nahm beide Fahrzeuge, weil die Relation Wagen-Gewicht-Motormoment-Übersetzung nicht zusammenstimmte, zurück. Später wurden sie mit verändertem Aufbau als Hotelbusse wiederverwendet.
Ein Jahr später bringt Benz erneut einen offenen Kutschenwagen mit abnehmbarem Sonnendach. Zwei Sitzbänke längs geben Platz für 12 Personen.
Eingebaut wurde der Benz-Contra-Motor, ein liegender 4,2 Liter Viertakt-Zweizylinder Boxermotor. Leistung 13 bis 15 PS bei 820/min.
Diese Motorkutsche war dann der Anlass für Frederick Simms sich die Daimler (!) Verwertungsrechte zu sichern und in London das „Daimler Motor Syndicat Ltd" zu gründen.
1896 begann in England der industrielle Motormobilbau. Simms war der Initiator.

Im gleichen Jahr lieferte Daimler eine ebenfalls geschlossene Motor-Kutsche für den Linienbetrieb Künzelsau-Mergentheim an die dort gegründete Gesellschaft.

2312 Einheiten bei Benz produziert

Carl Benz erreichte bis zum Zeitpunkt der Jahrhundertwende eine Motorwagen-Gesamtproduktion von 2317 Einheiten! Als Jahresproduktion wird im Geschäftsbericht eine Zahl von 603 Motorwagen ausgewiesen! Viele davon wurden nach England und Frankreich geliefert.
Bereits 1887 hatte Emil Roger Lizenzrechte in Frankreich für Benz-Motoren erworben und zur Pariser Weltausstellung 1889 einen Benz-Motorwagen gebracht, der ein erfolgreiches Exportgeschäft auslöste.

1888 erwirbt Steinway das Nutzungsrecht der Daimler-Patente für USA und gründet in Long Island City N. Y. die „Daimler-Motor-Companie", an der Daimler mit 5000 Dollar beteiligt war.
1889 kauft Panhard und Levassor eine Lizenz zum Bau von Daimler Motoren und Wagen.
So haben beide, Benz und Daimler, ihre Entwicklungen in die größten und wichtigsten Industriemärkte gebracht.
Ein vorbildliches Marketing, sicher intuitiv, doch bezeichnend für die Genialität der beiden Pioniere des Automobilbaus.

Taxi fuhren vor dem Omnibus

Interessanterweise hat die „kleine Personenbeförderung" – gemeint ist das Taxi – zumindest in den Städten sich schneller eingebürgert als der Personentransport mit Omnibussen. Schon 1897 lieferte Daimler den ersten Motorwagen mit einem Taxameter (diese feinmechanischen Zählwerke wurden von den Herstellern vermietet, nicht verkauft!) an den Fuhrunternehmer Greiner in Stuttgart. Dies beschreibt die erste deutsche Fachzeitschrift „Der Motorwagen" (gegründet 1897) als Zeitschrift des Mitteleuropäischen Motorwagenvereins, zu dessen Vorstand u. a. Benz, Daimler, Diesel, Kühlstein, Lohner (Wien), Simms (London), Skoda (Pilsen), Stix (Sarajewo) gehörten, als eine Sensation.

*Die erste Motor-Taxameter-Droschke fuhr 1896 in Bad Cannstatt.
Der Daimler-Riemenwagen mit 4-PS-Zweizylinder-Motor verlieh dieser Droschke eine Geschwindigkeit von 25 km/h.
Die Konstruktion stammt von Wilhelm Maybach.*

Zitat: „Seit Mai 1897 stehen Motorwagen der Daimler-Motor-Gesellschaft (DMG) im öffentlichen Dienst als Taxameter-Droschken in Stuttgart. Täglich werden ca. 70 Kilometer durchfahren. Die Erfahrungen hinsichtlich Einnahmen und Ausgaben sollen sehr günstig sein. Was den Fahrpreis anbelangt, so war er gleich dem der Pferdedroschken. Keine Frage, daß die Kutscher mit allen Tricks versuchten, die Motorwagen Konkurrenz aus dem Verkehr zu drängen. Allerdings blieb der Erfolg versagt, weil die Automobildroschken mit cleveren Fahrern des Herstellers besetzt wurden. Hinzu kam die Neugierde für den neuen Dienst."

Kurz nach Daimler bringt auch Benz und Cie. Rheinische Motorenfabrik Mannheim ähnliche Fahrzeuge als Droschken in den Verkehr. Schon um die Jahrhundertwende fuhren in Hamburg, München, Berlin, Leipzig und Frankfurt Motorenwagen-Taxi von Daimler und Benz. Später kamen Taxi von Kühlstein und NAG dazu.

Allerdings – das erste Taxi lief 1896 in Paris – als Versuch geliefert von Benz Mannheim!

Der Taxierfolg ließ die Berliner Verkehrsgesellschaft nicht ruhen. Mit Jahresbeginn 1900 wird zwischen Stettiner und Anhalter Bahnhof ein regelmäßiger Verkehr mit Elektrobussen der DMG Marienfelde (Batterie) eingerichtet – Taxi durften dort nicht mehr erscheinen.

Alle Taxis hatten bereits Luftreifen – „Pneumatics" – Textil-Wulstreifen mit Gürteleinlage (Dunlop – 1895 patentiert in den USA), deren glatte Laufflächen – Profile kannte man noch nicht – kaum lange hielten. Pannen und Radwechsel – die abnehmbare Felge wurde erst 1905 erfunden (Continental) und 1907 kam aus den USA die von Goodyear entwickelte Flachbettfelge – waren die Regel. Nicht selten übernahmen Pferdedroschken den Fahrgast wieder. Reifen lieferten damals Dunlop, Continental, Metzeler.

Daimler-Motoren-Gesellschaft gegründet

Nicht minder erfolgreich hatte Daimler mit seiner 1890 gegründeten Motoren-Gesellschaft (DMG) im gleichen Zeitraum bereits den 1000. stationären Gasmotor nach dem Otto-Prinzip gebaut und verkauft, aber auch motorbestückte Kutschen und „Geschäftswagen". Mit 4/6/8- und 10-PS-Motoren ein regelrechtes Verkaufsprogramm.

Im Februar 1891 scheidet Maybach aus dieser Gesellschaft wegen erheblicher Differenzen aus, blieb aber Daimler in einer anderen Art als Konstrukteur bis 1895 verbunden.

Querelen an der Spitze der DMG brachten zuletzt eine völlige Entmachtung Daimlers. Aus diesem Grunde hatte Daimler Maybach den

Auftrag gegeben, in aller Stille seine Motorenentwicklung weiterzubetreiben.

In dieser Phase entstand der Phönix Motor von Maybach, der zum großen Erfolg wurde. Erst 1895, als sich die Verhältnisse bei der DMG grundlegend änderten, wurde Maybach wieder als Technischer Direktor eingestellt.

Damit begann der eigentliche Aufschwung bei dieser Gesellschaft und deren Produkte.

1898 wurde der erste 12 PS Daimler Omnibus nach London verkauft, Transportkapazität 20 Personen auf zwei Ebenen.

Der Durchbruch des Omnibusverkehrs gelang auf englischen Straßen. Im Bergland von Wales und Llandudno waren 1890 drei Benz-Break-Modelle die Attraktion der ganzen Gegend. Im Londoner Innenstadt-Verkehr machten mehrere Linienbusse von Gottlieb Daimler großen Eindruck.

Augenzeugen berichten: „Jeder Mensch, jede Frau, jedes Kind in Long Acre und den Picadilly entlang, blieben stehen und starrten auf das Fahrzeug, als es vorbeidonnerte." Im Bild zwei Daimler-Busse, wie sie um die Jahrhundertwende in London verkehrten.

Das Fahrzeug hatte Ritzelantrieb, einen großen Zahnkranz mit Zahnradeingriff im Hinterrad, und drei Gänge. Höchstgeschwindigkeit 20 km/h.
„Jedermann blieb stehen in Log Acre, entlang um den Picadilly, als dieses Monstrum an Fahrzeug vorbeidonnerte", so zu lesen in einer Londoner Zeitung am 23. April 1888 über diesen Daimler-Bus.

Die Jahrhundertwende markiert den Aufbruch in die Motorisierung der Personen-Fahrzeuge

Hatte die erste fahrplanmäßige Omnibuslinie der Siegener Kommunalverwaltung auch wenig Glück mit beiden Benz-Omnibussen, so war doch ein Anfang gemacht und die Idee, Personen im größeren Umfange mit automobilen Omnibussen bei geregelten Verkehren zu transportieren, fand weit über die Region hinaus großes Interesse.
Private Unternehmen gründeten den Motorwagenbetrieb Künzelsau-Mergentheim GmbH. Auf der 30 km langen Strecke wurden 3 m hohe Daimler-„Viktoria"-Wagen, mit 10-PS-Motoren, die 10 Personen Platz boten, eingesetzt. Vier Jahre lang hielt diese Linie. Dann kam das Aus!
Nicht anders erging es der Postbuslinie Speyer, die allerdings bis 1910 funktionierte, sowie der Linie Königsbronn – Heyrothsberge – Magdeburg, die 1902 nur sieben Monate im Dienst war. 1905 wurde die Kraftpostlinie Bad Tölz – Lenggries in Bayern eingerichtet.
Auch in Berlin bedienten Daimler-Wagen erste Omnibus-Linien im Stadtverkehr.
Nach diesen letztlich doch überzeugenden Erfahrungen kamen Kundenforderungen nach größeren und schwereren, aber immer noch kutschenähnlichen Omnibussen mit leistungsstärkeren Motoren auf. Andererseits zeigte sich bereits, dass alle vergleichsweise primitiven Versuche mit solchen Fahrzeugen jenen Pionieren unserer Omnibusgeschichte fruchtbare Anregungen vermittelten, die sie in ihrem Glauben bestärkten, bessere Beförderungsmöglichkeiten zu entwickeln.

Wandel zum echten Omnibus

Tatsache ist, dass im Grunde die Entwicklung der ersten Motor-Lastwagen mit ihren klassischen Fahrgestellen, – U- oder T-Eisenträger mit Querprofilen und ausreichender Leistung bei akzeptabler Betriebszuverlässigkeit, zum „richtigen" – in unserem heutigen Verständnis – Omnibus geführt haben. Benz hatte zwar mit jenen Ur-Lastwagen 1895 kein Glück, doch Daimler fand mit seinem ersten 1,5 t Lastwagen, der noch abgeleitet war vom „Riemenwagen" mit Antrieb auf die Hinterräder, mehr Beachtung.

Dieser Motorlaster wurde, was vielleicht ausschlaggebend war für weitere Modelle, nach England verkauft. Bis 1903 hatte das Werk Cannstatt bereits ein Lkw-Programm von fünf Typen mit 2- und 4-Zylinder-Motoren bei Nutzlasten von 1,2 bis 5 Tonnen. Parallel dazu ein Omnibus-Programm mit 4 Typen von 6 bis 16 Fahrgastplätzen.

Ebenfalls von ausschlaggebender Bedeutung für die Omnibus-Entwicklung war die Ausrüstung eines Lastwagens mit Gummi-Reifen von Dunlop sowie die konstruktiven Forderungen des Militärs, nach Lastwagen mit hohen Nutzlasten, was zu stabilen Fahrgestellen mit starken Blattfedern, Achsschenkel-Lenkungen und Motoren bis 45 PS führte.

Daimler-Fahrwerk mit Riemen-Ritzel-Antrieb 1896. (oben)

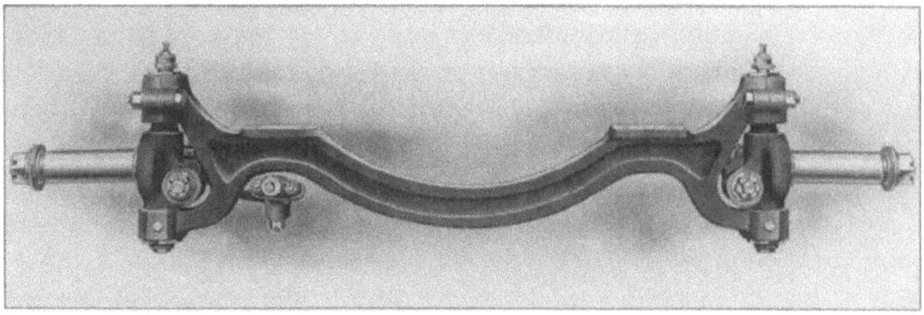

Starre Vorderachse geschmiedet für einen Omnibus 1908.

Daimler-Omnibus von 1906 – 4-Zylinder-Motor, 28-PS/15 Personen fanden Platz, Vollgummibereifung auf gegossenen Stahlfelgen.

Überhaupt war der Einfluss der Militärbehörden für die Omnibus-Entwicklung gravierend. Eine besondere Rolle spielte dabei die 1899 gegründete Österreichische Daimler-Motoren KG in Wiener Neustadt. Technischer Leiter war der älteste Sohn Gottliebs, Paul Daimler. Hier vollzog sich vorwiegend die Entwicklung der Militärfahrzeuge. Davon profitierte die Omnibus-Technik in hohem Maße.

Büssing – ein Pionier im Omnibusbau

Heinrich Büssing (1843–1929) ein Pionier im deutschen Omnibusbau, viele Ideen gaben den Fahrzeugingenieuren Hinweise auf Verbesserungen.

1904 brachte Büssing einen Linienbus, der ständig zwischen Braunschweig und Wendeburg verkehrte und neben Personen bereits im Auftrage der Post Postgut beförderte.
Dieser Bus hatte einen Vierzylinder-Otto-Motor, der 20 PS leistete. Leistungsübertragung mit Kettenantrieb. Die Karosserie unterschied sich bereits in vielen Details von den bisherigen Kutschen. Vor allem aber war das Fahrgestell ein stabiler Rahmen mit langen Blattfedern, die an einem Ende frei gleiten konnten. Ein Stück ingeniöser Komfortverbesserung für die Fahrgäste.
Daimler und Benz boten inzwischen ebenfalls gummibereifte Omnibusse mit geschlossenen Aufbauten an.
Die Innenausstattung war deutlich besser als bei den bisherigen Kutschen, die Sitzbänke gepolstert.
Auch der erste Büssing „Oberdeck"-Bus – 1907 – für den Berliner Stadtverkehr – „Allgemeine Berliner Omnibusgesellschaft" (ABO AG) –

Erster Büssing-Omnibus 1908, der erste Bus, der im Auftrag der Post auch Briefe und Pakete befördern durfte.

für 32 Personen, entsprach schon etwas mehr den Vorstellungen eines Personenbeförderungsmittels. 16 Sitze davon waren im Wagen unten und 18 Sitze im offenen Oberdeck.

Der 4-Zylinder Benz-Motor leistete 36 PS, Kettenantrieb, 3-Gänge, was dem 4,1 t schweren Bus zu 30 km/h reichte. Schon am ersten Tage beförderte man bereits 3900 Berliner!

Dieser Erfolg lässt sich auch auf andere, inzwischen in allen großen Städten etablierte Omnibus-Linien übertragen.

Wenn man bedenkt, dass nur die Postlinien vor 1910 bereits eine Streckenlänge von fast 4000 Kilometer befuhren und dazu 350 Omnibusse einsetzten, 250 allein von Daimler, so beweist dies, wie schnell sich der Omnibus in der öffentlichen Personenbeförderung durch die Akzeptanz in der Bevölkerung durchgesetzt hatte. Von den damals

Daimler-Omnibus – einer der ersten Doppelstockbusse. Der Fahrersitz war über dem Motor und blieb offen. 25 Personen hatten Platz – 12 im Oberdeck.

Berliner Omnibus-Premiere mit Benz-Doppelstock SAG aus Gaggenau. 44 bis 52 Personen hatten Platz. Der Motor war eine Vierzylinder-Benz Maschine mit 16 bis 20 PS Leistung bei 900 bis 1200 U/min aus der „Parsifal"-Serie.

Der Benz-Parsifal-Viercylindermotor.

Der neue Benz-Parsifal-Viercylindermotor, welcher in Kürze herauskommen wird, hat paarweise zusammengegossene Cylinder. Bei 90 mm Bohrung und 110 mm Hub und einer normalen Umdrehungszahl von 900 Umdrehungen in der Minute, die nach Belieben bis auf 1200 minutliche Umdrehungen gesteigert werden kann, leistet der Motor 16 bis 20 Pferdestärken. Die Zündung erfolgt mittelst rotierenden Magnetapparats. Die durch mechanische Vorrichtungen gesteuerten Einlass- und Abgasventile sind zweckmässigster Weise angeordnet, besonders ist grösste Zugänglichkeit berücksichtigt, und das blosse Lösen einer Mutter genügt, um je zwei, durch einen Bügelverschluss festgehaltene Saug- oder Abgasventile freizulegen. Durch zwei, mit Deckel verschlossene, seitliche Oeffnungen am Kurbelgehäuse sind die Pleuelstangenköpfe bequem nachzusehen. Der Regulator wirkt auf die Gemischzufuhr und reguliert gleichzeitig die Vergasung. Er kann vom Lenkstock aus von Hand beliebig verstellt werden, so dass der Motor bei jeder Umdrehungszahl das richtige Gemisch und einen gleichmässigen, stossfreien Gang hat. Die Lager sind so bemessen, dass der spezifische Druck ein sehr niedriger, also auch der Verschleiss ein besonders geringer ist. Die Schmierung sämtlicher Lager erfolgt selbstthätig nach dem Tauchsystem durch das im Kurbelgehäuse befindliche Oel, wohin dieses auch wieder zurückfliesst. Alle beweglichen Teile laufen in staubdicht abgeschlossenem Oelbad. Besonderer Bedacht ist auch darauf genommen, dass die kraftübertragenden Teile vollständig ausgeglichen arbeiten und so einen geräuschschwachen, erschütterungsfreien Gang des Motors gewährleisten. A. B.

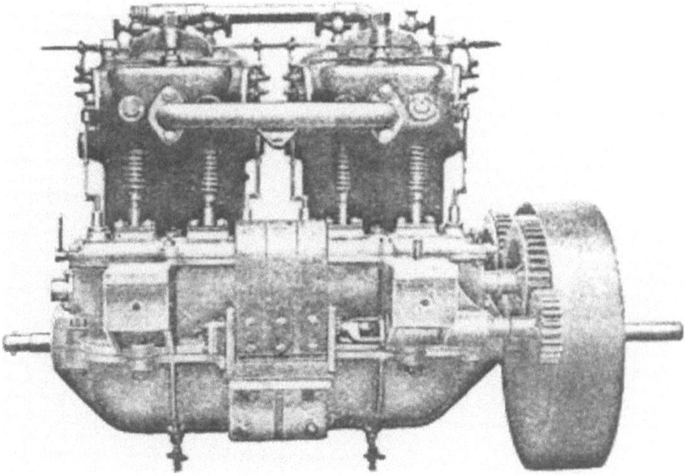

Fig. 23. Der 4 cyl. Benz-Motor. Ansaugeventilseite.

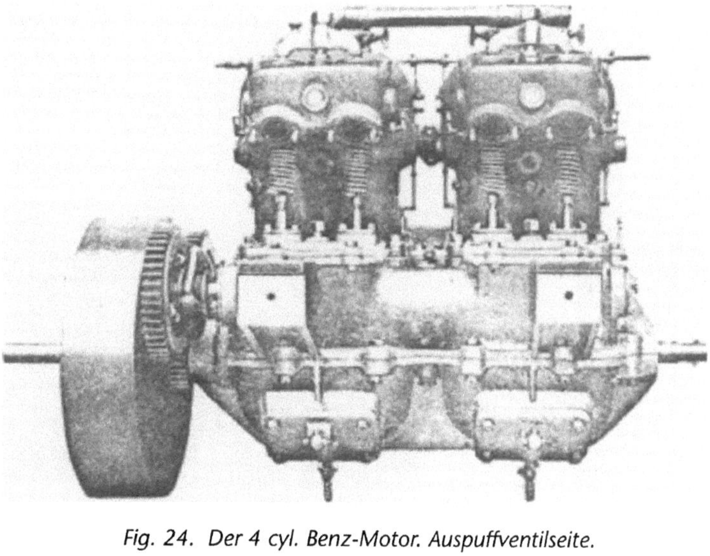

Fig. 24. Der 4 cyl. Benz-Motor. Auspuffventilseite.

eingesetzten Omnibussen stammten 43 % von Daimler, über 18 % von Benz und 12 % von Büssing.
Allerdings gilt dies ausschließlich für den Linienverkehr. Der Omnibus für Gelegenheits- bzw. Ausflugs- und Ferienverkehr war noch nicht gefragt.
Ursache für diese Entwicklung war bei den Postlinien, Personenbeförderung mit den Postdiensten in einem Netz über das ganze Land zu betreiben. Dies genügte.
Ergänzend kamen die ersten privaten Fuhrunternehmer hinzu, die sowohl Omnibusse wie auch Güterverkehrsleistungen anboten. Der Berufsverkehr verlagerte sich fast vollständig auf den Omnibus. Erstmals gab es ermäßigte Zeitkarten für Arbeiter und Schüler.

Daimler, Cannstatt und MMG Berlin fusionieren

Nach der inzwischen vollzogenen Fusion (1902) der Daimler-Motoren-Gesellschaft (DMG) Cannstatt mit der Motor-Fahrzeug und Motorenfabrik Berlin Marienfelde (MMG) wird eine Produktteilung vorgenommen.
Berlin musste Lkw und Omnibusse, Cannstatt bzw. Untertürkheim Personenwagen bauen. Eine Entscheidung, die Folgen haben sollte.
Mit dieser Fusion wurden die Kapazitäten produktiver aufgeteilt.
Das Angebot an Omnibussen begann sich sprunghaft zu erweitern. Die Motorleistungen stiegen, aber auch der Karosseriebau veränderte seine primitive Gestaltung.

Einige deutsche Postverwaltungen verhalfen dem Motoromnibus und damit auch dem eigenen Land zum Erfolg. Die Königlich-Bayerische Post machte 1905 den Anfang mit der ersten öffentlichen Kraftpostlinie Bad Tölz/Lenggries. Die Daimler-Busse mit 22 Sitzplätzen bewährten sich so gut, dass bald auch andere Postverwaltungen dem Motoromnibus Vertrauen schenken konnten. Allein die Bayerische Post unterhielt schon sechs Jahre später 53 ständige Kurse mit 164 Motorbussen, die 1911 einen Reingewinn von 30 000 Goldmark erwirtschafteten.

Deutsche Bürokratie behindert Omnibus-Entwicklung

Hier muss der Chronist anfügen, dass Europa, sowohl Frankreich als auch England, die Motorisierung mit Omnibussen erheblich schneller und besser voranbrachten – im Gegensatz zu Deutschland. Die Administration stellte oft zu große Hindernisse auf – Fahrverbote, Geschwindigkeitsbeschränkungen, „Prüfungs-Atteste" – werden verlangt, quasi die Vorform des Führerscheins, werden von behördlich zugelassenen Sachverständigen ausgestellt, Autohaftpflicht-Gesetz u. a. – die dem Einsatz von Automobilen entgegenstanden – und dies im Lande jener Erfindungen, die erst solche Automobile möglich machten! Selbst in Italien (Fiat 1899), Spanien (INI Hispano Suiza 1899) und Schweden (Scania 1891) wurde erfolgreich mit dem Omnibusbau begonnen. Den Weg dazu bereitete die schnelle Vergabe von Lizenzverträgen. Benz wie Daimler verkauften die Verwertungsrechte in alle damaligen Industriestaaten, inklusive USA. Aber auch Büssing hatte in England Straker-Squire als Partner.

Schon 1904 wurde der erste Doppelstockbus nach England geliefert. Das Resultat: London orderte 400 Büssing-Busfahrgestelle für eigene Aufbauten.

Erst drei Jahre später mischten in diesem Bussegment die SAF, Benz und Daimler Benz mit.

Der Grund für diesen guten Absatzmarkt in England waren einmal, dort nicht ausreichende Produktionskapazitäten, zum anderen ein enorm schneller Ausbau des Straßennetzes.

Schon zur Jahrhundertwende hatte die britische Insel ein Straßennetz von über 30 000 Meilen, das mehrheitlich nach dem vom britischen Wegebaubeamten John London McAdam schon 1820 praktizierten „Makadamisieren" gebaut worden war. Hinzu kam eine expandierende Industrialisierung.

Omnibushersteller, die nach der Jahrhundertwende entstanden waren, wie die Firmen Stoewer, Dürkopp und Scheibler, lieferten bereits Omnibusse nach Argentinien, Russland, vor allem nach Griechenland. Nicht zuletzt hatte Saurer in der Schweiz außerordentlich großen Anteil an der Motorfahrzeug-Entwicklung. Die schweizer Chassis waren führend und wurden vornehmlich in Deutschland von Karossiers – Kässborer, Magirus – für Omnibusse benutzt. Auch die MAN profitierte letztlich von der Ingenieurschmiede in Arbon über die Lizenznahme für den Lkw-Bau.

Kässbohrer-Motor-Omnibus 1911 auf Saurer-Chassis. Aufbau aus Holz, Längsbänke für 15 Personen. Die erste geschlossene Fahrerkabine. Links im Bild Karl Kässbohrer, Vater von Otto Kässbohrer, dem späteren Vater des „SETRA".

1915 stieg MAN mit einer Saurer-Lizenz in den Busbau ein. Die ersten Omnibusse waren auf Lkw-Fahrgestellen montiert. Die Busse hatten für 18 Personen Platz. Fahrerkabine noch offen.

Ab 1900 – 13 Omnibusbauer in Deutschland

Ab der Jahrhundertwende bauten bereits 13 Firmen Omnibusse in Deutschland: Benz, Daimler, Büssing, NAG, Magirus, Lutzmann, Stoewer und Nacke, Scheibler, Dürkopp, Fahrzeug-Fabrik Eisenach, SAF.
1907 übernimmt Benz Mannheim die SAF – Süddeutsche Automobil-Fabrik – Gaggenau und baut dort ab 1910 Omnibusse. Kässbohrer in Ulm karossiert 1907/8 die ersten Omnibusse für Klingenstein und eine Wiblinger-Stadtlinie auf Saurer-Fahrgestellen mit Arboner Benzinmotoren.
Dies war die erste Linie, die nach einem Fahrplan verkehrte.
Die Aufbauten lassen den Fahrer bereits in geschlossener Kabine sitzen, die zum Fahrgastraum offen ist. Ein Novum: der Fahrerplatz war in den eigentlichen Transportraum voll integriert. Diese Lösung kann als der Anfang kompakter Omnibus-Karosserien bezeichnet werden.

Neue Technik für den Bus

Zwei Jahre später hält der Luftreifen (1910) versuchsweise Einzug in den Omnibusbau (1907 bei S.A.G. Gaggenau). 1902 rüstete Dunlop bereits einen Daimler Lkw mit Luftreifen aus, Leicht-Omnibusse an der Vorderachse. Hinterachse bleibt bei Vollgummibereifung. Ein wichtiger Markstein in Richtung Komfort, aber auch die Geschwindigkeiten legten zu.
André Michelin lieferte dazu mit der Entwicklung des Klemmbacken-Reifens den wesentlichen Schritt.

SAG-„Gaggenau"-Bus, Jahrgang 1907, Linienbus mit 20 Sitz- und 6 Stehplätzen. Neu ist der offene Perron im Heck für Ein- und Ausstieg. Fahrersitz über dem Motor.

Dieser SAG-Omnibus war bereits für ein spanisches Unternehmen, das Grenzverkehr hatte, bestimmt. Auf dem Dach hatte man bereits Lüfter eingesetzt und die Scheiben bekamen Vorhänge gegen Sonneneinstrahlung. Benz-Motor mit 45 PS, Baujahr 1910.

Reifenwechsel anno 1910

1913 wurde der Gürtelreifen (Erfinder C. H. Grey und T. Sloper) patentiert, doch weil keine Fertigungsmöglichkeiten vorhanden waren für diese neue Technologie, blieb das Patent in der Schublade.

1910/11 entwickelte Büssing mit Continental die „Pneuelasticum", elastische Radbereifung (ERP), die alles bisher Gebotene übertrifft. Erheblich stärkere Schläuche, die auf eine Büssingfelge geschraubt wurden, lassen Belastungen bis zu 5 t zu.

Diese neue Felge besteht aus zwei Hälften, die mit Schrauben auf dem Holzrad so verbunden werden, dass die Wülste der luftgefüllten „Pneumatics" fest eingeklemmt sind. Gleichzeitig wird eine problemlosere Mechanik möglich. Versuche werden mit Omnibussen im Harz gefahren. Die Berliner Feuerwehr rüstet damit Pumpenwagen und Mannschaftsbusse (1,1 t) aus. Gute Ergebnisse. Ab 1913 werden bereits leichte Hotelbusse und Lieferwagen mit Luftreifen ausgerüstet. 1907 wurde die Pressluft-Flasche zum Aufpumpen von Luftreifen eingeführt.

1909 ist die NAG – Neue Automobil-Gesellschaft – von der AEG gegründet – soweit, den ersten deutschen Omnibus mit Kardanantrieb nach Berlin zu liefern.

Interessant ist neben der neuen Antriebstechnik, dass die Karosserie dazu aus Bremen kommt.

Der Karosseriebau-Bremen zählt zu seinen Kunden auch Benz und Protos. Zu dieser Zeit hatte man teilweise Abschied genommen von Holzspeichenräder. Gegossene Felgen begannen sich durchzusetzen.

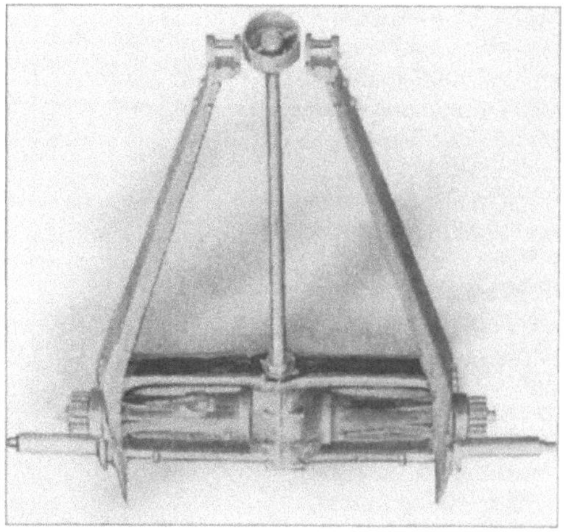

Hinterachsantrieb mit Ritzel. Die Konstruktion war eine Schwinge, Antriebs- und Tragachse sind getrennt. Diese offene Bauweise der langen Lenker um einen Drehpunkt in der Mitte des Chassis ergab eine gute Achsführung bei relativ guter Einfederung. Diese Konstruktion wurde bis 1972 beibehalten von MAN und Daimler-Benz.

Tatsächlich auch einer der wichtigen Schübe in der Omnibusentwicklung, Voraussetzung für weitere Innovationen der Fahrzeugingenieure.

1910 erhält Kässbohrer das Patent für einen Kombinationsbus zur Personenbeförderung wie zur Beförderung von Nutzlasten. Der normalerweise glatte Ladeboden ist längs geteilt, aus diesem lassen sich, nach Umstellung auf Fahrgäste, zwei Sitzbänke ausklappen. Platz für 18 Personen.

1914 liefert die Daimler Motorengesellschaft (DMG) Omnibusse mit neuer Technik: geschlossener Stahlprofilrahmen (Gewichtseinsparung), Viergang-Schaltgetriebe (anstelle doppeltem Vorgelege an der Hinterachse), Kettenantrieb.

Für eine kleine Serie der 3 t Omnibusse wurde der Schnecken- oder Schraubenantrieb neben dem Ritzeltrieb in der Hinterachse genutzt. Diese Entwicklung war die Folge der Heeresverordnung für den Bau des Einheits-Lkw.

Die Benz-Werke in Gaggenau verkauften nach Wiesbaden einen für damalige Gegebenheiten höchst luxuriösen Omnibus mit Clubsesselpolsterung. Im Dach sind Entlüftungskanäle untergebracht, die

Vollständige Hinterachse. Gut zu erkennen der Ritzelantrieb.

1911 erhielt Kässbohrer das Patent für einen Kombinationsbus zur Beförderung von Personen und Gütern. Der normalerweise glatte Ladeboden war längs geteilt, außerdem konnten zwei Sitzbänke ausgeklappt werden. Platz war für 18 Personen.
Allerdings folgte dann sehr schnell (1911) der Wechselaufbau. Auf einem Chassis konnte sowohl eine Ladepritsche als auch eine Omnibus-Karosserie aufgesetzt werden. Im Bus hatten 25 Personen Platz.

Scheiben herausnehmbar. Mit diesem als Ausflugsbus bezeichneten Modell beginnt tatsächlich die erste Phase einer Entwicklung zum Reisebus, obgleich nach wie vor Lkw-Chassis die Basis für den Aufbau bilden. Die ersten Kundenwünsche nach mehr Komfort werden deutlich und von den Busherstellern auch umgesetzt.
Die Formen wurden gefälliger, der Frontmotor Standard und beim Komfort gab es die ersten Vorreiter für den Ausflugsverkehr. Gesellschaftswagen kamen auf – offene, wannenartige Karossen mit Quer- oder Längssitzbänken, Faltverdecken.

SAG „Gaggenau"-Verbindungs-Omnibus für Stadt-Linienverkehr in Köln. Aufbau Waggonfabrik Rastatt.

Zeichnung verschiedener Federungsdämpfer. An den Vorderachsen wurde die Zahl der Federblätter reduziert, dafür längere Blätter benutzt. Reibungsdämpfer und erste hydraulische Dämpfer kamen auf, neben den Gummipuffern.

Als besonderes Zeichen von Fahrkomfort bei kalter Witterung galt eine am Fußboden angeordnete Heizung, die an den Wasserumlauf des Motors angeschlossen war. Polstersitze – Leinen-, Samt- und auch Leder-Bezüge gab es – Fenster ließen sich herausheben, Belüftungsgebläse fand man vereinzelt im Dach, eine Gepäckgalerie wurde eingebaut.

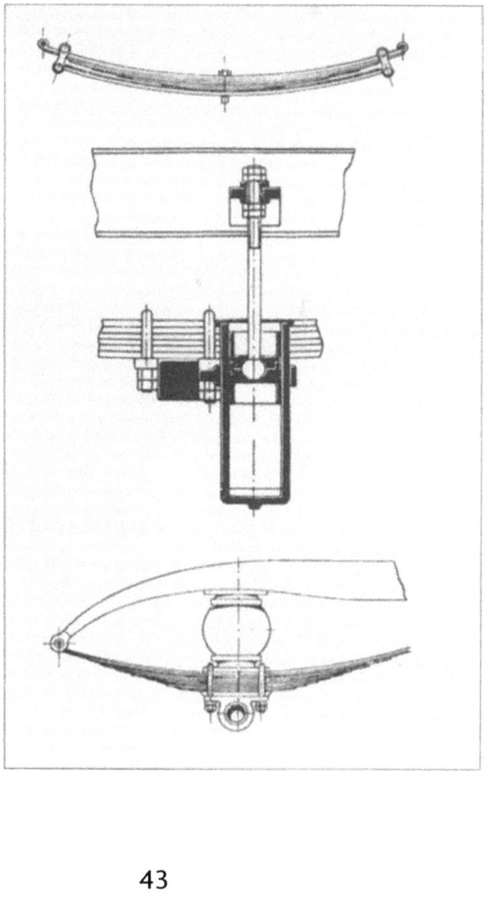

Die Preise dieser Omnibusse lagen zwischen 6800 und 10 500 Mark.
Der Bestand an Omnibussen erhöhte sich von 950 im Jahre 1910 auf ca. 1200 Einheiten 1914.
Die deutsche Fahrzeugindustrie besteht aus 124 Betrieben mit ca. 36 000 Beschäftigten.
Produktionsumsatz 222 Millionen Mark.
Im Verlauf der Jahre vor Ausbruch des ersten Weltkrieges gab es verschiedene, ebenfalls interessante Lösungen bei anderen Busherstellern, die allerdings vielfach Einzelexemplare blieben. So kamen in der Ausrüstung Korbgarnituren als Sitze oder verstellbare Sitze mit Kopfkissen auf. Dazu die ersten ausklappbaren Tischchen in der Rückenlehne des Vordersitzes.
Toiletten werden eingebaut. In den Chassis finden sich die ersten Schraubenfedern (Büssing), in Kombination mit langen Blattfedern und Reibungsdämpfer. Das Fahrverhalten der Omnibusse wird spürbar besser.
Zu den Wechselgetrieben kommt eine Hinterachse, als Schwinge ausgebildet, die ein flexibleres Einfedern bewirkt, die bisher seltene Nockenbremse löst die

Neue Sitze kamen auf, deren Rückenlehne mit integrierter Kopfstütze verstellbar war.

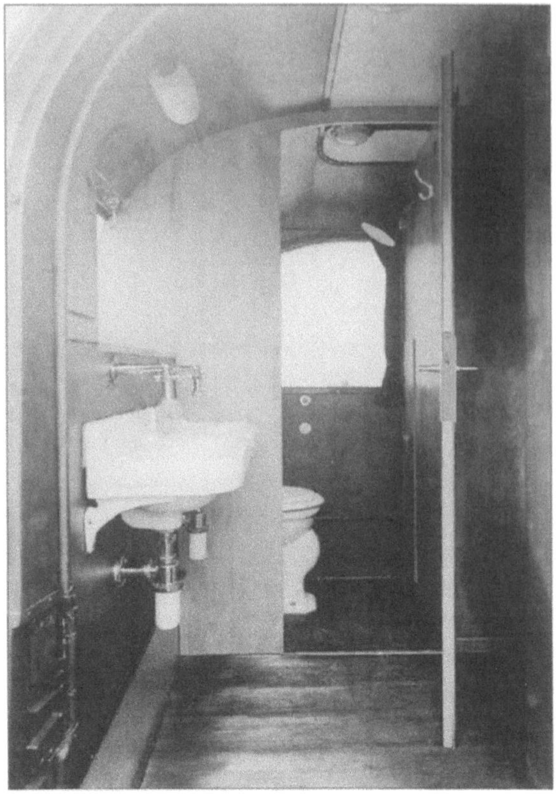

Erste Toiletten wurden im Heck der Busse eingebaut. Man verwendete dazumal normale Installationsprodukte, wie sie im Wohnungsbau gebräuchlich waren.

Die Hinterachsfederung wurde verbessert. Lange Kompaktfedern mit beweglicher Aufhängung, bereits kombiniert mit Gummihohlfedern, die sich gegen eine am Chassisträger angeschweißte Prallplatte abstützten.

Getriebebremse ab und der allgemeine Übergang vom Ritzelantrieb zur Kardanwelle war nicht mehr aufzuhalten, obgleich noch mancher Hersteller am praxisbewährten Ritzelantrieb festhält (Daimler/MAN).

Militärischer Einfluss erzwingt neue Technik

Unter dem Einfluss von Subventionsvorschriften, die das Militär durchgesetzt hatte, durfte das Eigengewicht eines schweren Lastwagens 4,5 t nicht überschreiten. Das Gesamtgewicht von 9 t – ergo Nutzlast 4,5 t – wird obligat.
Der 4-Zylinder-Motor wird bevorzugt bei bestimmten Mindestleistungen. Diese Vorgaben übertrug man dann zwangsläufig auf den Omnibus, der ja noch immer auf einem unveränderten Lkw-Chassis aufgebaut war. Ausnahmen machte keiner der 100 wichtigsten Lkw-Hersteller, weil diese Fahrzeuge, als „Einheits"-Modell, im Kriegsfalle der Reichswehr zur Verfügung zu stehen hatten.
Büssing baute 1913 nach diesen Auflagen den Prototyp mit einem eigenen 60 PS-Motor. Nach 2000 km Testfahrten wurde er akzeptiert und dann von Daimler, Benz, Büssing, NAG, Mulag, Dürkopp, Nacke, Stoewer, Podeus, Erhardt und später – 1914 – von Vomag, Magirus und Hansa Lloyd produziert. Der Omnibusbau stagnierte während des Krieges bzw. wurde eingestellt.

Das Subventions-Chassis, vom Militär der Fahrzeug-Industrie oktroyiert. Auch Omnibus-Aufbauten setzte man auf das wenig komfortable Fahrwerk. Doch die Kriegsnähe erzwang diese Reduzierung auf absolut notwendige Komponenten.

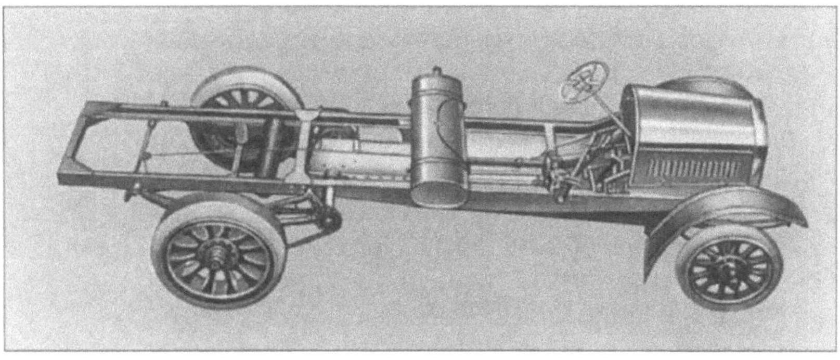

Bei MAN blieb das ohnehin einfache Saurer-Fahrgestell im Programm (1915), Kettenantrieb wurde wieder akut.

Unter diesen Umständen mussten einige Firmen ihre Produktionskapazität ganz erheblich erweitern, was nach dem Kriege und der folgenden Inflation zu großen Problemen führte. Einzig die MAN – 1908 aus der Maschinenfabrik Augsburg und der Maschinenbaugesellschaft Nürnberg AG entstanden – verband sich 1915 mit dem Schweizer Fahrzeughersteller Saurer und baute erstmals Lastwagen in Lizenz, gleichzeitig auch den ersten MAN-Saurer-Omnibus.
Saurer hatte Lkw bis 5 t im Programm, dazu eigene 4-Zylinder-Otto-Motoren, mit 33 und 45 PS Leistung. Dieser schweizer Lastwagenhersteller unterhielt einen sehr starken Export und interessanterweise ein Werk in Sursenes (dem späteren Saviem-Werk), das für den französischen Markt produzierte. Frankreich war, wie England zu jener Zeit (1911) schon nicht mehr von deutschen Fahrzeugimporten abhängig. Hersteller wie De Dion, Renault, Berliet und De Dietrich besorgten sich ihre Materialien aus nationalen Angeboten und produzierten Nutzfahrzeug-Serien in größerem Umfange. Im Übrigen stand der Krieg mit den Deutschen vor der Türe.
Berliet spezialisierte sich auf Panzer und Citroen auf Ketten-Fahrzeuge. Saurer blieb Hauptlieferant für Chassis an Berliet und De Dion. Beide bauten Omnibusse, die in allen großen Städten Verkehrslinien bedienten und auch im Export Schritt für Schritt die deutschen Importe verdrängten.
In den letzten Jahren vor dem Kriege hatte Deutschland bereits die ursprünglich führende Rolle bei der Verbreitung des Automobils an Frankreich, England und auch an die USA verloren.

Krieg – Weltwirtschaftskrise – Inflation – eine tiefe Zäsur

Nach Kriegsende befand sich die deutsche Fahrzeugindustrie in einer schwierigen, fast ausweglosen Lage. Der Bedarf an Omnibussen war so gut wie nicht vorhanden. Pferde-Wagen kamen wieder.
Übriggebliebene Lastwagen aus den Heeresbeständen deckten gerade so die Nachfrage. Omnibusse gab es kaum noch. Die wenigen wurden ausschließlich im Linienbetrieb genutzt. An Neubauten konnte man nicht denken – das Material fehlte. Die Inflation verhinderte jegliche Initiative. Als Vorteil entpuppte sich der strikte Einfuhrstopp von Lastwagen und Omnibussen, was dieser maroden deutschen Automobil-Industrie eine zuletzt recht fruchtbare Atempause verschaffte.
1916 begann die Ulmer Feuerwehrfabrik Magirus – seit 1903 bekannt für Feuerwehrfahrzeuge mit Dampfantrieb, neben patentierten Leitern – mit dem Bau von Lastwagen.

1919 wurde der erste Omnibus an die Württembergische Post ausgeliefert. Aufbau aus Holz, Holzbänke für 18 Personen, dazu noch 16 Stehplätze.
Der 40 PS, 4-Zylinder-Otto-Motor stammte aus eigener Produktion. Auch hier, wie bei den Wettbewerbern, ein Lastwagenfahrgestell von Saurer. Doch einige Besonderheiten hatte sich Dipl. Ing. Heinrich Buschmann, der bis dato bei Benz in Gaggenau Lkw-Chassis konstruierte, ausgedacht.
Wassergekühlt war nicht nur der Motor, sondern auch die Fußbremse, eine Außenbackenbremse.
Bei langen Bergabfahrten mit Hitzestau in der Bremse kam das Wasser aus einem Behälter neben dem Fahrersitz. Bei geschickter Dosierung reichte es für eine Poststrecke.
Gegen die Gefahr beim Abstellen oder Rückwärtsrollen des Busses gab es eine vom Fahrer seilbetätigte, an einer Kette befestigte Bergstütze, die sich schräg gegen die Fahrtrichtung in die Straße krallte.
Auch die Plauener Vogtländische Maschinenfabrik, unter der Marke VOMAG, seit 1915 stark im Fahrgestellgeschäft für schwere Omnibusse, hatte 1920 den eigenen Omnibusbau aufgenommen. Die Karosserien, reiner Holzbau, ließen wenig Spielraum für ausgefallene Formen.
Eckig gerade Scheiben, Motor über der Vorderachse, innen schmucklos, Holzbänke. In etwa vergleichbar mit der Art Schulbusse, wie sie in Amerika üblich sind.
Erst ab 1924 zeigte sich bei den Omnibussen, im Zuge der anziehenden Nachfrage nach Lkw, eine Besserung. Dieser Zustand hielt allerdings nur wenige Jahre.

Zwischen Kriegsende 1918 und 1924 war für den deutschen Omnibus eine Phase tiefster Rezession. Erst dann zeigte sich im Zuge der Nachfrage nach Lkw und Personentransport eine Besserung. Mit dem ersten Omnibus wurde deutlich, dass die Konstrukteure diese Zeit genutzt hatten und einen gewaltigen Schritt in Richtung Formänderungen, Komfort und Leistung, sprich Platzangebote, getan hatten. Im Bild ein Benz-Bus (1921) Aussichtswagen mit aufgesetztem Dach für 14 Fahrgäste, der 4-Zylinder-Motor leistete 30 bis 35 PS bei 1200 U/min. $V_{max.}$ erreichte 42 km/h.

Dieser Aufschwung wurde unterbrochen von der 1929 einbrechenden Weltwirtschaftskrise. Eine tiefe Zäsur in der Omnibusentwicklung war die Folge.

Auch die Post verlangte wieder Linienbusse mit größerem Platzangebot und dazu Kofferräume. Der Benz-Omnibus Typ 3 CN, 3,5 t Gesamtgewicht, 4-Zylinder-Motor mit 45 PS und 30 Plätzen, mit Kofferraum im Heck, entsprach den Anforderungen (1921).

Krise zwingt zu Fusionen

In den vermeindlich „goldenen" Zwanzigern gelang es auch den ältesten und führenden Fahrzeugfirmen, der Daimler-Motor-Gesellschaft (DMG) und der Mannheimer Benz Cie. Rheinische Automobil- und Motoren AG, nicht, der überall gegenwärtigen wirtschaftlichen Misere und dem Sog der Inflation zu entgehen. In dieser Zeit voller Schwierigkeiten, auch wegen der ausländischen stärkeren Konkurrenz, gründeten beide (nach einem gescheiterten Versuch 1919) aus der Not geboren eine Interessengemeinschaft, die 1926 zur Fusion, zur Daimler-Benz AG führte.
Die Fahrzeuge bekamen alle den Stern, die Bezeichnung Mercedes-Benz und eine neue Typenziffer.
1928 gab es von den ursprünglich 80 Fahrzeugen beider Firmen noch ganze 17 im Produktionsprogramm. Der Grund lag in der Auflösung der Einfuhrbeschränkungen (1924) und günstigen Zollsätze für die Auslandskonkurrenz. Die deutsche Fahrzeugindustrie musste sich also konzentrieren oder schließen.
1919 wurde in Leipzig der Deutsche Automobil-Konzern gegründet mit Magirus AG Ulm, Dax Automobilwerke Leipzig, Presto Werke Chemnitz und Vomag Plauen. Der DAK war als Absatzorganisation der vier gedacht – doch nach sieben Jahren kam das Ende.

Magirus hält sich mit der Herstellung von Güterwagen für die Eisenbahnverwaltung und Radsätzen für das Zentralamt der Bahn in Berlin über Wasser. Krupp kaufte die DAAG – Deutsche Last- und Automobilfabrik Ratingen und 1936 wird Magirus Ulm von der Humboldt-Deutz AG Köln erworben, was die Einstellung des bis dato erfolgreichen Motorenbaus zur Folge hatte.
1923 wird der Reichsverband der Automobil-Industrie gegründet – ebenfalls aus der Not geboren als Nachfolger des Vereins deutscher Motorfahrzeug-Industrieller (1901 gegründet). Aus diesem RDA, der in zwanzig Jahren für die Entwicklung der deutschen Automobil-Industrie eine einflussreiche Rolle spielte und sich oft als Widerpart zur Legislative wie Exekutive in jener politisch turbulenten Zeit Autorität verschaffte, entwickelt sich 1946 der VDA-Verband der Automobil-Industrie e.V.

Mercedes-Benz Stadtbus O 4000 – Jahrgang 1931 hatte immer noch ein Lkw-Chassis, doch bereits einen Diesel-Motor, der 1924 erstmals im Lkw aus Gaggenau angeboten wurde.
Sehr schnell setzte sich im Omnibus ab 1928 der „Rohölmotor" – daher heute noch die Bezeichnung OM bei Mercedes-Benz – durch. Der Dieselmotor OM 55 leistete 95 PS.

Stand der Technik

Der Wiederaufbau ging langsam voran. Nach dem erzwungenen Import für ausländische Fahrzeuge erschienen Busse aus Frankreich und USA-Lizenzfertigungen aus England. Dabei wurde offensichtlich, wie doch ein gewisser Abstand bei technischen Verbesserungen im deutschen Fahrzeugbau durch die Kriegsjahre aufgekommen war.
So experimentiert Daimler mit dem Patent von James Dennis Roots, das die Luftvorverdichtung im Dieselmotor beschreibt.
Die Metallgesellschaft Frankfurt erwirbt das Patent des Ungarn-Amerikaner Dr. Aladar Pacs der die Aluminium-Gusslegierung „Silumin" erfunden hat. Damit wurden Getriebegehäuse, Bremsbacken, später Zylinderköpfe wesentlich leichter. Niederrahmen-Chassis für Omnibusse nach einer USA-Konstruktion von Frank Fageol fanden Nachahmer bei allen Busherstellern, ja auch bei Lkw Fahrgestellen z. B. für Tankwagen.
1924 stellte die MAN Omnibus-Chassis mit über der Hinterachse stark gekröpftem und tiefgezogenem Rahmen vor.

MAN Omnibus für den Linienverkehr mit Dieselmotor. Noch Holzkarosserie, doch der Chassisrahmen ist über der Hinterachse gekröpft. Vorläufer der neuen Niederrahmen-Technik, die erstes Anzeichen war, dem Bus ein eigenes Chassis zu konstruieren – weg vom Lkw.

1935 baut Daimler Marienfelde den ersten Bus (DC 4 dN) mit Niederrahmen Chassis. Bei Benz folgt der Niederrahmen-Bus ebenfalls 1925 mit dem Typ 2 CNa mit Zwillings-Hinterräder luftbereift mit Geschwindigkeitsbeschränkung auf 35–40 km/h.
Büssing macht von sich reden mit einem Dreiachser Bus, der auf Riesenluftreifen fährt. Die Bayerische Post testet diese Reifen für ihre Einsätze gleich über 100 000 Kilometer. Die NAG stellt auf der Berliner IAA 1921 ein Siebengang-Getriebe vor und Karl Alfred Graf v. Soden-Frauenfeld erhält ein Patent Nr. 350960 auf das erste Getriebe mit Vorwählschaltung.

1910 wurde in USA ein Patent erteilt, das ein automatisches Getriebe beschreibt, für das sich die ZF interessiert.
1923 taucht beim Omnibus erstmals ein Vorläufer der Frontlenker-Lösung auf mit 45 PS Ottomotor S 110 mit Heckeinbau aus dem Marienfelder Daimler Werk. Typ MS. Die gerade Front war unterhalb der geraden Frontscheibe unterbrochen durch den großen Kühler. Dieser wurde vorne eingebaut, weil die Kühlung ausschließlich über Staudruck erfolgte. Dieser Bus war für 30 Fahrgäste ausgelegt, eingesetzt auf der Linie Rastenburg-Weimar.
Allerdings wurden davon nur wenige Exemplare geliefert – aber eine neue Richtung im deutschen Omnibusbau war aufgezeigt.
Der immer wieder versuchte Übergang von der reinen Holzkarosse zum Ganzstahl war noch von einem Patent blockiert (Budd USA). Erst als die Übernahme geregelt war, konnte die Waggonfabrik Ürdingen einen Ganzstahlaufbau mit Stahlrohrgerippe auf ein Dreiachsfahrgestell von Büssing setzen.

Offener Mercedes-Benz Omnibus als Allwetterbus für 14 Fahrgäste. 6 Zyl. Dieselmotor, 50 PS, bei 1800 U/min $V_{max.}$, 50 km/h. Auch hier der erste Halb-Niederrahmen (1930).

Niederrahmen für Omnibusse

Daimler-Benz nutzte die 18. Automobil-Ausstellung 1926 am Berliner Kaiserdamm zur Vorstellung eines neuen Lkw-Programms, dessen 5-to-Chassis vor allem auf den Omnibusbau zugeschnitten war.
Das Spezielle daran war die Niederrahmen-Bauart (eine Idee, die aus Amerika stammt und dort schon bei Straßenbahnwagen realisiert war). Damit sorgte Mannheim, mehr unbewusst als geplant, auch für jene Bus-Karossiers, die von brauchbaren Chassis für ihre Buskreationen abhängig waren.
Bereits ein Jahr später folgte der Mercedes-Benz 8,5 t, Drei-Achser-Niederrahmen-Omnibus. Auf diesem Chassis entstanden 7 m und 11,2 m lange Bustypen O 4000 und der O 8500 mit 150 PS Vorkammer-Dieselmotor. Damals tauchte im Mercedes-Benz-Omnibus generell der Dieselmotor auf. Eine neue Entwicklungsphase beim Omnibus beginnt.

Dieser Mercedes-Benz Linienbus hat ein Niederrahmen-Chassis. Der 3-Achsbus mit 12 m Länge wird mit einem 100 PS-Diesel-Motor bestückt und kann 45 km/h erreichen.

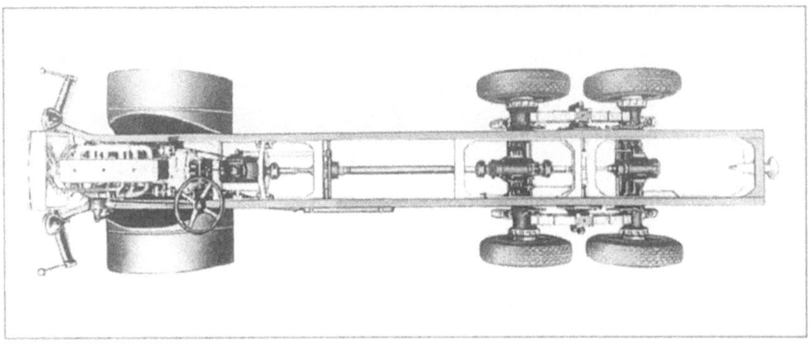

MAN bringt 1926 für den 10 t Bus ein 3-Achs-Chassis, wobei eine durchlaufende Gelenkwelle vom Getriebe bis zur letzten Achse neue Technik bedeutet. Hier befindet sich der Ritzelantrieb in der Tragachse. Bremstrommeln außenliegend.

Die neue Entwicklungsphase im Omnibusbau

Fast gleichzeitig lieferte auch die MAN ihre ersten Omnibusse mit Dieselmotor an die Reichspost.
Ausschlaggebend war, nach entsprechender Prüfung, die hohe Kostenersparnis im Kraftstoffverbrauch, im Vergleich zu den bisher ausschließlich genutzten Otto-Motoren.
Überhaupt beeinflusste in dieser Phase die Reichspost maßgeblich die technische Entwicklung beim Omnibusbau.
Alle Postbusse mussten nach einem einheitlichen Konzept gebaut werden. Beispiel Karosserie: Ganzstahlbau. Eine damals noch nicht übliche Bauweise. Noch war der Werkstoff Holz vorherrschend in Kombination mit Blech. Übrigens gab es 1928 erste Versuche mit Aluminium, was aber letztlich doch zu teuer war.
Typisch für die damals noch nicht marktspezifisch ausgerichtete Omnibus-Vertriebs-Organisation – der beginnende leichte Anstieg des motorisierten Stadt- und Überland-Linienverkehrs wurde nicht erkannt!
Es war wiederum das Staatsmonopol Post, das auf die Fahrgestellhersteller Druck ausüben musste, um die zu dieser neuen Dienstleistung notwendigen Omnibusse zu bekommen.
Zwangsläufig gerieten nach dem Kriege und der danach folgenden Wirtschaftskrise die noch recht gut existierenden Omnibushersteller ebenfalls in die Abschwungsphase. Büssing verlor über 600 000 DM, Opel kürzte das „Blitz"-Programm, was die auf Chassis der potenten

Erster Fahrzeug-Dieselmotor der M.A.N. mit direkter Kraftstoffeinspritzung, 1923, 40 PS bei 900 U/min.

1924 erscheint der Benz Niederomnibus MS mit Luftbereifung. Erster Frontlenker im Benzprogramm mit Kardanantrieb. Motor 40–45 PS, 30 Plätze. Nur wenige Wagen wurden von diesem Typ gebaut.

Lkw-Herstellern eingefahrenen Omnibus-Karosserienbauer, Vetter, Drögmöller, Ernst Auwärter, Kässbohrer, Drauz fast zur Produktionsaufgabe zwang.

Selbst Daimler-Benz hatte einen Bilanzverlust von 8 Millionen Mark und stellte die Dividendenzahlung bis 1935 ein. Magirus musste 1,16 Millionen abschreiben. Die Deutsche Last-Automobilfabrik (DAAG) kam zu Krupp und die Mannesmann MULAG schloss ihre Tore, Büssing und NAG fusionierten, MAN löste die Verbindung zu Saurer, was zur Gründung der Lastwagen-Werke Nürnberg KG führte, und Nacke stellte die Omnibus-Produktion ganz ein.

MAN 6 Zyl. Fahrzeug-Dieselmotor, Leistung 110 PS bei 1400 U/min (1928).

Der Omnibusbestand nach dem Ende der Wirtschaftskrise bei den bereits in wenigen Großstädten existierenden öffentlichen Verkehrsgesellschaften (Anfänge seit 1895) belief sich im Jahre 1930 auf 1844 Stadtbusse, davon hatte allein Berlin 734, Dresden 228, Hamburg 201 und München 120 Einheiten. Andere Städte mussten mit weniger Bussen auskommen. Auf dem Lande sorgten noch Kombi-Lastwagen für den Personentransport.

Doch ungeachtet der Depression gab es auch Verbesserungen.

So brachte die MAN den stärksten Fahrzeugdieselmotor mit 16 Liter Hubraum und 150 PS Leistung, dazu eine über der Hinterachse gekröpfte Version des Omnibus-Fahrgestells. Diese tiefgezogene Basis erlaubte, den Einstieg in den Bus auf 560 mm zu fixieren. Dieser Bus für 74 bis 82 Fahrgäste galt damals als der größte Bus, größer als der LO 10000 von Daimler-Benz (1937), der immerhin 71 Plätze anbot und auch das Niederrahmen-Chassis (nach Fageol USA) als Basis nutzte.

1 1/2-stöckiger Mercedes-Benz Überlandomnibus auf einem N2-O 4000 Chassis mit 6 Zyl. Motor, 70 PS für VIP-Fahrgäste (1928).

1926 führt Henschel die Motorbremse ein. 1927 kommt das erste luftgefederte Buschassis 5 t (DRP 496 688 Fritz Faudi) von Rheinmetall, Bosch beginnt Serienfertigung von Einspritzpumpen, Dr. Deiters entwickelt die erste deutsche Hinterachse mit Hypoidkegelradantrieb, die NAG bringt das erste Planetengetriebe mit elektromagnetischer Schaltung.
Alle diese technischen Entwicklungen haben die Omnibusbranche stark beeinflusst.
Ab 1932 produzieren Dieselmotoren-Programme:
Daimler-Benz, MAN, MWM, Büssing, Hanomag, Henschel (Lanova System), Humboldt-Deutz, Kämper, Krupp, Linke-Hoffman-Busch und Vomag.
Der Dieselmotor wurde Antriebsquelle Nr. 1 im Nutzfahrzeug.
In der gleichen Zeit hatte der Kettenantrieb im Bus endgültig ausgedient. Die Kardanwelle dominierte bei allen Herstellern.
In diese Entwicklungsphase fällt auch die überraschend schnelle Ausbreitung von Linien-Netzen mit Omnibussen. Sowohl Stadt- wie neu konzipierte Überlandlinienbusse veränderten das Gesellschaftsbild entscheidend.
Die mehr intuitive als geplante Kreativität der Omnibushersteller und Buskarossiers sorgte für einen enormen Aufschwung des Reisebusses. Die technische Trennung vom Lkw-Fahrgestell zum speziellen Bus-Chassis bahnte sich an.

1933 – eine die Omnibus-Entwickung prägende Ära begann

Das Jahr 1933 brachte die zweite wichtige Zäsur in der deutschen Automobilgeschichte. Zu Anfang dieses politischen Schicksalsjahres wurde die Nutzfahrzeug-Industrie von zahlreichen Hemmnissen und Auflagen befreit, unter denen sie bisher im besonderen Maße zu leiden hatte, musste aber dafür andere in Kauf nehmen.
Die technische Entwicklung war bestimmt von einer enormen Verbreitung des Dieselmotors, vorzugsweise beim Omnibus. Lag die Ausrüstung mit dem Selbstzünder beim Lkw zwischen 10 und 12 %, so fuhren bereits ein Drittel aller neu in den Markt kommenden Omnibusse mit dem Ölmotor (daher die Bezeichnung OM).
Einen enormen Schub in der Omnibus-Karosserie-Entwicklung löste der Autobahnbau aus. Mit den erlaubten 100 km/h war die Technik gezwungen den Leichtbau, zumindest bei der Karosserie, zu forcieren. Aluminium gab die Richtung vor.

Das Jahr 1933 brachte die zweite wichtige Zäsur in der deutschen Automobilgeschichte. Befreit von zahlreichen Hemmnissen konnten die Konstrukteure die Entwicklung weiterführen. So wurden Omnibusse nur noch mit Stahlaufbauten produziert. Wieder war es die Post – jetzt Reichspost –, die neue, leistungsfähigere Fahrzeuge anmahnte. Zwei Beispiele: Kässbohrer (rechts im Bild) liefert auf Opel-Blitz Fahrgestelle, die noch mit Holzgas-Motoren fuhren wegen Benzinmangel, baute Linienbusse für die Post aber ebenso Aussichtsbusse auf Mercedes-Benz-Chassis mit Dieselmotoren. Die Karosserien waren erstmals mit Dachrandverglasung und Schiebedach versehen. Die Leiterchassis hatten jetzt bereits eine technische Modifikation auf den Omnibus, d. h., die Federung war geändert, die Hinterachse wurde doppelt bereift, Getriebe und Bremsen entsprachen der höheren Fahrleistung – bis 80 km/h – und die Innenausstattung spiegelte den aufkommenden Wohlstand wieder.

Kässbohrer-Omnibus auf Mercedes-Benz-Chassis (O 3750) für die neuen Schnellstraßen karossiert (Patent Paul Jaray) mit 100 PS Dieselmotor. $V_{max.}$ lag bei 110 km/h, 28 Plätze.

Da neben Ganzstahlbussen vielfach auch die kombinierte Holz/Stahlbauart noch vorherrschte, bedurfte es grundlegender Änderungen. Holzspannten und Bügel wurden in Form und Konstruktion stark reduziert, Stahlblech gegen Aluminium getauscht. Die Busformen selbst wurden windschlüpfriger. Sitze und Innenausbau reduzierte man auf das Notwendigste und Dachluken bzw. Klappfenster mussten für eine Belüftung ausreichen.
Stadtbusse erhielten die ersten Falttüren und die ZF brachte eine Lamellensynchronisierung in ihre Getriebe, die den höheren Motorleistungen gewachsen war. Man begann über Ergonomie und Komfortaufbau konkret nachzudenken.

Autobahn lässt für Busse 100 km/h zu

Die tatsächlichen Höchstgeschwindigkeiten lagen anfänglich noch unter den zulässigen 100 km/h. Allerdings übertrafen viele „dynamisch" karossierte Busse, mit erheblich stärkeren Motoren, diese Grenze.

MAN Reisebus in Stromlinienform für $V_{max.}$ 100 km/h – der einzige Bus mit voll verkleideten Radkästen.

Mercedes-Benz Schnellbus der Deutschen Reichsbahn LO 3100 mit Vorkammer-Dieselmotor, Leistung 95 PS mit 2000 U/min, 24–31 Sitzplätze (1935).

Die Deutsche Reichsbahn wiederum war es, die als Trägergesellschaft der Autobahnen der Fahrzeugindustrie vielfältige Anreize für die Entwicklung autobahnfester Schnellbus-Modelle gab. Um strömungsgünstigere und somit schnellere wie wirtschaftliche Busse bauen zu können, mussten die Karossiers auf eine Schweizer Patent-Lizenz (Paul Jaray) zurückgreifen, die den Schutz einer konsequenten Stromlinienform betraf. 1933 holte sich zuerst Daimler-Benz die Rechte, dann zwei Jahre später Magirus, Vetter, Gaubschat, Talbot und die Waggonfabrik Ürdingen.

Mit Ausnahme von Daimler-Benz und Magirus waren es ausschließlich Buskarossiers, davon gab es noch 13, die den Omnibus stark beeinflussten und sich um Lizenzübertragung bemühten.

Außer den Vorgenannten waren dies Ludewig in Essen, Kässbohrer in Ulm, Karosserie Rüpflin in München, Waggonfabrik Recklinghausen, Waggonfabrik Credé Hanau-Niederzweren, Drauz in Heilbronn, Ernst Auwärter in Möhringen, Drögmöller in Heilbronn, Vereinigte Waggonfabriken AG Mainz-Mombach, die Gottfried Lindner AG Ammendorf, der Fahrzeugbau Schumann GmbH, Werdau, Letztere bauten vorwiegend für MAN die Buskarosserien.

Stromlinien-Luxus-Omnibus, karossiert von Vetter auf Mercedes-Benz-Chassis O 3750 mit 100 PS Dieselmotor, 33 Fahrgäste konnten befördert werden, $V_{max.}$ über 100 km/h.

Frontlenker-Bus kündigt sich an

Daimler-Benz brachte 1935, rechtzeitig zur 100-Jahr-Feier der Deutschen Reichsbahn in Nürnberg, den ersten „Bus ohne Haube“ (einen Vorläufer gab es schon 1923).
Der V-12-Dieselmotor vor der Vorderachse war unter einer „fließenden“ Karosserieform verpackt, das Heck leicht abgerundet. Alle Radkästen hatte man verkleidet. Dieser Bus erreichte 115 km/h.
Auch die MAN und Büssing konstruierten „Stirnsitz“-Busse. Büssing führte 1931 die Bezeichnung „Trambus“ ein.
Voraus ging ein Twin Coach nach Frank Fageol (USA), der auch unter der Bezeichnung „Zwiebus“ bekannt war. Dieser Bus trug den 6 Zyl.

1935, zur 100-Jahr-Feier der Deutschen Reichsbahn stellte Mercedes-Benz seinen „Bus ohne Haube“ (Vorläufer gab es schon 1923) vor – Typ OP (P für Pullmann) 3750 mit dem 100 PS Dieselmotor vor.

Auch die MAN und Büssing konstruierten „Stirnsitz“-Busse. Büssing führte 1931 dafür die Bezeichnung „Trambus“ ein.

Luftfederung – Hinterachse mit Federweg – Begrenzung durch Gummihohlfeder.

Dieselmotor mit 110 PS in der Busmitte, dieser konnte seitlich herausgefahren werden. Fageol hatte bereits 1929 einen Bus mit liegendem 6 Zyl. Unterflurmotor gebaut. Damit war im Grunde bereits die Vorgabe für den dann von allen gebauten Frontlenker-Omnibus gestellt, was ab 1939 zur Serienreife dieser neuen Generation führte.
Angepasst an die hohen Geschwindigkeiten erwiesen sich auch die Fahrwerke. So konzipierte Henschel 1935 ein 12,6 m Chassis mit Drei-Achsen und liegendem 12-Zylinder-380 PS-Boxermotor vor der Vorderachse. Mittel- und Hinterachse waren angetrieben. Blattfedern mit Gummi-Zwischenlagen kamen auf.

Zwei Motoren – Versuch im Bus

Eine Nummer größer fiel das Chassis von Vomag aus. Mit vier Achsen – zwei gelenkten und zwei angetriebenen – einem 350 PS-Boxermotor im Heck liegend, war eine Höchstgeschwindigkeit von 120 km/h möglich. Einen anderen Weg zum Schnellbus ging Büssing-NAG. 1935 zeigte der Braunschweiger Busbauer ein Chassis mit zwei Motoren, einer vor der Vorderachse und ein zweiter im Heck. Beides stehende 13,5 l, 6 Zyl. Aggregate mit je 140 PS Leistung. Der Frontmotor trieb die erste Achse, der Heckmotor die zweite Achse an. $V_{max.}$ ca. 120 km/h. Der 13,7 m Bus sollte 50 Personen befördern. Der Karosserieauftrag ging an Ludewig. Dieses interessante Objekt wurde allerdings nicht verwirklicht. Daimler-Benz nahm 1937 dreiachsige Chassis für Omnibusse in die Produktion. Dieses Modell O 10 000 wurde nicht nur für eigene, sondern als Basis auch bei Bus Karossiers für Großraumbusse benutzt.
Seit 1930 im Personenverkehr waren die Kässbohrer-Omnibus-Sattelzüge, die eine Kapazität von 130 bis 170 Personen hatten, eingesetzt.
Die Dessauer Straßenbahn und weitere Verkehrsgesellschaften benutzten diese neuartigen Großraumbusse. Als Zugmaschine wurden Typen aus den Programmen von Daimler-Benz und Opel eingesetzt.

1935 tauchte ein neuer und, wie sich zeigen wird, für die Busentwicklung wichtiger Name im Omnibusgeschäft auf: Gottlob Auwärter. Mit acht Gesellen begann er einen Karosseriebaubetrieb, der sich sofort mit dem Omnibus befasste. Gottlob hatte bereits in der väterlichen Wagnerei 1928 den ersten Omnibus auf Mercedes-Benz-Fahrgestell gebaut.

Weitere entstanden auf Büssing-, Faun-, Opel und auf dem Lastwagen-Chassis LO 3750.

In dieser Zeit – 1936 – kaufte Klöckner-Humboldt-Deutz Magirus auf und stellte dort den Motorenbau ein.

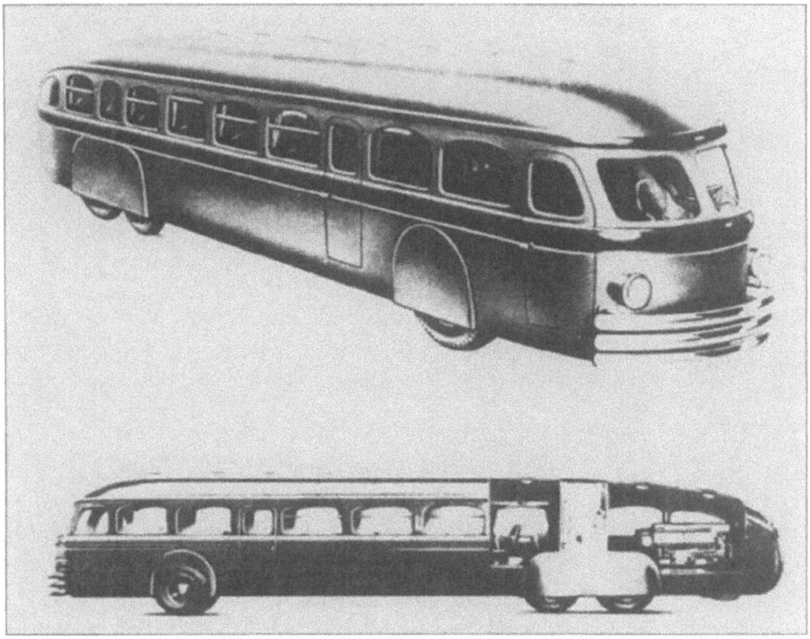

Der rasch voranschreitende Bau der Reichsautobahnen erweckte phantastische Vorstellungen über die künftigen Möglichkeiten des Reise- und Schnellverkehrs. Weil trotz des erwarteten Volkswagens eine Massenmotorisierung noch auf lange Zeit hinaus nicht zu erhoffen war, suchte man nach anderen Möglichkeiten, den noch nicht motorisierten Volksgenossen die Freude an schnellen Autobahnreisen zu erschließen. Dies musste nach den damaligen Vorstellungen hauptsächlich durch neue Massenverkehrsmittel geschehen, was wohl auch der Grund dafür gewesen sein mag, die Verwaltung und alle öffentlichen Betriebseinrichtungen der neuen Reichsautobahn der Deutschen Reichsbahn zu übertragen. In diesem Rahmen muss man es sehen, dass 1935 die Firmen Daimler-Benz, Büssing-NAG, Henschel und Vomag mit neuen Projekten von riesigen Großraum-Omnibussen an die Öffentlichkeit traten. Daimler-Benz stellte auf der Berliner Automobil-Ausstellung 1935 das Modell eines solchen Fahrzeugs vor. Zum Einbau sollte der V12 Zylinder Dieselmotor MB-805, Leistung 350/450 PS, gelangen, der bereits in den Triebwagen der Reichsbahn Verwendung fand. Ein großer Maschinenraum im Heck war für den Motor vorgesehen. Dieser gewaltige Omnibus wurde jedoch niemals realisiert, genausowenig wie die entsprechenden Vorschläge der drei Konkurrenzmarken.

Der Omnibus aus Ulm, Saturn I, erhielt luftgekühlte Deutz 6 Zylinder Triebwerke. Dieses Modell wurde bis Kriegsende noch gebaut, 1945 stellte Magirus-Deutz den Busbau ein.

Kässbohrer-Sattelomnibusse für 170 Personen kamen 1930/31 auf. Als Zugfahrzeug dienten Opel, Mercedes-Benz oder MAN.

1935 tauchte ein neuer Name im Omnibusmarkt auf – Gottlob Auwärter. Aus der Möhringer Karosseriefabrik kamen Omnibusaufbauten aus Holz und Stahl, wobei vorhandene Fahrgestelle benutzt wurden. Im Bild ein Aussichtsbus auf Mercedes-Benz-Chassis.

Magirus-Bus „Saturn", der ab 1936 luftgekühlte Deutz-Motoren bekam. Dieser 4 Zyl. Dieselmotor leistete 85 PS bei 2300 U/min.

Der Staat mischt wieder mit

1938 war für die Deutsche Automobilindustrie ein regelrechtes Boomjahr, trotz aller politischen Belastungen. Vorwiegend war es der Export, der florierte. Henschel gründete in Rumänien eine Tochtergesellschaft, die MAN tat Gleiches in Argentinien, Daimler-Benz hatte in Brasilien Fuß gefasst und Büssing sorgte in der Türkei für gute Umsätze.

Mit 88 000 Nutzfahrzeugen – ca. 1 % davon Omnibusse – war ein neuer Höhepunkt erreicht. Schon ein Jahr später schraubte sich der Ausstoß auf 102 000 Einheiten. 80 % davon übernahm die Wehrmacht. Für den zivilen Bereich blieb dabei nicht sehr viel übrig.

Der zweite Weltkrieg warf, wieder einmal mit starkem Einfluss der Staatsführung, auch in diesem Bereich seine Schatten voraus. Bei der MAN sollte sogar der Fahrzeugbau ganz eingestellt werden, zugunsten des Panzerbaus. Doch dieses Ansinnen wurde abgewehrt.

Im Omnibus-Sektor kam es trotz strategischer Planung der nationalsozialistischen Wirtschaftsdiktatur zu höchst interessanten technischen Fortschritten. Kässbohrer konzipierte einen Omnibusaufbau aus Aluminium-Schalen, die unabhängig von großen Montageanlagen von Fachkräften zusammengebaut werden konnten. Der Vorteil lag in einer verkürzten Montagezeit und die Teile konnten als ckd-Fracht überallhin verschickt werden.

Geringes Gewicht und geschickte Verpackung eröffneten damit vielen Ländern, ohne große Industrie qualitativ gute Omnibus-Aufbauten auf ein beliebiges Omnibus-Chassis aufzusetzen.

Der Automobil-Industrie verhalf es zu höheren Export-Erlösen.

Kässbohrer konzipierte einen Omnisbusaufbau aus Aluminium-Schalen. Die Technik sollte eine Montage in Entwicklungsländern erleichtern. Allerdings hat sich diese Idee nicht durchgesetzt.

In der Wismarer Waggonfabrik ließ Dr. Deiters einen selbsttragenden Aluminium-Aufbau zusammenschweißen, dem nur noch die Achsen und der Antrieb „eingehängt" werden mussten.
Hier hatte die schon damals offenkundig notwendige Trennung der Technik für den Omnibus von der Technik des Lastwagens eine Möglichkeit geschaffen, die vor allem nach dem Kriege mit dem selbsttragenden Gerippe vorbildlich in die Serienfabrikation – SETRA – einging.
Dies gilt auch für jene Schalenbauweise, die 1992 im Mercedes-Benz O 404 realisiert worden war, die tatsächlich einen ideellen Vorläufer im Pekol-Konzept von 1935 hatte.

Leichtbau 1936 von Dr. Deiters mit selbsttragendem Aluminium-Aufbau

Kriegsvorbereitung hatte Vorrang

Die Jahre kurz vor Ausbruch des zweiten Weltkrieges wurden für die Automobilindustrie dann doch noch schwieriger.
Alle Nutzfahrzeug-Hersteller waren in ein Produkt-Programm gezwungen, das voll den militärischen Vorgaben entsprechen musste.
Lastwagen, Kettenfahrzeuge, Panzer-Motoren, geschlossene Transporter für die Versorgung der Truppe und für die Sanitätsdienste usw. hatten Vorrang.
Ausnahmen bildeten anfangs noch die Omnibusse. Hier hatte die Militärverwaltung allen privaten Verkehrsgesellschaften sowie privaten Busunternehmen vorsorglich Einberufungsbefehle mit Angabe des Übergabeorts der Omnibusse an die Truppe zugestellt.
In dieser Situation verlangte eine angekündigte Treibstoffumstellung, wegen „möglicher" Verknappung von Benzin und Diesel, weitere

Konsequenzen bei den Motorenproduzenten und den Karosseriebauern.

Dieselmotoren auf Flaschengas ohne Probleme umzustellen war nicht neu.

Auch der Betrieb mit Holz, Holzkohle, Schwelkoks oder Sägeabfall ließ sich nach einigen Umbauten bewerkstelligen. Auf 136 km rechnete man mit 100 kg Holz, das mitzuführen oft Probleme machte. Der Leistungsabfall lag im Schnitt bei 20 %. Deutz, Vomag und die MAN stellten solche Motoren bereits bei der 22. IAA 1931 in Berlin Kaiserdamm aus.

Auch Daimler-Benz und Büssing boten ihren Kunden solche Alternativen. Opel lieferte das 3,5 t „Blitz"-Chassis gleich ab Werk mit Leuna-Gasflaschen.

Für Linienomnibusse kam der Diesel-Elektrische-Antrieb wieder auf. In Ulm baute 1939 Kässbohrer einen O-Bus mit allradgelenktem Anhänger. Daimler-Benz lieferte O-Busse mit BBS-Technik.

Omnibus-Antrieb mit Holzvergaser-Motor. Die Brennkammer wurde hier im Heck eingebaut. Die Leiter diente zum Auffüllen der Schwelkammer, die Türe unten für den „Stocherer", der ab und zu den Schwelprozess wieder „aufrütteln" musste.

Was den technischen Stand im Busbau anbelangt, so zeigten zu dieser Zeit alle Modelle mit ihren Aufbauten bereits einen deutlichen Abstand zum klassischen Lkw-Chassis.

Die Lkw-Hersteller lieferten für die Karossiers modifizierte Chassis-Lösungen, die von verbesserten, weicheren Federungen über gekröpfte, meist verlängerte Rahmen, bis zum unterschiedlichen Achsabstand und angepassten Übersetzungen der Hinterachse reichten.

Reiseomnibusse für Gruppenreisen über lange Distanzen hatten bereits eine kleine Küche mit Warmwasser-Heizer, Würstchensieder und Waschraum an Bord. Die jetzt mehrheitlich anzutreffenden

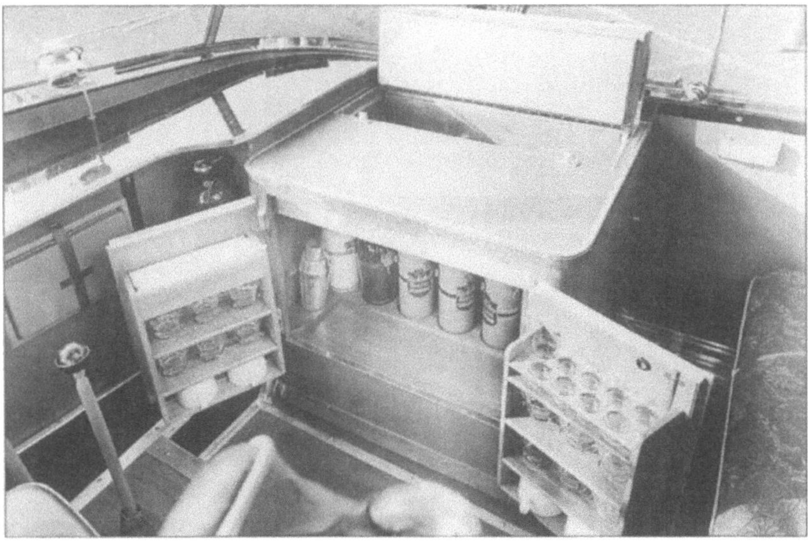

Reiseomnibusse werden komfortabler. Bar, Kühlschrank oder kleine Küchen mit Warmwasser-Heizer konnten eingebaut werden. Dieser Einbau steht neben dem Fahrer, ein Reiseleitersitz war in der ersten Sitzreihe vorgesehen.

1935 wanderte erstmals der Motor vom bisherigen Fronteinbau ins Heck der Omnibusse. Begonnen hatte damit ein Busunternehmer namens Pekol, der seine Aufbauten selbst herstellte. Diese Idee griff Kässbohrer auf und realisierte sie dann in seinem ersten selbsttragenden SETRA-Omnibus.

Ganzstahlkarosserien adaptierten Ansätze runder Formen von Stromlinien-Schnellbussen. Designer beschäftigten sich mit neuen Formen für Omnibusse. Kombinierte Dachrandverglasungen mit Kabrio- bzw. Schiebe- oder Faltdächern unterschieden den Reisebus vom stilistisch einfachen Linienbus. Auch die Ausführungen der Front- und Heckpartie waren schnittiger, erheblich eleganter im Vergleich zum Stadtbus. Die Innenausstattung entsprach vielfach dem Kundenwunsch, teilweise sogar mit Polstersessel, Tischchen und Vorhängen. Kässbohrer realisierte bereits einen Trambusaufbau, der optisch dem späteren Frontlenker-Bus schon sehr nahe kam.

Doch der Frontmotor, jetzt vorwiegend als Diesel, war immer noch Allgemeingut. Büssing führte bereits seit 1931 „Stirnsitz"-Busse im Programm. Hier war der Motor als Unterfluraggregat ausgelegt. Die technischen Varianten brachten vier Jahre später den Busunternehmer Pekol auf die Idee, den Antrieb komplett ins Heck eines Bussen zu verlegen. (1930 nutzte General Motors in USA Omnibusse mit Heckmotor querstehend und 1931 baute Scania den „Bulldog"-Bus – den ersten Frontlenker –, der ab 1932 in Serie ging. 32 bis 37 Plätze, 110 PS, Scania-Motor, erster Omnibus dieser Bauart in Europa.)

Übrigens blieb trotz dieser sich als zukunftsträchtig erweisenden Lösung der Unterflurmotor noch Jahrzehnte die Domäne von Büssing und der Frontmotor im Allgemeinen bei den Busbauern bis Anfang der fünfziger Jahre.

1931 „Bulldog" Bus, erster Frontlenker Omnibus ab 1932 Serie 90/120 PS Scania Motor 32–37 Sitzplätze. Erster Omnibus dieser Art in Europa.

In den Kriegsjahren fuhren Omnibusse mit Holz-Vergaser-System, das entweder in die Karosserie einbezogen oder als Anhänger mitgeführt wurde. Auch der Stadtgas-Antrieb hatte Konjunktur, wobei der Gasbehälter auf das Omnibusdach aufgesetzt war. Ohnehin existierten am Ende des Krieges von den ehemals weit über 20 000 registrierten Bussen nur noch etwa 4 000.
Inzwischen versuchten die Busbauer aus den Trümmern brauchbares Material zu finden, aus dem sich busähnliche Mobile zusammenbauen ließen.
Daimler-Benz offeriert in seinem Bus-Chassis-Programm die Typen O 2600/O 4500/O 6500 und den stückzahlenmäßig interessantesten O 10 000. Diese Drei-Achs-Basis mit dem 150 PS Dieselmotor diente

Stadtlinien-Sattelomnibus 1937 mit Gas als Kraftstoff. Der Gastank wurde auf dem Dach installiert, mit Gas aus dem städtischen Netz. Die Füllung reichte knapp einen Tag (Kässbohrer-Bus für die Kieler Verkehrs AG).

Kriegsbus aus Holz und Komponenten, die nach den schweren Bombenzerstörungen noch verwendbar waren. Dieser Linienbus kam aus Ulm von Kässbohrer.

zuerst für so genannte offene Rundfahrtbusse, für Stadtbusse, für Busse der Reichspost und für Kraftpostkurswagen.

Zuletzt vorwiegend für Doppelstockbusse der Berliner Verkehrsbetriebe (BVG), mit Trutz-Aufbau-Coburg. Ab 1940 waren diese „Dobusse" teilweise schon als Frontlenker-Lösung ausgeführt.

So einfach war die Innenausstattung solcher Notbusse. Hauptsache, die Menschen hatten eine Transportchance in und um die Stadt.

Die 3-Achs-Basis mit 150 PS Dieselmotor diente zumeist für offene Rundfahrtbusse der Reichspost und Kraftpostkurswagen. Bei Kriegsbeginn auch als Doppeldeckerchassis (Mercedes-Benz O 10 000 Chassis).

Neuaufbau nach dem Kriege

Ideen, Erfindergeist und der Wille zum Neuanfang gaben den Ausschlag aus der Stunde Null des deutschen Omnibusbaus das Beste zu machen. 1945 begann zuerst Büssing und Kraus-Maffei mit dem einigermaßen geordneten, soweit von den Siegermächten Material zugeteilt wurde, Busbau.

Drei Jahre später war Magrius-Deutz in Ulm, Daimler-Benz in Mannheim und Gaggenau, Kässbohrer in Ulm wieder so weit, aus dem Übriggebliebenen, darunter ausgediente US-Lastwagen, ein Busprogramm zu organisieren. 1949 meldete sich Ford, FAUN, Hanomag, MAN und 1950 Henschel im Busmarkt zurück.

Kurz danach bringt Kraus-Maffei ein Heckbusprogramm mit drei Modellen für 42–80 Personen auf den Markt. Auch die Buskarossiers Vetter, E. Auwärter, G. Auwärter, Drögmöller, Göppel, Trautz, Emmelmann, Ottenbacher, Voll, Schenk, Ludewig, Graaff und Klatte, neben weiteren 15, begannen das Omnibusangebot zu beleben.

Ideen, Erfindergeist und der Wille zum Neuanfang gaben den Ausschlag aus der Stunde Null des deutschen Omnibusbaus das Beste zu machen. Alles, was zu finden war, wurde für den Busbau genutzt.

Mit einem Henschel-Chassis begann Ernst Auwärter wieder Omnibusse zu bauen. Dieser Aussichtsbus war für einen Kunden in der Schweiz gebaut worden.

1950: 10 000. Fahrzeug der Nachkriegs-Produktion

Am 7. September 1949 wird die Bundesrepublik Deutschland gegründet. Es besteht Hoffnung auf neuen Aufschwung.
Die westdeutsche Nutzfahrzeugindustrie, Lkw- und Bushersteller und Chassis-Lieferanten, repräsentierten nach der Währungsreform 1948 gerade noch 18 Marken.
Büssing war der Erste, der mit 37 Fahrzeugen – Modell „Trambus 5000" – auf der Straße erscheint. 1946 produzierte der Braun-

Büssing „Trambus", einer der ersten Busse, der wieder aus normalen Produktionsverhältnissen kam. Der 6 Zyl. Dieselmotor war im Heck liegend eingebaut. Eine neue Version von Büssing, die Karosserie baute Kässbohrer (1937).

Eineinhalb-Decker Reise-Omnibus auf Krauss-Maffei-Chassis. Omnibusreisen wurden wieder interessant, deshalb mussten die Bushersteller sehr schnell auf diese neue Situation eingehen und neue Ideen bieten. Dieser Bus, von Kässbohrer karossiert, hatte bereits ein Schiebedach im vorderen Teil, das vom Fahrer mit Knopfdruck geöffnet oder geschlossen werden konnte.

schweiger schon 175, 1947 230 und 1948 324 Einheiten und 1950 lief das 10 000. Fahrzeug der Nachkriegs-Produktion aus dem Werk.
Büssing war eindeutig zum stärksten Bushersteller geworden, noch vor Kraus-Maffei und Mercedes-Benz.
1951 gab es nach 13 Jahren Zwangspause wieder eine Internationale Automobil-Ausstellung (IAA). Im September erstmals in Frankfurt, davor im April in Berlin. Organisator war der 1946 gegründete VDA – Verband der Automobil-Industrie – Nachfolger des RDA.
Unter den dort ausgestellten neuen Ideen fanden sich Eineinhalb-Decker (3,45 m Höhe), die sowohl für den Linienverkehr (Ludewig) als auch für den Reiseverkehr (Kässbohrer) auf verschiedenen Chassis aufgebaut wurden. Platzgewinn 25 %. Die ersten Gelenkomnibusse mit Lkw-Chassis überraschten die Besucher.
Grund für diese „komische" Lösung war das bevorstehende Verbot von Omnibus-Anhängern. Eine technisch scheinbar gut gelöste Verbindung im Gelenk-Omnibus: Motorwagen-Nachläufer.
Kässbohrer war es, der 1952 den ersten selbsttragenden (!) Gelenkomnibus in der Geschichte des Omnibusbaus vorstellte.
Der Motor war ein Unterflur-Aggregat im Nachläufer mit Antrieb auf die Mittelachse. Diese Entwicklung wollten einige Bushersteller verhindern, weil sie die Sicherheit bezweifelten.
Die Technik der Verbindung bestand aus zwei ineinander liegenden Kugeldrehkränzen. Eine Seilabwälz-Kupplung lenkte den Nachläufer.
Über dem Dach sorgte eine kreuzweise angeordnete Aufhängung beider Karosserieenden für die Entlastung der Drehkränze. Die Dortmunder Verkehrsbetriebe brauchten ein solches Linienfahrzeug, das bei einer Länge von 17,5 m 170 Personen befördern konnte.
Auch Gaubschat baute Gelenkbusse – 1938 erstmals nach einem verbesserten Mailänder Muster – konventioneller Art, wobei er zum Teil noch Lkw-Chassis verwendete. Hier blieb es allerdings beim Einzelstück.

Der erste selbsttragende Gelenkbus 1952 von Kässbohrer für die Dortmunder Verkehrsgesellschaft gebaut. Als Chassis diente ein Büssing-Trambus mit Unterflurmotor. Die Kapazität lag bei 120 Personen. Die viertürige Version garantierte einen schnellen Fahrgastfluss.

1954 baute Saurer einen Prototyp Gelenkbus mit elektrohydraulischem 4-Gang-Vorwählgetriebe, eigener Konstruktion, 240 PS, 12 Zyl. Dieselmotor im Heck, Antrieb auf Mittelachse, 3. Achse zwangsgelenkt.
1958 lieferte MAN Gelenkzüge unter Verwendung des Motorwagens 760 UO 2 G, 1959 übernahm Bremen 33 MAN 18 m-Gelenkzüge 890 UG für 150 bis 170 Personen.
1957 liefen in 9 Städten 88 Gelenkomnibusse mit Kässbohrer bzw. Emmelmann-Aufbau und Büssing oder MAN-Motorwagen.

Omnibus-Touristik beeinflusst Formen und Motorleistung

Mit Beginn der 60er Jahre breitet sich der Omnibustourismus über die Grenzen der neuen Bundesrepublik Deutschland aus. Der wirtschaftliche Wiederaufbau brachte nicht nur Aufschwung, sondern auch Interesse am Reisen über die Grenzen.
Die dadurch ausgelösten Anforderungen an eine technische Ausrüstung und Komfort im Innenausbau wuchsen schnell.
Die Busunternehmer wurden wählerischer. Der Trend zum starken Motor und Getriebe mit erweiterten Schaltstufen bewirkte eine konstruktive Verbesserung im Fahrwerk und den Übersetzungen.
Bis dato hatte sich in der Omnibusentwicklung schon vieles verändert. Aus der vom aufkommenden Freizeitmarkt erzwungenen Diffe-

Die neue Reisewelle mit Omnibussen beginnt die Grenzen zu überwinden. Zu den bequemen Reisebussen kamen aber noch Varianten einer robusten, fast abenteuerlichen Busreise mit Camping-Anhänger. In freier Natur wurde aus dem Anhänger eine Wohnstadt mit Küche und Rastplatz. Die Betten lagen übereinander, natürlich sauber getrennt. Diese Art Reisen wurden von jungen Leuten sehr schnell akzeptiert und einige Busunternehmer spezialisierten sich auf Campingreisen mit diesem Bus.
Im Bild ein SETRA S 8 mit dem Universal-Anhänger.

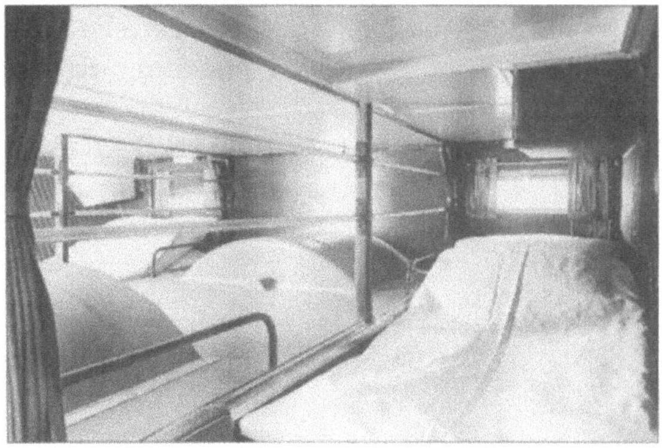

renzierung zwischen Stadt- und Reisebus resultierte eine weitere Modifizierung der Leiter-Chassis.
Beispielsweise hatte der 1951 in Serie gebaute Mercedes-Benz Bus O 6600 H einen Pressrahmen, der O 317 Linienbus als Nachfolger ab 1958 bereits Luftfederung, schwingungsgedämpfte Achsaufhängungen, längere Blattfedern. Vereinzelt wurden schon Stabilisatoren an der Hinterachse eingebaut.
Der Radeinschlag an der Vorderachse erweiterte sich von bislang 40° auf über 50°, was die Wendigkeit in einem dichter werdenden Individualverkehr ganz entscheidend beeinflusste.
Dunlop bringt die ersten Scheibenbremsen in die Fahrwerktechnik beim Omnibus. Die Zubringer-Industrie weitet ihr Programm auf Klimaanlagen, vielseitige Bordküchen, Einbaukühlschränke und Toiletten aus. Neoplan entwickelt ein neues Luftfederungssystem, lässt sich eine neue Vorderachs- und Hinterachsführung patentieren.

Mercedes-Benz-Chassis O 6600 mit Unterflurmotor als Pressrahmen – Basiskonstruktion für einen halbselbsttragenden Aufbau. Diese Technik wurde ab 1951 für alle Modelle eingeführt. Ab 1952 baute man darauf auch Trolley-Busse.

Vorne Einzelradaufhängung an Dreieckslenker mit Stoßdämpfer und Luftfedern, die hintere Achslösung ist ein dreieckförmiger Hinterachsfahrschemel, dessen Spitze zentral in der Gitterkonstruktion über Silentblock-Lager angelenkt wird. Als Resultat erfolgt die Tieferlegung des Busses, was die Einstieghöhe weiter reduziert. Ein spürbar verbessertes Fahrverhalten, besonders bei der Querbeschleunigung in Kurven ist ebenfalls verbürgt.

Die Bremsen erhalten breitere Wirkungsflächen, die Bremsbelagsrezepte passen sich den steigenden Motorleistungen an. Motorbremsen gibt es serienmäßig.

Der O 317 Hochdecker Luxus-Reisebus mit Vetter Karosserie 1959 gebaut, bot 45 Plätze. Motor: OM 326/h Vorkammer-Dieselmotor, 6 Zyl. 10,8 Liter Hubraum, Leistung 172 PS bei 2200 U/min, Länge 11,9 m, 3,6 m hoch, Gesamtgewicht 22 Tonnen. Der O 317 wurde als Komplettbus von Mai 1959 bis Juli 1972 geliefert. Von Anfang 1974 bis Ende 1977 fand die Fertigung der Fahrgestelle nicht mehr in Mannheim, sondern im Lohnauftrag bei Steyr-Daimler-Puch in Wien statt, wurde aber über die DB AG verkauft.

Neoplan entwickelt ein neues Luftfederungssystem (1957) und lässt sich eine neue Vorderachse und Hinterachsführung patentieren.

Der erste große Schritt war zweifellos die Hinwendung zum Heckmotor-Omnibus. Zwar gab es weitere Modelle mit Unterflur-Mittel-Motoren, doch die Mehrzahl aller Hersteller konzentrierte sich jetzt auf das Aggregat im Heck. Der Gewinn an Raum für Personen wie Gepäck war für den Reisebus eine wichtige Voraussetzung, wie auch der Ruf nach Geräuschreduzierung z. T. recht gute Akzeptanz bei den Herstellern erfuhr.

Die Hinterachslösung von Neoplan hat sich von Anfang an als optimal erwiesen. Geringe Seitenneigung und präzise Straßenlage sind die Folge. Eine sehr breite Federspur, die identisch ist mit der Radspur.

Ein entscheidender Schritt in der Omnibusentwicklung war die Verlegung des Motors vom Fronteinbau in das Heck. Zu der wesentlich einfacheren Triebwerkswartung kam der Gewinn an Raum und nicht zuletzt eine Geräuschreduzierung.

Der selbsttragende Omnibus – eine entscheidende Epoche beginnt

Entscheidend war für die gesamte Omnibus-Technik die Serien-Einführung der selbsttragenden Karosserie. Der wohl wichtigste Fortschritt nach der Motoren-Technik.

Kässbohrer stellte, nach dem Vorbild des Flugzeugbaus, 1950 einen Setra S 8 vor, dessen tragendes Gerippe, käfigartig aus Vierkantrohren verschweißt, Motor, Getriebe und Achsen aufnahm. Die schweren U-

Kässbohrer stellte nach dem Vorbild des Flugzeugbaus 1950 den ersten „SElbst-TRAgenden" SETRA S 82 vor, dessen Gerippe, käfigartig aus Vierkantrohren verschweißt, Motor mit Getriebe und die Achsen aufnehmen konnte. Damit war die endgültige Abkehr vom Lastwagenchassis mit den schweren Längsträgern eingeläutet. Die Frage einer Verminderung des Eigengewichts wurde aktuell im direkten Zusammenhang mit höherer Sicherheit.

SETRA S 8 Baujahr 1950 mit 95 PS Henschel-Motor im Heck und 35 Sitzplätzen. Dazu gab es noch Notsitze im Mittelgang. Höchstgeschwindigkeit: 90 km/h; Kraftstoffnormverbrauch: 14 l/100 km.

Einzelradaufhängung der Vorderachse zählte bereits kurze Zeit nach dem Erscheinen des ersten S 8 zur Serie im weiterentwickelten S 9 bis zum S 14. Nach erfolgreicher Erprobung im S 6, dem kleinsten in der SETRA-Baureihe. Die Federung bestand aus einer kombinierten Stahl-Gummibalgfeder.

Längsträger der bis dato üblichen Lastwagen-Chassis, entfielen ebenso wie die schweren Federböcke. Die Vorderräder im neuen Konzept waren bereits einzeln aufgehängt und mit Schraubenfedern und Gummipuffern abgefedert. Primär brachte dieses neue Konzept eine Gewichtsverschiebung zugunsten der Fahrgastzahl und des Kofferraums. Hinzu kam, dass die Karosseriestabilität entscheidend höher als bei Chassis-Bussen lag.
Gleichermaßen aber wurde der Fahrkomfort spürbar besser, die Seitenbeschleunigung stark reduziert und auch die Nickbewegungen waren schwächer.
Und noch eines erwuchs aus der neuen Aufbaulösung: die Serienfertigung von Omnibussen im Baukasten-System. Kässbohrer und die MAN fingen gleichzeitig damit an.
Hiervon profitierte zuerst die Fertigung und durch den geringer anfallenden Wartungsaufwand in der Praxis auch der Fahrzeugkunde.
Die Vorläufer zu diesem Meilenstein in der Omnibustechnik reichen in Deutschland bis in das Jahr 1936 zurück (in USA wurden selbsttragende Wagen 1927/28 bei Straßenbahnen realisiert). Theo Pekol, ein Busunternehmer in Oldenburg, baute seine Linienomnibusse selbst. Aus praktischen Erfahrungen klug geworden, rückte er den Motor des zu jener Zeit oft genutzten Büssing Unterflur „Trambus" in das Heck.
Einmal wollte er damit den Fahrer, der ja normal neben dem Motor saß, entlasten, zum anderen aber wollte er eine Gewichtsverlagerung auf die Antriebsachse erreichen.

Prinzip-Zeichnung der Pekol-Leichtbaulösung im Linienbus. Bis zu 2000 kg wurden hier bereits eingespart, im Vergleich zu den bislang benutzten Lkw-Chassis. Pekol baute 6 Omnibusse nach diesem Konstruktionskonzept.

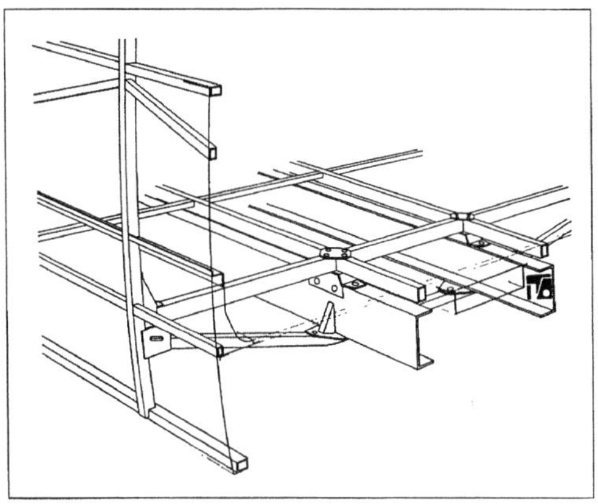

Dazu versuchte er sich im Leichtbau und sparte mit einem Leiterrahmen und Stahlrohrgerippe ca. 2000 kg.
Sechs Omnibusse entstanden in dieser völlig neuen Technik.
Im Oldenburger Linienverkehr konnten sie die Erwartungen überzeugend erfüllen. Der Krieg hatte allerdings diese Entwicklungen gestoppt.
Erst 1949 nahm Pekol seine Idee des chassislosen Busses mit Schalenkonstruktion am Aufbau wieder auf und ließ entsprechende Busse bei Kässbohrer in Ulm bauen.
Der erste gemeinsame Bus war der SP (Setra-Pekol), aus dem später der SP 110 wurde, der erste Stadtbus, der soviel wog, wie er tragen konnte, Verhältnis 1:1, das bisher nicht mehr erreicht wurde.
In diesem historisch belegten Zusammenhang war es Oberingenieur Georg Wahl, Konstruktionschef bei Kässbohrer, der den Vorschlag machte, doch ein völlig neues Aufbaukonzept zu entwickeln. In Ulm kannte man die Versuche von Henrich Focke in Wilhelmshaven, der einen Leichtbus mit der Technik des Flugzeugbaus baute. Voraussetzung dazu war eine selbsttragende Konstruktion ohne Rahmenträger.
Auch die selbsttragenden Alu-Busse nach Dr. Deiters aus den 30er Jahren wurden in Ulm geprüft. Eine Serienfertigung verlangte andere, bessere Lösungen.
Kässbohrer wollte jedoch nicht nur einen selbsttragenden Omnibus entwickeln, sondern zugleich die Frage der Lastverteilung, die Frage der Belüftung und Heizung, vor allem aber die Frage des Gewichts und der Sicherheit besser lösen, als es andere versucht hatten. In dieser Entscheidung, so zu verfahren, liegt im Grunde die besondere Pionierleistung Otto Kässbohrers, 1951 gegen den Widerstand des Wettbewerbs und der Omnibusunternehmerverbände seine Vorstellung

1949 nahm Pekol seine Idee des chassislosen Omnibusses wieder auf und konstruierte mit Kässbohrer in Ulm einen Stadtbus (SP 110), dessen Eigengewicht gleich dem seiner Tragfähigkeit war, also ein Verhältnis 1:1 hatte. Eine ingenieuse Leistung, die später nicht wieder im Busbau erreicht werden konnte.

durchgesetzt und in überzeugender Demonstration die Richtigkeit seines Konzepts bewiesen zu haben.
Mit diesem konsequenten Schritt wurde die bisher eingleisige Entwicklung im Nutzfahrzeugbereich in eine Lastwagen- und eine Omnibusentwicklung aufgespalten.

Die Internationale Automobil-Ausstellung IAA als Plattform der epochemachenden Omnibustechnik

1953 die 36. IAA in Frankfurt, war die richtige Plattform, dieses neue Buskonzept vorzustellen. Kässbohrer zeigte den S 8, jenen Urtyp der neuen Bus-Generation und bereits das nächst größere Modell, den S 10, S als Hinweis auf „selbsttragend", aus dem später die Marke SETRA entstand.
Der 10-m-Reisebus hatte zehn Sitzreihen für 42 Personen. Die Karosserie bestand wie beim S 8 aus einem käfigartigen Gerippe, das acht Mann wegtragen konnten. Im Heck sorgte ein 132 PS-Henschelmotor für den Antrieb. Dachrandverglasung, Glaskuppel in der Frontpartie und eine Warmluftheizung in den Seiten, die Frontscheibe geteilt – so präsentierte sich der Premierebus. Die Scheibenwischer waren noch in die Scheiben mit Einzelmotoren montiert.
Im gleichen Jahr übergab Kässbohrer bereits den ersten „SETRA" Omnibus-Gelenkzug in Linienausführung der Stadt Ulm. Das 16,7 m lange Fahrzeug konnte 175 Personen befördern.

Das zweite SETRA-Reisebus-modell stand 1953 bei der 36. IAA in Frankfurt. Jetzt 10 m lang mit 132 PS Henschel-Motor im Heck und 42 Sitzplätzen.

Die zweite Ulmer Neuheit, die für Jahrzehnte weltweit zum Vorbild für alle Wettbewerber im Busbau wurde.

Ebenfalls auf einer IAA, zwei Jahre später, präsentierte Kraus-Maffei einen anderen Leichtbus in selbsttragender Kombination nach der Focke-Idee: die „Flugzeug-Röhre“. Die Räder waren voll in die Karosserie einbezogen, was angesichts des langen Buskörpers tatsächlich an ein Flugzeug erinnerte.

Dieses Modell hatte der Münchner Busbauer bis zur Einstellung seines Busbaus 1965 im Programm.

Die später Kraus-Maffei übernehmende MAN hat diesen Bus nicht mehr weitergebaut.

Im gleichen Jahr 1953 zeigte Klatte – Karosseriebau in Bremen – einen Großraumbus bei der Frankfurter IAA. Erstmals wurde hier ein hydrostatischer Allradantrieb benutzt. Der im Heck quer eingebaute V8 Diesel mit 175 PS Leistung versorgte über ein Pumpsystem die hydrostatischen Getriebe in den Radnaben (nach Otto Nübling). $V_{max.}$ 125 km/h!

Dieses Fahrzeug verkehrte zwischen Hamburg und Zollenspicker.

1953 brachte Kässbohrer als neues Großraumfahrzeug den Omnibus-Gelenkzug. Der ebenfalls selbsttragende, luftgefederte SG 175 hatte ein Fassungsvermögen von 170–175 Personen. Das erstaunlich niedrige Eigengewicht von nur 10,5 t wurde trotz Ganzstahlbauweise erreicht. Der Motor, ein Büssing U 11/200 mit 192 PS, war im Heck des Nachläufers eingebaut mit Antrieb auf die zweite Achse.

1954 – Beginn der Serienfertigung selbsttragender Omnibusse in Ulm

Kässbohrer startete 1954 die Serienfertigung des ersten SETRA-Bus-Programms, direkt aus dem S 8 entwickelt.
Diese S 10 Baureihe hatte sechs Typen unterschiedlicher Radstände und 8 bis 15 Sitzreihen. Gleichzeitig, im Zuge des aufkommenden Rationalisierungsgedankens, wurde das Baukastenprinzip perfekt, d. h. weitestgehend gleiche und austauschbare Teile werden in der Serie verbaut.
Kässbohrer trieb mit diesem Setra-Konzept nicht nur seine gesamte Produktion in Richtung Kostensenkung bei höherer Stückzahl, vielmehr konnten Vertrieb und Kundendienst, eingeschlossen Vertreter und Werkstätten, bei rationeller Absatzweise eine Eigendynamik entwickeln.
Sehr schnell erreichten Setra Busse ein vorbildliches Qualitäts-Image, das bis heute anhält.

Kässbohrer startete 1954 die Serienfertigung seines ersten SETRA-Bus-Programms, direkt aus dem S 8 und S 10 entwickelt. Im Bild der längste S 14 (12 m) mit 12 Reihen Schlafsessel und 6,5 m^3 Gepäckraum.

Bereits 1959 erhielten die SETRA-Busse aus dem Baukastensystem ein verändertes Gesicht und ein anderes Logo.

Florierender Markt – Wettbewerb nimmt aggressive Formen an

Auf den Boom in den 50er Jahren, der den flexibleren Omnibuskarossiers gute Verkäufe bescherte, reagierte Daimler-Benz mit einer Verkaufssperre seiner Chassis an eben diese kreative, daher erfolgreichere Sparte. Grund: Daimler-Benz war eigentlich erst mit dem O 321 H, einem 9 Reihen Frontlenker-Bus ab Herbst 1954 wieder im internationalen Trend.

Der O 321 H brachte Daimler-Benz ab Herbst 1954 wieder in den internationalen Trend, löste aber zugleich eine schärfere Gangart im Verkauf von Mercedes-Motoren und Buschassis an die etablierten Omnibus-Karossiers aus. Der O 321 war der erste Mercedes-Bus, der einen mittragenden Aufbau in der „Semi-Integral-Bauweise" besaß.

Dass es hier Absatzprobleme gab, leuchtet ein. Hinzu kam, dass Mannheim, im Gegensatz zu dem 1952 in den Wettbewerb gekommenen Setra, keine speziellen Kundenwünsche in punkto Ausstattung akzeptierte, was sich auf den Verkauf negativ auswirkte. Keine Frage, dass einige der kleineren und mittleren Omnibus-Aufbauer in den Konkurs rutschten, was wohl auch erwartet worden war.
Hier muss man anfügen, dass Daimler-Benz bis 1951 Omnibusse im Werk Sindelfingen baute und die Chassis aus Gaggenau kamen. Erst ab 1960 produzierte Mannheim Omnibusse komplett. Es waren also auch noch andere Probleme im Spiel.
Manche von den betroffenen Buskarossiers suchten sich andere Aufgabengebiete, wie den Bau von Straßenbahnwagen oder Seilkabinen. Auwärter z. B. stieg auf Schienen-Waggons um.
Doch später legalisierte sich diese Situation. Unter dem Druck des Marktes und der Karosseriebauer durften wieder Chassis nach Bedarf geordert werden. Allerdings war inzwischen die Zahl der Busaufbauer stark geschrumpft.

Kässbohrer überbrückte die Zeit der Motorensperre mit dem Bau von Seilbahnkabinen und Busanhängern.

Immerhin, solch kurzsichtiges Verhalten von Daimler-Benz bewirkte, dass der Gedanke, selbsttragende Omnibusse zu bauen und folglich auf Fahrgestelle des Multis zu verzichten, an Schubkraft gewann.
So war es nunmehr auch Gottlob Auwärter, der seinen Prototyp nach dem neuen selbsttragenden Konstruktionsprinzip aufbaute und zugleich den Markennamen „Neoplan" einführte.

Gottlob Auwärter begann unter Zwang, sich ebenfalls mit der neuen Konstruktion des selbsttragenden Aufbaus auseinander zu setzen und brachte einen Bus mit Aggregaten von verschiedenen Zulieferern. Als Antrieb war ein Kämper-Dieselmotor im Heck eingebaut.

Farbblatt Saturn II – August 1958: Der Reisebus von Magirus hatte fast ein 1:1 Gewichtsverhältnis vorzuweisen, Luftfederung, eine neue Vorderachslösung mit verlängerten Pendelhalbachsen, vollsynchronisiertes Getriebe mit hydraulisch betätigter Einscheibenkupplung, eine motorunabhängige Heizung waren die besonderen Merkmale. Im Heck lief ein luftgekühlter 6 Zylinder Deutz-Diesel mit 125 PS Leistung.

In diesem Fahrzeug stammte die Vorderachse von der Bergischen Achsenfabrik, die Hinterachse aus dem O 3500 von Magirus und als Antrieb sorgte ein 6-Zylinder 108 PS Kämper-Dieselmotor im Heck für die notwendige Schubkraft.
1956 bringt Magirus-Deutz den O 3500 mit Frontmotor und den O 6500 mit Heckmotor in den Wettbewerb aus dem Werk in Mainz, das 1959 von der Klöckner-Humboldt-Deutz gekauft worden war und ab 1960 ausschließlich Magirus Busse produzierte.
Dieses Werk, ehemals von Castel 1911 gegründet, war 1928 an die Vereinigte Waggonfabriken Westwaggon Mainz-Mombach gekommen.
Kurz nach dem O 6500 geht bereits der Saturn II, ein selbsttragender Bus ins Programm. Aufbau aus Aluminium, Luftfederung, automatischer Niveauausgleich, Banjoachse und Einzelradaufhängung, 6 Zyl. luftgekühlter Deutz-V-Motor mit 150 PS Leistung.
Ein groß angelegter Versuch beginnt in Hamburg mit diesem Bus. Die Auspuffrohre wurden am Heck hochgezogen bis über das Dach und Richtung Busmitte abgedreht.
Der Grund war eine Reduzierung möglicher Belästigung durch Dieselrauch. Dies war tatsächlich der erste Versuch, im Stadtverkehr umweltfreundlicher zu erscheinen.

Das selbsttragende Konstruktionsprinzip bei den Omnibusaufbauten begann sich durchzusetzen, auch im Ausland.

Deutscher Busmarkt – ein schwieriger Markt

Bis zu diesem Zeitpunkt der völligen Trennung von Lkw-Chassis und Nutzung der selbsttragenden Aufbautechnik im Omnibusbau hatte sich in der europäischen Omnibusentwicklung vieles verändert.
Frankreich, Italien, Spanien, Belgien, Holland, Schweden hatten aufstrebende Omnibus-Produktionen aufgebaut, deren Marken auch auf den deutschen Markt drückten. Doch Erfolge waren diesen Versuchen nicht beschieden.

Erste deutsche Omnibusreihe mit internationaler Technik!

1956 liefert Kässbohrer über 100 jener legendären Hochdecker, Solofahrzeuge und Hochdecker-Gelenkzüge für die „Continental Trailways" nach Dallas USA.
Diese in selbsttragender Konstruktion im Ulmer Werk produzierten „Golden- und Silver Eagle" wurden zum Vorbild für die amerikanischen Top-Busbauer Greyhound, Prevost und MCM.
Solche Frontlenker-Überland-Linienbusse, die es bis dato nicht gab, waren für Amerika überaus komfortabel vom Fahrwerk bis zur Innenausrüstung. Toilette, Bar, Küche und Klimaanlage gehörten dazu.
Interessant die Drehstab-Gummifederung von Goodyear, die den robusten Anforderungen auf den US-Straßen standhalten konnte.
Eine von GM 1949 für Greyhound entwickelte Luftfederung war dagegen nicht zuverlässig genug.
Die Innenstehhöhe lag bei 2 m und die riesigen Kofferräume waren notwendig für das umfangreiche Gepäck der Saisonarbeiter, die es

1956 lieferte Kässbohrer über 100 Hochdecker-Solo-Fahrzeuge und Hochdecker-Gelenkzüge für die „Continental Railways" nach Dallas USA. Die „Golden- und Silver-Eagle" hatten Aluminium Beplankung, V 8 Motoren von MAN, Toilette und Bar an Bord. Sie waren ihrer Zeit voraus und machten in USA Geschichte. Sie wurden zum Vorbild für die amerikanischen Top-Busbauer.
Etwas Besonderes war die Drehstab-Gummifederung von Goodyear. Die von GM 1949 bereits entwickelte Luftfederung war nicht geeignet für die hohe Beanspruchung der Busse in den USA. Allerdings blieb die Idee der möglichen Luftfederung bei Kässbohrer insoweit hängen, als 1953 der erste Gelenkzug mit Luftfederung auf der Straße stand.

Goodyear Gummi-Drehstab-Federung an der Vorderachse mit Einzelradaufhängung in den USA-Bussen von Kässbohrer.

vom Süden nach dem Norden trieb oder umgekehrt, mitsamt ihren Familien. Übrigens liefen fast alle Exemplare noch 1996!

Die Motoren stammten aus Detroit, die Getriebe von Allison und die Achsen von Eaton.

Die erste deutsche Omnibusreihe mit internationaler Technik!

Kässbohrer vergab die Lizenz zum Nachbau, zwangsläufig, als weitere Großaufträge geplant waren. Weder die Ulmer Kapazität noch die Lieferfristen hätten in das gerade beginnende Omnibusgeschäft mit der SETRA-Baureihe gepasst.

An dieser Stelle ist vielleicht interessant, die Omnibus-Entwicklung in USA zu beschreiben. Der alles beherrschende Multi – General Motors – baute Omnibusse für die Linenverkehre in den Ballungszentren und Überlandlinien.

Hier hatte USA schon sehr früh den Wert des Omnibusses als Personenbeförderungsmittel erkannt, obgleich der Individualverkehr boomte.

Von Anfang an war der Pkw das vorherrschende Mittel für uneingeschränkte Mobilität. Größe und Weite des Landes zwangen die Menschen geradezu, sich des neuen Automobils, das da aus Deutschland kam, zu bemächtigen. Schon vor 1900 vergaben Benz und Daimler Lizenzen nach USA. William Steinway erwirbt die Rechte auf Nutzung der Daimlerpatente in USA. Die Daimler Motor Company, Long Island City N. Y., wird gegründet.

1893 werden Daimler Wagen in Chicago ausgestellt und treffen auf das Interesse der Amerikaner. Aus diesen Beziehungen resultiert auch die Ford Initiative, die 1913 mit der Einführung des Fließbandes die Motorisierung Amerikas einläutet.

Die Omnibus-Entwicklung beginnt mit General Motors in Detroit. Neben Lastwagen entstehen Busse mit 30 Fuß für 40 Personen. Benzmotoren werden jahrelang in Detroit produziert. 1925 erhält die Pneumatic Tool Company in Chicago eine Dieselmotoren-Lizenz von Benz & Cie. Mannheim zum Bau von Vorkammer-Motoren (Benz/Prosper L'Orange).

In den zwanziger Jahren entstehen große Bus-Gesellschaften – Greyhound, Transcontinental, Continental Trailways, South-Line, wobei sich Greyhound über ganz Amerika ausbreitet und zuletzt über 2000 Busse verfügt, die allerdings in eigener Regie gebaut werden mit im Markt vorhandenen Komponenten. Dies hält bis 1987 an, Greyhound geht in Konkurs.

Das Kässbohrer-Angebot an deutsche Busunternehmer, solche Hochdecker zu kaufen, wurde rundweg abgelehnt.

Die Zeit war damals noch nicht reif für derartige Großraum-Luxusbusse. Doch bewirkte diese Idee ein Nachdenken bei manchen Omnibusherstellern.

Luftfederung geht in die Serie

Ab dem Jahr 1957 setzte sich im Omnibusbau die Luftfederung durch. Zur 38. IAA brachte Daimler-Benz, MAN, SETRA, Neoplan, Büssing und Magirus luftgefederte Omnibusse mit komfortabler Innenausstattung, stoßfreien Fahrersitzen von Bremshey, und die anfänglich verwendete Faltenbalg-Federung wird endgültig verdrängt vom Rollbalg.
An den Vorderachsen waren es zwei Luftfederbälge, an der Hinterachse meist vier, je nach Konstruktion der Hinterachse.
Der deutsche Markt, allein schon aus der innovativen Stärke des deutschen Omnibusbaus heraus absolut führend in der Welt, blieb ausländischem Wettbewerb verschlossen.
Der deutsche Markt erhielt den Ruf, der stärkste und der schwierigste zu sein.

Magirus hatte in seinen Bussen eine Doppelbalg-federung, die direkt mit einem gebogenen Hohl-träger verbunden war und über den Träger mit Luft versorgt wurde.

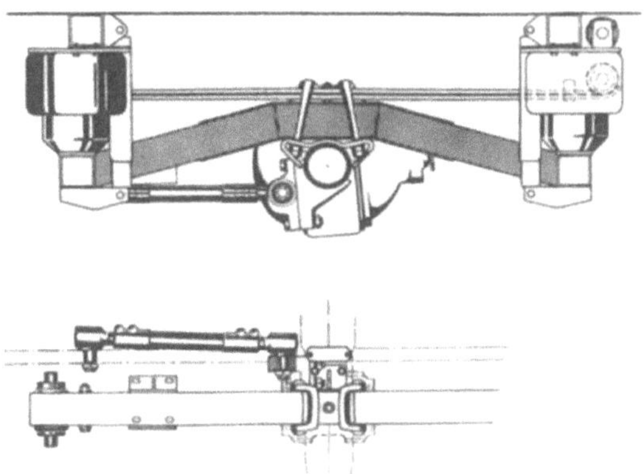

Kässbohrer hatte bereits 1953 erstmals Luftfederung in dem ersten Gelenkomnibus eingebaut. Als zusätzliches Führungselement werden noch lange Blattfedern benutzt.

Neoplan hatte mit seinem Dreieckslenker keine Proble-me, mit zwei Luftfeder-Rollbälgen auf einer Quer-traverse auszukommen. Ein Stabilisator sorgte für sichere Achsführung.

Die internationale Busreise wird entdeckt

In Deutschland begann sich Ende der fünfziger Jahre, mit florierender Wirtschaft, eine Freizeit-Nutzen-Mentalität abzuzeichnen, deren mittelbare Folge, eine Differenzierung zwischen Stadt- und Reisebus, zur neuen Herausforderung für alle potenten Omnibushersteller wurde. Die internationale Busreise wurde entdeckt.
Der Markt verlangte moderne, der Aufgabe entsprechende Fahrzeuge. Mercedes-Benz bot ein detailliertes Programm an Linien- und Reisebussen, wobei sich der Reisebus O 321 H ab Oktober 1954, übrigens der erste Bus in Semi Integraler Bauweise, als großer Erfolg für Mannheim entpuppte, das tatsächlich den Anschluss an den Wettbewerb mit kundengerechten Komfortbussen bedeutete.
Der direkte Wettbewerber war Kässbohrer mit dem Serienprogramm selbsttragender Reise- oder Linienomnibusse, Büssing, Neoplan und die MAN. Magirus-Deutz baute den M 2000 und den R 80 Kleinbus mit großem Erfolg. Gegen diese starke Phalanx konnten Wettbewerber wie Renault, DAF, Van Hool, Fiat, Pegaso nichts ausrichten.

Selbsttragender Bodenrahmen, der die Semi-Integrale-Bauweise bei Daimler-Benz-Omnibussen realisierte. Erstmals beim O 321 verwendet, aber auch bei den Nachfolgetypen O 302 und O 303.

Magirus-Deutz Reisebus M 2000 Jahrgang 1960 produziert im Werk Mainz.

Vom Mercedes-Benz O 6600 (11 m/47 Sitzplätze) und dessen Nachfolger, dem O 320 wurden bis März 1961 ganze 2924 incl. 58 Fahrgestelle in acht Jahren gebaut. Vom O 3500 und dem kaum unterschiedlichen Anschlussmodell O 311/312 produzierte Mannheim bis 1968 insgesamt 11 523 Einheiten.

Ein sehr bekannter wie erfolgreicher Nachfolger im Stadtlinien-Programm, der ab 1958 ins Programm kam, war der luftgefederte O 317, dessen spezielles Merkmal der horizontal zwischen den Achsen liegende Unterflurmotor war.

Dieser Typ wurde bis 1972 gebaut. Das Fahrgestell allerdings lieferte noch weitere fünf Jahre Steyr-Daimler-Puch im Lohnauftrag für Buskarosseries. Besonders Vetter hatte Erfolge mit der Gelenkzug-Version.

Aber auch vereinzelt Reisebusse entstanden auf diesen 11 und 12 m Chassis mit 180/200 PS Dieselmotoren, ZF-Hydromedia- oder Voith Diwabus Getrieben.

Mercedes-Benz Omnibus O 6600 (Produktionsbeginn Juli 1950), ein 11 m langer Linienbus mit 47 Sitzplätzen war mit dem Nachfolgetyp O 320 bis März 1961 im Programm. Dieser Frontlenker hatte mit quer hinter der Hinterachse eingebauten Heckmotor, elektrisch geschaltetes ZF Media Sechsganggetriebe, aufgeschraubte Stahl-Leichtbaukarosserie und gummigelagerte Stabilisatoren. Blieb jedoch ein Außenseiter seiner Gattung.

Mercedes-Benz O 317 mit horizontal zwischen den Achsen liegendem Unterflurmotor, Luftfederung. Ein erfolgreicher Omnibustyp im Stadtverkehr. Im Bild der Omnibus als Heidelberger Stadtbus.

Mercedes-Benz und SETRA bauten bis weit in die sechziger Jahre die erfolgreichsten Nachkriegsbusse in Europa.

Das Stadtbus-Programm von Daimler-Benz bestand zu dieser Zeit aus dem O 6600 (bis März 1961) und dem O 3500 und dessen Nachfolger O 311 (bis Jan. 1961).

Interessant ist dabei, dass der O 6600 den Motor quer im Heck eingebaut hatte und einen Pressrahmen aufwies, mit schwingungsgedämpften Achsaufhängungen.

Der Radeinschlag erweiterte sich von 50° auf 55°, was besonders im Stadtverkehr zu Vorteilen führte.

Dieses Modell war eindeutig gegen den Hauptkonkurrenten und Marktführer Büssing gerichtet, der im Linienbus-Bereich als Einziger ein komplettes Programm im Markt hatte.

Der Zugang zum Unterflurmotor im O 317. Die Motorraumklappen waren schallgedämmt.

Gelenkbus O 317 der Stuttgarter Straßenbahn (1959), den Aufbau lieferte die Karosseriefabrik Vetter, die übrigens auch später, speziell mit diesen Gelenkzügen auf dem gleichen Chassis, große Erfolge hatte.

Auch die MAN spielte bereits im Liniengeschäft mit dem 760 UO und ab 1960 mit dem 750 HO und danach mit dem Gelenkbus 890 UG eine Rolle, neben Magirus-Deutz, der mit dem luftgefederten Saturn II bei einigen Städten Erfolge hatte und Kässbohrer, dessen Typen S 125 Stadt, S 125 ÜL Überlandlinie und der SG 175 Gelenkbus für 196 Personen, Furore machten.
1961 wird ein Verbot des Sitzes neben dem Busfahrer veröffentlicht, das allerdings keine Wirkung zeigte und auch nicht kontrolliert wurde.

MAN Metrobus 750 HO, der in drei verschiedenen Größen, unter Verwendung gleicher Aggregate wie Bauteile gefertigt wurde.

SETRA Gelenkbus S G 175 für 196 Personen mit Luftfederung, Henschel- oder MAN-Heckmotoren. Dieser Bus hatte bereits eine Länge von 18 m.

Neue Omnibus-Formen – Kunststoff drängt in den Bus

1961 revolutioniert Neoplan mit dem neuen Typ Hamburg das bisherige Karosseriekonzept. Merkmal: Schräg nach vorne gestellte Fensterprofile, Scheiben in den Dachrand hineingewölbt, gewölbte Frontscheibe, relativ eckige Form im Gegensatz zu der bislang üblichen runden Bauweise, der Fahrerplatz liegt eine Stufe tiefer als die Fahrgaststuhlebene, Sitze auf Podesten mit leichtem Anstieg nach hinten, optimales Heiz- und Belüftungssystem, wobei die Frischluftzufuhr aus den beidseitig des Mittelganges im Dach angeordneten Luftkanälen erfolgt. Für jede Sitzreihe gibt es eine verstellbare Düse wie im Flugzeug. Allgemeine Resonanz: „Ein neuer Omnibus-Grundtyp", der in vielem vorbildlich und richtungsweisend ist. Was die Entwicklung in den folgenden Jahrzehnten auch bestätigte.

1962 bringt Ernst Auwärter für seine Mittelklasseomnibusse – 7 bis 9 m – ein glasfaserverstärktes Kunststoffdach aus einem Stück – erstmalig im Busbau.

Die Herstellung erfolgte im Hand-Auflegeverfahren mit Glaswollmatten und Epoxidharzen.

Gewicht und Kosten sanken, die Isolation wurde zusätzlich deutlich verbessert.

1964 stellt Neoplan seinen ersten Doppelstockbus als Sightseeing-Bus vor.

Die Berliner „Berolina" beginnt in dieser Zeit mit Omnibus-Stadtrundfahrten. Dafür musste das gesamte Oberdeck verglast sein. Bisher wurden Doppeldecker ausschließlich für den Linienverkehr eingesetzt. Eine neue Ära für diesen Bustyp begann.

1961 revolutionierte Neoplan mit dem Typ „Hamburg" das bisherige Karosseriekonzept. Merkmal: Schräg nach vorn gestellte Fensterholme, Scheiben in den Dachrand hineingewölbt, stark nach den Seiten gebogene, geteilte Frontscheibe. Erstmals wurden hier Luftdüsen über jedem Sitz eingebaut (Vorbild Flugzeug).

Erster Doppelstockbus als Sightseeingbus für das Berliner Busunternehmen „Berolina", das mit Stadtrundfahrten Furore machte. Konrad Auwärter entwickelte dafür einen Tiefrahmen, der den Busboden im Mittelgang auf 550 mm absenkte.

Der erste Reise-Doppelstockbus von Neoplan „Skyliner". Der 1967 gebaute 12 m Bus konnte bei 3,80 m Höhe 100 Personen befördern. Die Ausstattung war komfortabel mit Toilette, Küche, Tische in der Bar im Unterdeck. Front- und Heckpartie bestanden aus Kunststoff-Teilen (GfK). Mit der Typenlösung „Skyliner" kreierte Neoplan ein Synonym für Doppelstock-Super-Luxusbusse, das bis zum heutigen Tag aktuell geblieben ist.

Aus dieser Entwicklung entstand 1969 der „Cityliner", ein eleganter Hochdecker-Reisebus, der in Jahrzehnten ohne große Veränderungen zum Vorbild wurde für „die schönste Art zu reisen."

Mit einem von Konrad Auwärter entwickelten Tiefrahmen – Vorderachse mit Einzelradaufhängung – ließ sich der Busboden im Mittelgang auf 550 mm absenken.
Da Neoplan in erster Linie Reisebusbauer war, lag es nahe, einen Doppelstockbus für Reiseunternehmer zu bauen.
1967 erhielt ein Busunternehmen den ersten doppelstöckigen 12 m Reisebus, der bei 3,80 m Höhe 100 Fahrgäste befördern konnte.
An Bord waren Chemical-Toilette, Tische, Bar und im Unterdeck beidseitig Tische installiert.
Vorderfront und Heck bestanden aus Kunststoff-Formteilen. Mit dem Begriff „Skyliner" kreierte Neoplan ein Synonym für Doppelstock-Super-Luxusbusse, das heute noch aktuell ist. Aus dieser Entwicklung entstand 1969 der „City-Liner", ein eleganter Hochdecker-Reisebus, der in Jahrzehnten ohne große Veränderungen zum Vorbild für „die schönste Art zu reisen" wurde.

Neue Technik für höhere Sicherheit

Was sich bisher im technischen Fortschritt präsentierte, waren in erster Linie Verbesserungen in der Karosseriegestaltung, im Achsbereich und an der Achsaufhängung im Buschassis.
Obgleich immer noch auf Lkw-Leiterchassis zurückgegriffen wurde bei vielen Karossiers, so brachte die Abstimmung der Blattfedern, der Reibungsdämpfer und der Achsführung ein komfortableres Fahrverhalten. Damit war das Ziel erreicht. Jetzt musste etwas für die sichere Fahrt entwickelt werden.
Hintergrund war die Diskussion um Tempo 100 für Omnibusse.

Busfahrwerk für den TR 230 Magirus-Deutz, V8-Heckmotor, ein luftgekühlter Deutz-Dieselmotor, Leistung 230 PS.

Bei der starken Lobby von Gegnern musste die Fahrzeug- und Reifenindustrie mit besserer Technik überzeugen. Der erste Schritt war die durchgängige Ausrüstung aller Omnibusse mit Hydrolenkung und Scheibenbremsen.

Welche Sicherheitselemente für den Busfahrer zur Verfügung standen, bewiesen die Reifenschlitzversuche auf dem Hockenheimring. Eine weitere Stufe betraf den in Erprobung befindlichen Retarder, mit dem man bestimmt über 80 % aller Bremsvorgänge beherrschen konnte, ohne die Betriebsbremse zu belasten.

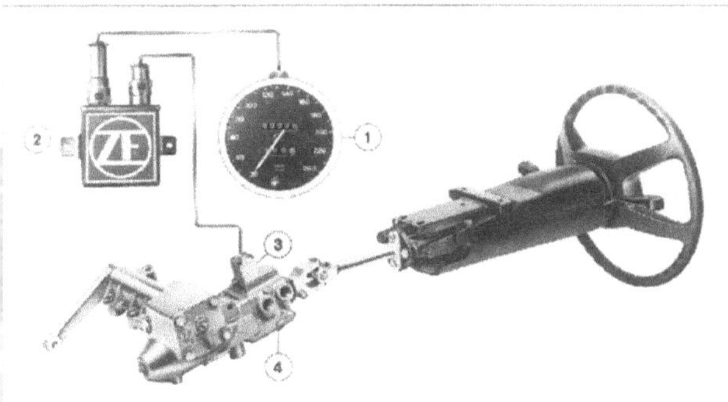

Mit der generellen Ausrüstung aller Busse mit Hydrolenkung war der Sicherheit im Bus ein weiteres Plus hinzugefügt. ZF Servotronik, eine Servolenkung, bei der die hydraulische Unterstützung abhängig von der Fahrgeschwindigkeit elektrisch geregelt wird.

Scheibenbremse im MAN-Reisebus. Auch damit hat die Sicherheit im Busbau gewonnen.

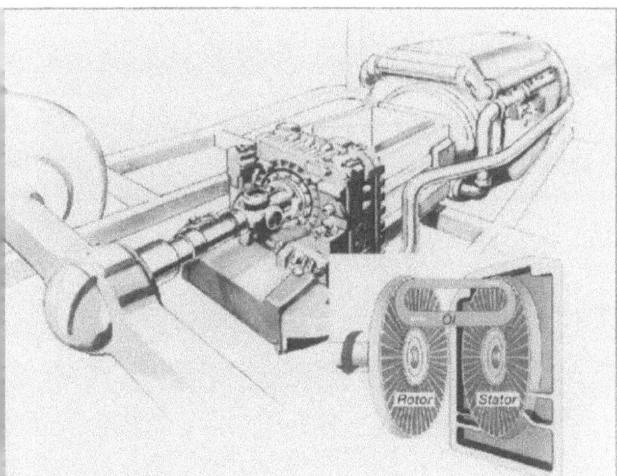

Mit der Akzeptanz eines Bremsverzögerers, der verschleißfrei Bremsenergie vernichten kann, erreichte die Omnibustechnik eine weitere Sicherheitsstufe. Im Bild der Voith-Retarder, in dem zwei gegeneinander laufende Schaufelräder, die mit Öl gefüllt werden, bei zunehmendem Öldruck die Bremsverzögerung bewirken.

Die zweite Retarderlösung bietet Telma mit der elektrischen Wirbelstrombremse. Hier erzeugen Magnetströme die gewünschte Verzögerung des Fahrzeuges.

Noch einen Schritt weiter zum sicheren Omnibus sollte das in den USA von GM – General Motors – angeregte Antiblockier-System führen. 1965 zeigte erstmals in der Öffentlichkeit Teldix – eine Verbindung von Telefunken und Bendix – ein solches System mit elektronisch funktionierenden Bausteinen. Dieses System – ursprünglich für Pkw gedacht – übernahm Bosch und entwickelte es weiter. Westinghouse (Wabco) richtete seine ABS-Entwicklung direkt auf das Nutzfahrzeug, sprich Omnibus.
Zahnkränze und Sensoren an jedem Rad melden den Ist-Zustand einem Zentralcomputer, dieser wiederum prüft aufgrund eines Vergleichsystems die Abrollgeschwindigkeit, die Fahrdynamik und reagiert in Bruchteilen einer Sekunde, wenn beim Treten des Bremspedals ein Rad mangels Bodenhaftung blockiert.
Die elektronische Steuerung bewirkt, dass die Bremskraft im Intervall so dosiert wird, dass alle Räder eine annähernd gleiche Bodenhaftung bekommen ohne zu blockieren.
Das Element der höheren Sicherheit daran ist, dass der Omnibus trotz Bremsung noch voll lenkbar bleibt.
Tatsächlich zeigt die Praxis, dass die Mikroelektronik nirgendwo im Omnibus sinnvoller eingesetzt wird als zur Regelung von Antiblockier-Systemen.
Im Laufe der Entwicklung gab es eine Reihe entscheidender Verbesserungen, dazu die Antischlupfregelung, die die Anfahrsicherheit selbst bei Reibwertverhältnissen von 0,06 my (Glatteis) noch möglich macht. Heute sind beide Systeme ABS und ASR serienmäßig in jedem Omnibus.

Trotz Vollbremsung auf nasser Fahrbahn hat der mit ABS ausgerüstete Omnibus einen sicheren Kontakt zur Fahrbahn und erreicht dadurch gute Verzögerungswerte. Der Omnibus ohne Blockierschutz (Bild unten) schiebt über die nasse Fahrbahn, ohne das mit einer „Stotterbremse" mögliche Abbremsen zu erreichen. Dieser Bus ist nicht mehr lenkbar, im Gegensatz zum ABS-Bus.

Das „Brotauto" aus Mannheim

Im Frühjahr 1965 erschien der erste tatsächlich moderne Reisebus aus Mannheim, der O 302, in vier Grundausführungen – 10/11/13 Reihen mit drei 6 Zylinder-Direkteinspritzer, deren Leistungen von 126 PS bis 192 PS variierten. Neu waren Fahrwerk und Klimaanlage.
Ab 1967 serienmäßig Luftfederung. Diese Baureihe wurde 10 Jahre lang, bis Juni 1976 gebaut und erreichte 32 281 Einheiten – 14 952 komplette Busse und 17 329 Fahrgestelle.
Dieser Bustyp erhielt schnell von der Praxis das Prädikat „Brotauto", weil es zuverlässig und ohne große Reparaturanfälligkeit einzusetzen war. Allerdings hatte dieser Bus noch eine Doppelschalt-Achse und eine Ratschenbremse, anstelle der längst beim Wettbewerb gebotenen Federspeicher-Feststellbremse. Mit dem Erscheinen des O 303 Anfang August 1975 waren diese antiquierten Details verschwunden. So lange hatte es aber doch gedauert.

1965 kommt der erste tatsächlich moderne Reisebus aus Mannheim, der O 302, in vier Grundausführungen mit drei 6 Zylinder Direkteinspritzer, mit Leistungen ab 126 bis 190 PS, auf den Markt. Das Fahrwerk ist neu konstruiert und ab 1967 wird Luftfederung eingebaut. Diese Busreihe wurde 10 Jahre lang gebaut und erreichte 32 281 Einheiten – 14 952 komplette Busse und 17 929 Fahrgestelle.

Mit dem Erscheinen des O 302 Anfang 1975 rückte Mercedes-Benz endgültig in den Kreis der modernen, technisch aktuellen Reisebushersteller.

Der neue Unterbau des O 303 zeigt, dass die Semi-Integral-Bauweise erneut verbessert wurde und mit dem Aufbau eine stabile wie sichere Einheit bildet.

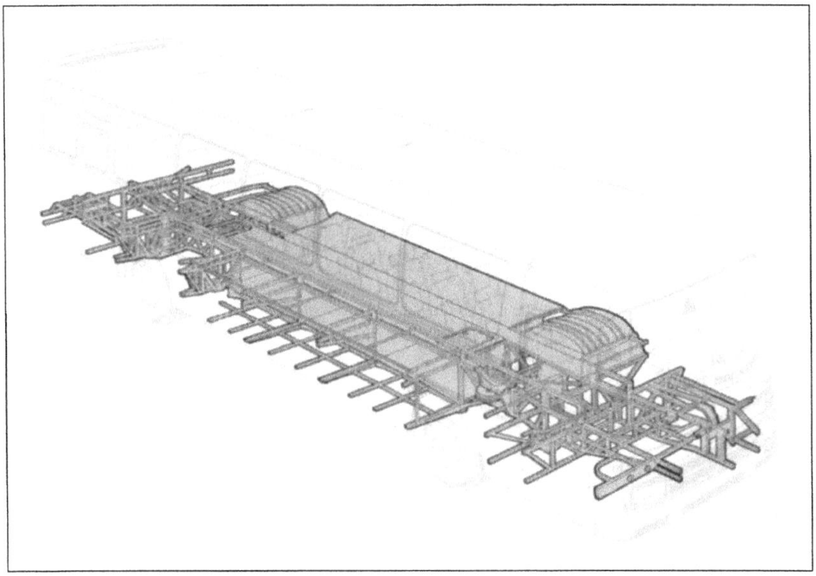

Standardisierung für Stadt- und Linienbusse

1965 begann die Phase der standardisierten Stadtlinien- und Überlandlinien-Omnibusse; damit aber auch ein völlig neuer Abschnitt in der öffentlichen Personenbeförderung. Dazu gehörte auch das Ausscheiden der Bundespost aus dem eigenen Omnibus-Verkehr. Mit der Gründung der Regionalgesellschaften übernahm die Bundesbahn diese Postlinien.

Diese Wandlung geschah zu jenem Zeitpunkt, als Mercedes-Benz sich anschickte den O 302 als Universalbus für Stadtlinien sowie für Reise in den Markt zu bringen. Doch sehr schnell markierte die Praxis, dass es so nicht gehen konnte. Die Linie verlangte niedrige Einstiege, der Reisebus größere Kofferräume. Ergo musste eine neue Konstruktion gesucht werden.

Schon 1965 begannen in den Falkenrieder Werkstätten der Hamburger Hochbahn AG Konzepte zu kursieren, die unter dem Druck einzelner Verkehrsbetriebe Lösungen versprachen, steigende Fahrzeugkosten, eingeschlossen die Folgekosten, auf ein noch rechenbares wirtschaftliches Niveau zu reduzieren. Die Federführung lag beim damaligen technischen Geschäftsführer O.W.O. Schultz.

Zwei Jahre später gelang es in Zusammenarbeit mit dem Verband öffentlicher Verkehrsunternehmen (VÖV), ein Konzept zu formulieren, den „VÖV-Standard-Linienbus".
Es enthielt Empfehlungen an Bushersteller, Fahrzeuge des öffentlichen Personen-Nahverkehrs zu vereinheitlichen – aber ebenso zu verbilligen.
Zu diesem Zeitpunkt befassten sich fünf Firmen mit der Herstellung von Omnibussen – Mercedes-Benz, MAN, Kässbohrer, Büssing, Magirus-Deutz und Neoplan.
Jeder dieser Hersteller hatte ein eigenes Programm unterschiedlicher Bus-Größen, spezieller Motoren und Achsen.
Magirus erprobte 1981 Lkw und einen Omnibus mit Gasturbine (380 – 470 kw – 500 – und 650 PS), der Garrett Corporation Los Angeles, einer Gemeinschaftsentwicklung mit Mack und KHD, an der bis 1975 auch Volvo beteiligt war. Allerdings kam nie ein Serienbau zustande.
Um hier zu einem akzeptablen Konzept zu gelangen, wurde beschlossen, einen einheitlich dimensionierten Buskörper zu gestalten mit gleichartiger Ausstattung und Ausrüstung, der die Fahrwerkskomponenten der jeweiligen Hersteller aufnehmen konnte.
Der Einfluss auf die Konkurrenzsituation wäre damit vermieden.
Aus dieser Standardisierung sollten sich für Fahrgäste, Fahrer, Verkehrsbetriebe und Umwelt Vorteile gegenüber den bisher verschiedenen Bustypen ergeben. Tatsache war, dass bis zu diesem Zeitpunkt keine Omnibusse produziert wurden, die die diskutierten Erfordernisse des Nahverkehrs berücksichtigten.
Mit dem neuen Konzept sollte dem Fahrgast der Einstieg und das Verlassen des Fahrzeuges so leicht wie möglich gemacht, eine ausreichende Anzahl Sitzplätze zur Verfügung gestellt, eine angenehme Sitzposition und auf den Stehplätzen ein sicherer Halt geboten werden. Im Übrigen sollte die Orientierung am Bus und die Information im Bus wesentlich besser sein. Gleichzeitig konnte man dem Fahrer seine Tätigkeit erleichtern mit ergonomisch überarbeitetem Arbeitsplatz, mit optimal angeordneten Betätigungselementen wie Lenkung, Pedalerie, einheitlicher Instrumententafel und mit griffgünstig angeordneten Schaltelementen.

Der Arbeitsplatz des Fahrers im Standardbus wurde ebenfalls einheitlich ausgelegt und ergonomisch überarbeitet.

Der Einbau eines solchen Einheitsfahrerplatzes müsste auch die Sicherheit im und am Bus insgesamt verbessern. Vorteile für den Verkehrsbetrieb selbst mussten sich aus dem Einkauf preiswerterer – weil größere Serien von den Herstellern – einer kostengünstigeren Ersatzteil-Lagerhaltung sowie einer Minderung der Wartungs- und Instandsetzungsaufwendungen – ergeben.

Zusätzlich galt es mit der Standardisierung den Schadstoffausstoß des Antriebsmotors so gering wie möglich zu halten und die Lärmbelästigung zu minimieren – im Sinne der aktuell gewordenen Umweltschutz-Theorie.
1967 zeigten die gesamten Omnibushersteller ihre Standardbusse – Kässbohrer und Neoplan mit geringfügigen Änderungen – auf der IAA. Mercedes-Benz den O 305, MAN den SL 200, Magirus-Deutz den 170 SH 110, Kässbohrer den S 130 S und Neoplan den NH 14.

1967 begann mit einer Empfehlung des Konzepts „VÖV-Standard-Linienbus" die Projektbearbeitung. Beteiligt waren 5 Firmen: Mercedes-Benz, mit dem O 305 …

MAN bringt den SL 200 und …

...Magirus-Deutz das Modell 170 SH 190.

Kässbohrer baut den Standardbus nach seinen vorhandenen Möglichkeiten.

Ebenso verfährt Neoplan mit der NH Reihe.

Dieses Standardprogramm lief bis 1983 und wurde abgelöst vom S 80 und Ü 80, ebenfalls ein standardisiertes Busprogramm auf der Basis jüngster technischer Fortschritte.
Auffallend war der auf 540 mm abgesenkte Busboden und anstatt 3 jetzt noch 2 Stufen. Lösung: Reifen mit erheblich kleinerem Durchmesser (305/55 R 19,5) bei gleicher Tragfähigkeit. Auch die Frontscheibe wurde neu geformt, um Spiegelung zu vermeiden und die vordere Türe fast voll verglast. Der S 80 erhielt ein Automatikgetriebe.
Darüber hinaus betraf dies den auf 200 PS angehobenen Direkteinspritzer Dieselmotor, Federung und Geräusch-Dämpfung, Busversorgung mit Kraftstoff und Kühlwasser, Busüberwachung, ergonomischer Fahrerplatz, Belüftung und Heizung sowie die Fahrzeugabmessungen. Der Stadtbus hatte 11,36 m, der Überlandlinienbus 11,81 m Länge, die Radstände waren mit 5,8 m und 6,15 m festgelegt.
Die Typenbezeichnungen bei Mercedes-Benz änderten sich zum O 405 und beim Überlandlinienmodell zum O 407. Die Gelenkbusvariante bekam die Bezeichnung O 405 G. Auch die MAN, als zweiter im Bunde der ÖPNV-Standardisierung, brachte 1983 den SL 202, den Gelenkzug SG 242/292 und den SÜ 242.
IVECO-Magirus baute den L 118 Turbo und Vetter lieferte den Schubgelenkzug VG.
Neoplan und Kässbohrer führten in ihren Programmen ebenfalls Omnibusse, die sich in etwa an die Empfehlungen des VÖV hielten, jedoch entsprechend den inzwischen konsequent realisierten Baukastensystemen in einigen Details abwichen.
Magirus-Deutz – inzwischen in die IVECO eingegliedert – musste 1982 das Omnibuswerk Mainz wegen hoher Verluste schließen.

Dieses Standardprogramm lief bis 1983, wurde abgelöst von der zweiten Generation S80/SÜ.

MAN Standard-Linienbus SL 202 der zweiten Generation.

Magirus L 118 Turbo – Überlandlinienbus für die 80er Jahre.

Vetter Schubgelenkbus VG mit DB Aggregaten, 55 Sitzplätze, 2 Rollstuhlplätze, 100 Stehplätze.

Neoplan Standard-Linienbus N 416 SL II

SETRA Stadtbus Variante der Baureihe 100 – Typ 140 ES

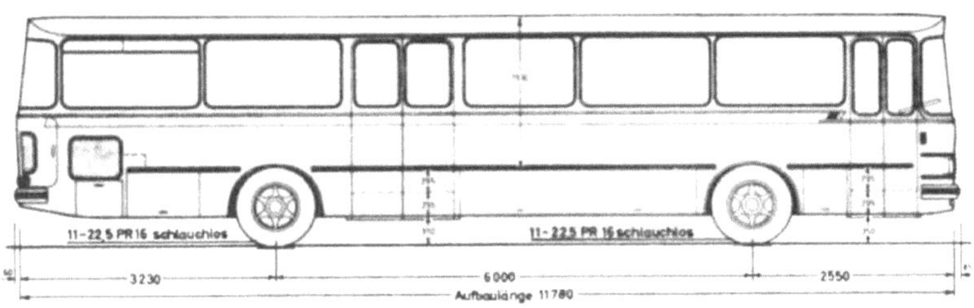

1976 kehrte die MAN mit einem Marktanteil von 30 % bei Stadt- und Überlandlinienbussen mit dem neuen SR 240, nach dreijähriger Pause, in das Reisebusgeschäft zurück.

Eine Zäsur in diese Entwicklung brachte die Streichung der Gasölbetriebsbeihilfe.
Die 1972 eingeführte Entlastung des ÖPNV wurde mit einem Schlag aufgehoben, was zur Folge hatte, dass 1981 die Fahrpreise stiegen und die Beförderungsquoten deutlich abfielen, der Individualverkehr aber sprunghaft zunahm. Die Techniker mussten umdenken – in Richtung sparsamere Motoren.
1975 gliederte sich der Bestand im ÖPNV in 11 800 Eindecker, 260 Eineinhalb-Decker, 1100 Gelenkzüge und 1250 Doppelstock-Busse, zusammen also 14 410 Einheiten, d. h., dass bei einem Gesamtbestand von 59 729 Kraftomnibussen, 45 319 Reise- oder Kombibusse die Bustouristik bedienten.
Die MAN kehrte 1976 mit einem Marktanteil von 30 % bei Stadt- und Überlandlinienbussen mit dem neuen SR 240, nach dreijähriger Pause, in das Reisebusgeschäft zurück.
Das Baukastensystem in den Längen 10, 11 und 12 m wird in Penzberg und im ehemaligen Büssingwerk Salzgitter produziert. Diese Baureihe hatte eine einheitliche Bodengruppe mit gleichen Achsen und Luftfederungen.

Niederflurbus

Kurze Zeit nachdem der O 303 und die SETRA-Baureihe 200 erschienen waren, sorgte Neoplan 1977 beim UITP-Kongress mit der Vorstellung des ersten Niederflurbusses für Unruhe unter den Busherstellern. Hatte man sich mit dem VÖV-Standardbus-Konzept gerade

Kurze Zeit nach dem Erscheinen des O 303 und der SETRA-Reihe 200 sorgte Neoplan 1977 beim UITP-Kongress mit der Vorstellung des ersten serienreifen Niederflurbusses für Unruhe unter den Busherstellern wie auch beim VÖV-Verband.

erst arrangiert, so musste der Wettbewerb doch sehr schnell anerkennen, dass diese neue Lösung die Zukunft sein wird. Dieser Bus wies eine Einstieghöhe von 300 mm auf und hatte zusätzlich am Vordereinstieg eine absetzbare Plattform zur Aufnahme von Rollstühlen.
Der Fahrgastraum war allerdings noch stark zerklüftet wegen der hohen Podeste auf beiden Stuhlseiten, doch die Einstiege mit doppelbreiten Außenschwenktüren waren selbst für Schwerbehinderte und ältere Menschen äußerst bequem.
Diese Niederflurbus-Idee bezeichnete Bob Lee als längst fällige Weiterentwicklung des früher bekannten und gebauten Niederrahmen-Busses.
Schon 1960 hatte Neoplan Niederflurbusse für den Frankfurter Flughafen gebaut. Die Einstieghöhe lag bei 320 mm.

Diese Niederflurbus-Idee bezeichnete Bob Lee, technischer Direktor bei Neoplan, als längst fällige Weiterentwicklung des früher gebauten Niederrahmen-Busses. Schon 1960 hatte Neoplan Niederflurbusse für den Frankfurter Flughafen gebaut, deren Einstieghöhe bei 320 mm liegt.

Selbst in USA wurde der Niederflurbus inzwischen anerkannt. Die ersten baute Neoplan im US-Werk Lamar/Colorado für den Stadtverkehr in Vail.

Erreicht wurde dies mit einer gekröpften Federbein-Vorderachse und einer Portal-Antriebsache. Der Antrieb erfolgte über Winkeltrieb vom quer eingebauten Motor mit angeflanschtem Getriebe auf das seitlich versetzte Achsgetriebe. Daraus ergab sich ein eben durchgehender Busboden mit 320 mm Höhe, mit einer leichten Steigung über der Hinterachse. Es bedurfte allerdings einer Zeitspanne von ca. 10 Jahren, ehe sich dieser Fortschritt dann im Linienbus durchzusetzen begann. Selbst in USA wurde der Ruf nach Niederflurbussen erst 1996 laut. Die ersten baute Neoplan im US-Werk Lamar für Philadelphia.

Heute ist im Linienverkehr der ganzen Welt der Niederflurbus mit 320 mm Bodenhöhe eine Selbstverständlichkeit. Inzwischen konnte auch die praxisgerechte Gelenkbuslösung gefunden werden.

Der speziell entwickelte Drehkranz zwischen Motorwagen und Nachläufer bleibt trotz seiner niedrigen Bauhöhe (280 mm) problemlos, wenn der Zug über Kuppen oder Absätze fährt. Eine elektronische Anti-Knick-Steuerung sorgt für allseits sichere Bewegungen beider Fahrzeugkörper.

So genannte Niederflur-Konstruktionen im Omnibusbau gab es bereits vor dem Kriege, doch bleiben alle Konstruktionen mit einer Einstieghöhe zwischen 430 und 370 mm stehen. Achsprobleme waren ein entscheidendes Hindernis zur idealen Lösung.

Der Niederflur-Gelenkbus ist in den vielen Städten Europas bereits zur Selbstverständlichkeit geworden.

Der „Schieber“

Eine nicht weniger revolutionäre Entwicklung begann 1977 mit dem „Schieber“, einem Gelenkbus, dessen Antrieb nicht, wie Jahrzehnte vorher, auf die Mittel-Achse, sondern auf die letzte Achse im Nachläufer wirkt.
Heckmotoren waren längst kein Experimentierfeld mehr, weshalb der Einbau im Nachläuferheck mitsamt der Kraftübertragung keine technischen Schwierigkeiten verursachte.
Wieder war es der ideenreiche O.W.O. Schultz aus Hamburg/Falkenried, der die gesamte Fahrzeugindustrie damit schockte, einen 15 bis 18 m langen Gelenkbus von der letzten Achse her anzutreiben.
Die Logik war bislang, dass eine vorwärtstreibende Kraft am Ende eines in sich beweglichen langen Fahrzeuges zum Einknicken führen müsse.
O. W. O. Schultz widerlegte dies mit praktischen Beispielen, vorab hatte er aber eine neue Knickwinkelsteuerung erfunden, die im zweiteiligen Zug gefährliches Einknicken bei Kurvenfahrten oder Rückwärtsrangieren ausschloss.
Auf der Kreisbahn im Versuchsfeld Untertürkheim ließ er einen damals sehr gebräuchlichen Vetter-Gelenkzug mit Mercedes-Benz Aggregaten bis zur kritischen Kurvengeschwindigkeit laufen, um zu beweisen, wie der Mittelantrieb die Gefahr des Heckschleuderns erheblich stärker beeinflusse, als bisher angenommen, und letztlich so zwangsläufig die unkontrollierbare Instabilität auslöste.
Danach schickte er seinen „Schieber“ über die Kreisbahn. Der Beweis war eindeutig und überzeugend.
Wesentlich höhere Geschwindigkeiten konnten gefahren werden, die Querbeschleunigung erwies sich als sehr gering.

Es bedurfte einiger praktischer Versuche, ehe der Marktführer Mercedes-Benz überzeugt war, dass der Antrieb der letzten Achse eines Gelenkbusses die sicherste und technisch beste Lösung ist. O. W. O. Schultz, der Urheber dieser neuen Antriebsart, hatte extremes Fahrverhalten, im Vergleich mit einem Antrieb auf die Mittelachse, provoziert, um die Vorteile aufzuzeigen.

Vetter baute Schub-Gelenkbusse auf Mercedes-Benz-Fahrwerken, allerdings hatte seine Variante eine zweite, gelenkte Achse, im Nachläufer eingehängt. Die dritte Achse, die Antriebsachse, war eine Starrachse. Diese Version wurde in manchen Städten bevorzugt.

Niederflur-Gelenkbusse baut in Frankreich Heuliez, in Italien IVECO, in Skandinavien Volvo und Scania, in Ungarn Ikarus und in Belgien Van Hool.

Volvo Gelenkbus B 10 M

Scania Schubgelenkbus CN 112 A, geräuschgekapselter Heckmotor, dritte Achse angetrieben.

Ikarus Gelenkomnibus Typ 435 Duo Stadtomnibus Baureihe 400.

Van Hool Gelenkbus mit Antrieb über die dritte Achse (Schieber).

Nach dieser Demonstration nahm die Industrie Versuche auf, in der gefährlichsten Jahreszeit, im Winter. Die Teststrecke in Skandinavien war für Monate besetzt. Resultat: Heute werden Gelenkzüge mit konventionellen Fahrwerken so gut wie nicht mehr gebaut – zumindest in Europa.

1980 waren in der Bundesrepublik rd. 12 000 Gelenkomnibusse im Verkehr, davon bereits 230 „Schieber", die inzwischen von allen Busherstellern gebaut werden – auch in Frankreich, Italien, Skandinavien, Ungarn und Belgien.

Wie bei so vielen anderen technischen Entwicklungen waren es deutsche Ingenieure, die dem Omnibus zur höheren Sicherheit und Zuverlässigkeit verhalfen. Eine Tatsache, die auch von den ausländischen Mitbewerbern neidlos anerkannt wird.

Verkehrssysteme werden aktuell

Ende der 70er und Anfang der 80er Jahre zeigte sich eine Tendenz im öffentlichen Personenverkehr, zu geschlossenen Verkehrssystemen zu kommen. Verschiedene Ausbaustufen für unterschiedliche Stadtfahrzeuge bis hin zur O-Bahn wurden diskutiert. Eine Lösung bot sich an mit dem bereits bekannten Duo-System, das sowohl die MAN wie auch Mercedes-Benz im Versuch hatten.

Wo möglich, wurde der Busantrieb über E-Motor vom Netzstrom gespeist (Trolley), außerhalb des Versorgungsnetzes mit Batteriestrom oder mit Dieselantrieb und Generator gefahren. Eine weitere Lösung

Die Tendenz, zu geschlossenen Verkehrssystemen zu kommen, war Anfang der 80er Jahre besonders ausgeprägt. Verschiedene Ausbaustufen für unterschiedliche Fahrzeuge bis hin zur O-Bahn wurden diskutiert. Das aus den 60er Jahren bekannte Duo-System erhielt neue Initiativen, wobei Mercedes-Benz und MAN führend waren.

erhoffte man sich von der Spurführung mit Omnibussen in bestimmten Streckenabschnitten.
Die mechanische Spurführung benutzte dazu Tastrollen, vorne am Bus angesetzt, die an Leitschienen entlang die Busführung übernehmen. Jede Horizontalbewegung der Tastrollen bewirkt eine Lenkbewegung. Außerhalb der Leitschienen kann sich ein solcher Bus, wie jeder andere, frei bewegen. Dieser Vorteil bewirkt im innerstädtischen Bereich eine Verkehrsentflechtung. Essen und Adelaide in Australien installierten die ersten Strecken für Spurbusse.
Eine andere Art ist die elektrische Spurführung. Hier folgt der Bus einer in die Fahrbahn eingelassenen Impuls-Leitung, der so genannten Sollspur.
Entsprechend der Lage des Leitkabels wird der Bus z. B. in und aus einer Haltebucht geführt. Der Fahrer kann seinen Bus, je nach Verkehrslage, von der Spur nehmen und andere Strecken befahren, um sich eventuell später wieder in diese Spurführung einzuklinken. Weichen oder Kreuzungs-Leitschienen entfallen.
Alle diese Versuche solcher und anderer Verkehrssysteme konnten nur sinnvoll durchgeführt werden, weil es die standardisierten Omnibusse für planmäßige Linienverkehre gab.
Hier entpuppte sich also noch ein Vorteil der Standardisierung, an die ursprünglich keiner der Initiatoren gedacht hatte.
Seit 1980 fährt die Essener Verkehrsgesellschaft auf mechanisch geführter Busspur.

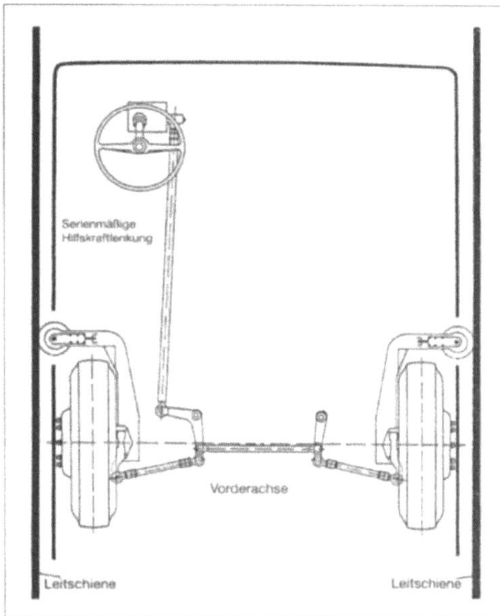

Eine weitere Lösung erhoffte man sich von einer Spurführung in bestimmten Streckenabschnitten, z. B. mit Tastrollen rechts und links am Bus. Dies setzte allerdings voraus, dass entsprechende Leitschienen aufgestellt sind.

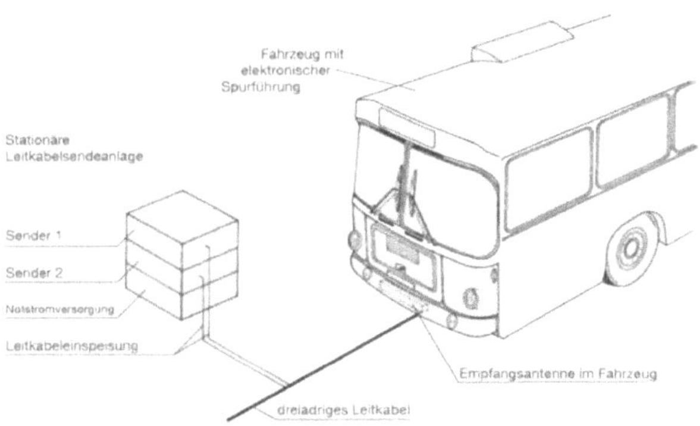

Bei der elektrischen Spurführung sorgt eine in die Fahrbahn eingelassene Impulsleitung für die Sollspur des Busses. In erster Linie wollte man die An- und Abfahrt in Haltebuchten mit Einstiegsteigen für stets gleiches Anfahren absichern und den Fahrer entlasten.

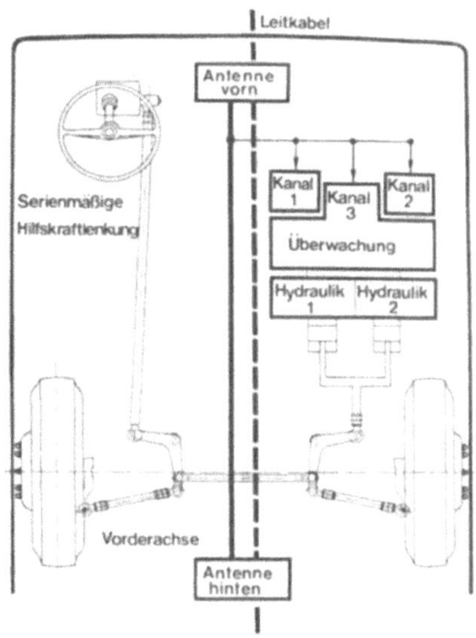

Die Lösung Gyro- oder Schwungrad Energiespeicherung in Stadtbussen, erprobten Volvo und MAN. Die Einsparung an Anfahrenergie belief sich auf ca. 20 %. Allerdings konnte sich auch diese Lösung nicht durchsetzen.

Auch das O-Bahn-System, von Mercedes-Benz besonders gefördert, hat in Europa nur wenig Anklang gefunden. Die Investition in Australien läuft dagegen über ein Jahrzehnt mit großem Erfolg. Trassenführung aus der Stadt Adelaide in die Trabantenstadt ca. 10 km. Die Busse werden von Tastrollen geführt.

In Fürth erprobte die MAN das elektrische Spur-System in der Stadt, das allerdings wieder eingestellt wurde. Zur gleichen Zeit hatte VOLVO in Göteborg ähnliche Versuche auf verschiedenen Straßen. Hier fahren bereits Omnibusse mit Gyro-Bremskraftspeicher und Methanol-Motoren. Alle diese Versuche brachten keine überzeugenden Resultate. Eine zunehmende Verdichtung des Individualverkehrs mit direkten Behinderungen stand solchen Lösungen entgegen.

Das weiterführende, auf eigener Trasse, das so genannte O-Bahn-System, in dem auch vielgliedrige Busse vorgesehen werden, hat sich bis auf den heutigen Tag nicht durchsetzen können.

Eine Großraum-Gliederzug-Lösung im Duo-System hatte Mercedes-Benz in den Versuch genommen. Auch hier ist bis dato keine Akzeptanz zu erkennen.

Hamburg installierte seit 1975, aus gleichen Überlegungen den Verkehr zu entflechten, zumindest flüssiger zu machen, ein Bus-Leitsystem mit Videokameras. Damit war die Zentrale sofort in der Lage Störungen zu erkennen und entsprechend zu reagieren. Heute ist daraus eine allgemein übliche Überwachung der Fahrzeuge geworden.
Die VÖV-Standardisierung der Linien- und Überlandlinienbusse ist heute eine Selbstverständlichkeit.
Der Aufbau ist identisch, unterschiedlich die Motoren.
Da auch die Inneneinrichtung kaum Unterschiede aufweist, bietet der öffentliche Personen-Nahverkehr die jahrelang geforderte Attraktivität. Über 80 % aller Gemeinden und Städte benutzen bereits solche standardisierten Omnibusse. Auch im Export und bei den europäischen Wettbewerbern hat sich diese Idee etabliert. Inzwischen hat die Standardisierung auch den Niederflurbus eingeschlossen, der ebenfalls von allen Herstellern angeboten wird.

Größenvergleich zwischen Standard-Linienomnibus und dem Niederflur-Omnibus. Die Stehhöhe um 250 mm höher und der Einstieg um 370 mm niedriger. Ein doppelter Vorteil, den besonders ältere und behinderte Menschen schätzen.

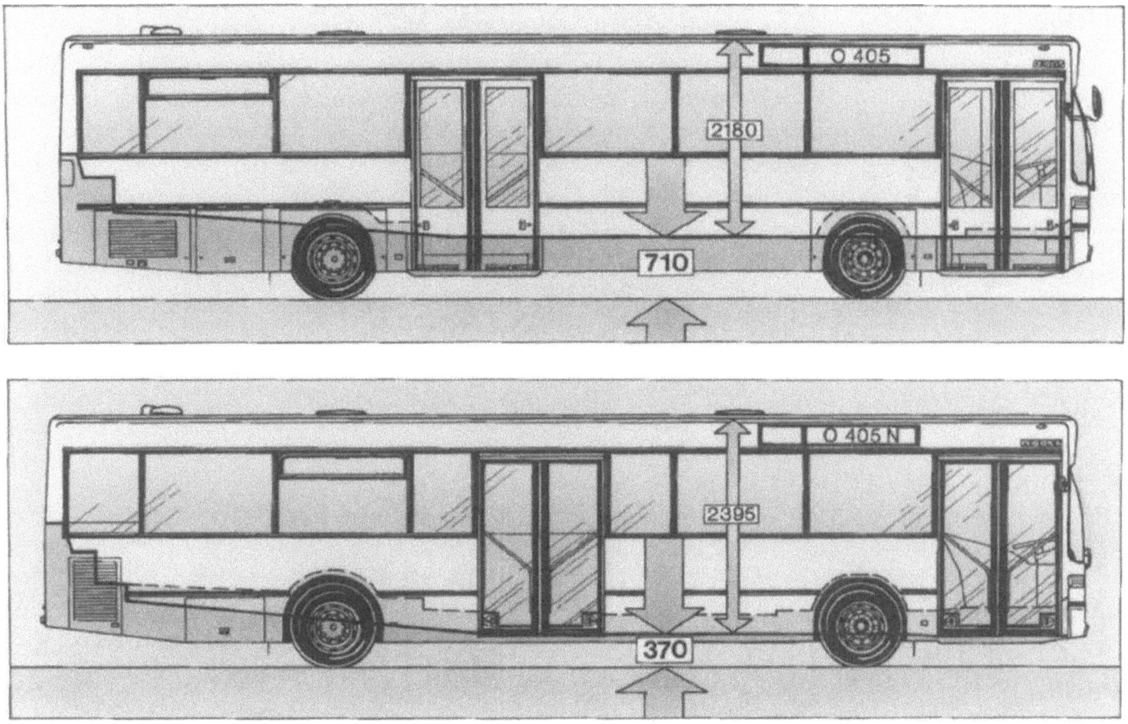

Die Ära der Reisebusse – SETRA-Baureihe 100 macht Kässbohrer zur Nr. 1 im Reisebus-Sektor

Die Antwort Kässbohrers auf die Markteinführung des O 302 von Mercedes-Benz war die erste echte Baukastenserie mit der neuen SETRA-Generation S 100. Vom S 80, ein 7,67 m Bus, 2,30 m breit, bis zum S 150, ein 12 m Bus mit 15 Sitzreihen und 62 Plätzen, gab es sehr unterschiedliche Modelle, dazu zwei Versionen S 125 als Stadt- und Überlandlinienbus und ein Sondermodell für die Bahn mit doppelter Außenschwingtüre zwischen den Achsen und an den Vordereinstiegen eine zweiflüglige schmale Außenschwingtüre (Patent Kässbohrer). Das gesamte Programm wurde mit Henschel-Motoren bis 215 PS und ZF-Getrieben mit 6 und 8 Stufen angeboten.

Die Antwort auf den O 302 von Mercedes-Benz war 1967 Kässbohrers SETRA-Reisebusgeneration:
vom S 80 bis zum S 150 mit 8 bis 15 Sitzreihen, dazu gleich den Gelenkzug SG 165. Alle Typen dieser echten Baukastenreihe hatten noch Henschel-Direkteinspritzer Dieselmotoren, 5 Zyl. mit 135 PS Leistung und 6 Zyl. ab 160 bis 215 PS.
Mit 12 339 gebauten Einheiten wird es der bisher größte Erfolg. Kässbohrer avanciert zur Nummer eins im Reisebus-Sektor und Nummer zwei hinter Mercedes-Benz bei Linien- und Überlandlinien-Bussen. Otto Kässbohrer lieferte damit seine zweite zukunftsweisende Pionierleistung im Omnibusbau. Die erste war die Aufnahme der selbsttragenden Karosse 1952 in die Serienfertigung.
Und noch etwas hatte Otto Kässbohrer für den modernen Omnibus durchgesetzt – den serienmäßigen Einbau des Retarders, der verschleißlosen dritten Bremse.
Bekanntlich liegt Ulm an der Donau – und die Bahn hat von der Schwäbischen Alb herunter zum Bahnhof in der Stadt ein großes, langes Gefälle zu meistern. In den fünfziger Jahren fiel dem Ulmer Busbauer auf, dass entgegen seinen bisherigen Beobachtungen aus den schweren eisernen Klotzbremsen an den Waggonrädern keine „Leuchtspuren" und keine hochfrequenten Schleifgeräusche mehr

Die Innenausstattung des S 150 SETRA war den Komfortansprüchen angepasst. Hochgezogene Rückenlehnen, einfach verstellbare Schlafsessel waren wichtige Neuerungen. Der Sitz wurde bei Kässbohrer gefertigt. Helligkeit und freie Sicht von allen Plätzen. Serienmäßig war bereits die Doppelverglasung. Als Option wurden Scheibenbremsen und Retarder ausgeschrieben.

kamen – ihm, der an der Bahnstrecke wohnte, fehlte etwas. Otto ging dieser Veränderung nach und stieß auf die Heidenheimer Firma Voith. Diese hatte eine hydrodynamische Bremse für die Bahn entwickelt, ein Strömungswandler mit gegenläufigen Schaufelrädern, die mit Öl befüllt werden und zwar entsprechend der Bremskrafteinsteuerung mit mehr oder weniger. Die erzeugte Bremswirkung war ausreichend für den Güterzug und obendrein völlig verschleißlos.
Kässbohrer regte die Voith Strömungstechniker an eine kleinere Lösung für seine Omnibusse zu entwickeln.
So geschah es – und 1960 waren die ersten Prototypen fertig. 1965 fuhr der Chronist den ersten SETRA mit hydrodynamischem Retarder von Voith. Ab 1967, für die neue Generation Baureihe 100, lässt Kässbohrer den Retarder als Zusatzausrüstung anbieten – und dazu als Neuheit serienmäßig für alle Typen Luftfederung, Einzelradaufhängung und Scheibenbremse an der Vorderachse. Eine Absenkung der Luftfeder an der Vorderachse um 150 mm – das so genannte „Kneeling" – gehörte zur Serienausstattung.
Zu dieser Zeit gab es als Sonderausrüstung – nur für Lkw – die französische Telma, ein elektrischer Retarder, der mit Magnetspulen die Bremswirkung – ebenfalls verschleißlos – erbringen kann.

Telmar Wirbelstrombremse Vocal 2000/2200 für Omnibusse (oben).

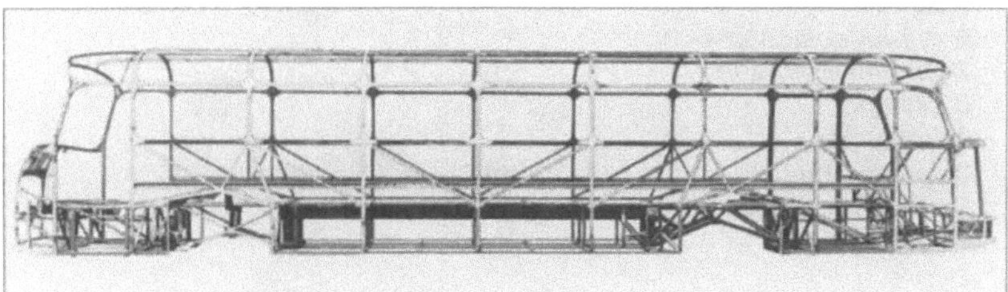

Das selbsttragende Gerippe der Baureihe 100.

Voith Retarder-Typ 130, maximales Bremsmoment, 3000 Nm für den Getriebeanbau. Gewicht 130 kg.

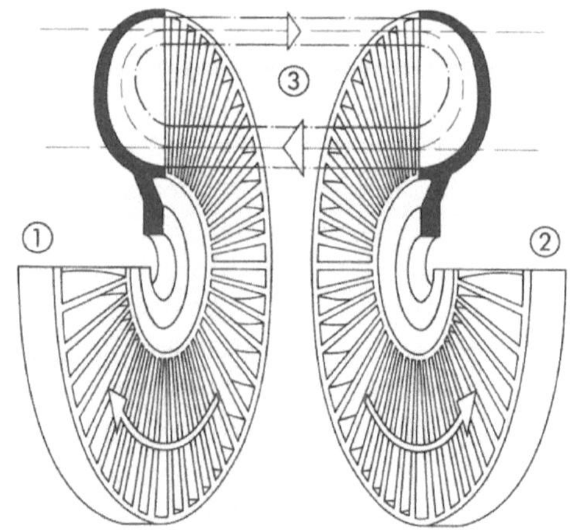

1 Pumpenrad (Rotor) 2 Turbinenrad (Stator)
3 Ölstrom

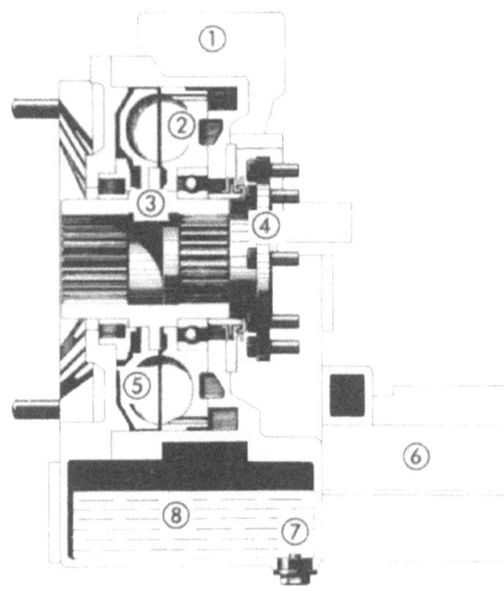

Schnittdarstellung und Foto Retarder geöffnet.

1 Steuerventil
2 Stator
3 Antriebswelle
4 Anschlußflansch für Gelenkwelle
5 Rotor
6 Wärmeaustauscher
7 Ölablaßschraube
8 Ölsumpf
9 Gehäuse
10 Gehäusedeckel
11 Öleinfüllstutzen
12 Statorbolzen

Trend zum „großen" Omnibus

Die IAA 1967 war geprägt von einer Tendenz zum „großen" Omnibus. Erstmals wurde ein Gelenkomnibus als Doppelstock für die Reise vorgestellt.

Dieser 4-achsige Neoplan N 138 „Jumbo Cruiser" hatte eine Luxus-Innenausstattung mit Liegesitzen für 100 Personen. 18 m lang und 28 t Gesamtgewicht, die Masse eines bislang nirgendwo gebauten Superomnibus. Der Komfort war, entsprechend mit Bar, Stehküche, zwei Toiletten und bequemen Rundsitzbänken, überzeugend.

Normal hohe Gelenkzüge für Reise und Linie zeigten Vetter und Drögmöller. Ernst Auwärter baute einen Hochbodenbus auf dem neuen O 302 Chassis mit betont luxuriöser Ausstattung und Kässbohrer überraschte mit dem Panorama-Bus. Besonderheit: 12 m^3 Gepäckraum, erstmals im Reisebus.

„Neoplan-Jumbocruiser" – 18 m lang, 28 t Gesamtgewicht, der größte Omnibus, der bis dato gebaut und als Reisebus eingesetzt wurde. Luxus-Innenausstattung, Liegesitze für 100 Personen, Stehküche, 2 Toiletten. V 10 Motor mit 320 PS Leistung im Heck.

Hochbodenbus von Ernst Auwärter, aufgebaut auf Mercedes-Benz Fahrwerk. Sehr komfortable Ausstattung, Toilette und Kleinküche waren ebenfalls eingebaut.

Und noch eine Tendenz wurde offensichtlich: die allgemeine Nutzung von Kunststoff für Heck- und Frontpartien, Radkästenabdeckung.

Auch Kofferraum-Klappen aus GfK waren zum festen Bestandteil in allen Buskonstruktionen geworden.

1972 erscheint, knapp vor der Einführung der neuen Mercedes-Benz Busreihe O 303, der dreiachsige Setra-Hochdecker S 200 als Einzeltyp im Markt, 3,15 m hoch, 15 m^3 Kofferraum und die Nachlaufachse als Kurbelachse. Den Antrieb besorgt ein V 10 Motor mit 320 PS Leistung. Völlig überraschend für den Wettbewerb. Allerdings wird schnell klar,

Kässbohrer Panoramabus für einen österreichischen Unternehmer. 13 Reihen mit 52 Plätzen, aufgebaut mit Elementen aus der Baureihe 100.

In den 70er Jahren wurden bereits Front- und Heckpartien der Omnibusse aus GFK gefertigt und mit dem Gerippe verschraubt. Einmal ging es darum Gewicht einzusparen, andererseits sollten die Reparaturkosten reduziert werden, da bei diesem Material kleine Schäden problemlos zu beseitigen waren.

ass eine neue Ulmer SETRA-Generation, die dritte, urz vor der Premiere steht.

atsächlich wird 1976, vier Jahre später, die Baureihe 00 vorgestellt mit den Versionen Hochboden S 215 H nd Hochdecker S 215 HD.

erienmäßig sind jetzt Scheibenbremsen, Geräusch- olierung, Unterbodenschutz und Airkondition mit)uerstrombelüftung.

)ie Zentralschließanlage wird eingeführt. Das Pro- ramm besteht aus vier Hochboden- und zwei Hoch- ecker-Modellen.

Jur neun Jahre hatte es gedauert, bis die nächste ETRA-Generation im Markt erschien.

in deutliches Zeichen dafür, dass die Intervalle für eue Busse immer kürzer wurden, weil der Markt es so erlangte.

Mit dieser Busreihe 200 erreichte Kässbohrer eine tabile Marktposition, auch in verschiedenen Export- närkten. Als Vorbild für die Wettbewerber rüstete man lle Typen mit dem neuen Antiblockiersystem und mit Retarder aus.

Frontteil aus GFK und Vierkantrohren für den neuen Kässbohrer Doppelstockbus 228 DT der 200er Baureihe, die 1976 die Baureihe 100 ablöste.

uch Neoplan brachte die dritte Bus-Generation auf den Markt. Dazu len ersten 15 m Dreiachser-Doppelstock für Südamerika – aus dem päter 4-achsige Großraumbusse werden.

)rögmöller Heilbronn hatte sich inzwischen mit einem neuen Werk ersehen und konstruierte seinen ersten selbsttragenden Eigenbaubus)R 35.

)er Bus basierte noch auf den Aggregaten des Mercedes-Benz Modells) 321, griff aber auf das Direkteinspritzer-Motorenangebot OM 352

SETRA 200, 1972 ein Vorreitermodell für die neue Generation der Baureihe 200. 3,15 m hoch, 15 m³ Kofferraum (!). Die Nachlaufachse war als Kurbelachse ausgelegt. V 10 Motor mit 320 PS Leistung im Heck. 44 Plätze, Toilette, Stehküche, Garderobe zählten zur serienmäßigen Innenausstattung.

Nach nur 9 Jahren erscheint die dritte Generation der SETRA-Busse. Die Baureihe 2000 wird 1976 mit 2 Modellen S 215 H und S 215 HD (Bild Mitte) für den Markt freigegeben. Serienmäßig sind Scheibenbremsen, Geräuschisolierung, Unterbodenschutz, Retarder und Aircondition mit einer neuentwickelten Querstrombelüftung. Zur Ausrüstung gehören noch die Zentralschließanlage und ABS.

Auch Neoplan stellt die dritte Generation vor. Dazu den ersten 15 m Dreiachs-Doppelstockbus für Südamerika, aus dem später die vierachsige Großraumbus-Familie entstehen wird.

1970 baut Drögmöller Hochdecker-Busse auf der Basis O 302. Das neue daran – der stufenartige Innenraum. Die Heilbronner bezeichnen das Modell als „Europullmann".

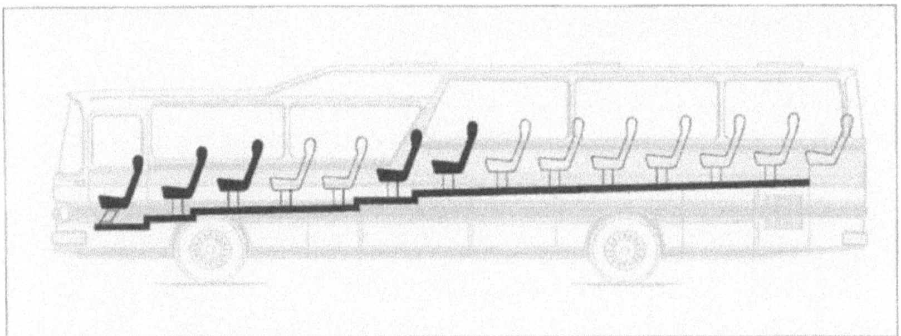

Diese so genannte Theaterbestuhlung wird Drögmöller patentiert.

„Teamstar Deluxe" von Ernst Auwärter auf Düsseldorfer MB-Chassis 814 aufgebaut. Bietet 20 bis 26 Plätze. Ein Minibus der Komfort-Klasse.

mit 126 PS zurück. Dieser Bus mit acht Sitzreihen war als Ergänzung unterhalb des Mercedes-Benz-Busprogramms O 302 konzipiert.
1970 baut Drögmöller Hochdeckerbusse, basierend auf dem O 302. Das Neue daran war der stufenartige Innenraum. Die Heilbronner bezeichneten das Fahrzeug als Europullmann.
1974 begann Drögmöller sich von den Chassis aus Mannheim zu lösen und produzierte eine eigene Bus-Version mit Einzelradaufhängung.
Die so genannte „Theaterbestuhlung" wird patentiert. Diese E-Reihe erhält verschiedene Motoren von Scania, Mercedes-Benz oder VOLVO.
Auch Ernst Aufwärter nutzt die O 302 Basis für 12 m Buskreationen mit Erfolg – allerdings bleiben Kleinbusse auf Düsseldorfer Chassis das Hauptprodukt.

Ölkrise stoppt den Aufschwung

Waren die Jahre von 1960 bis 1970/71 noch erfolgreich im deutschen Omnibusbau – Nettoproduktion durchschnittlich um 7,9 % gestiegen – so unterbricht die Ölkrise diese gute Phase.
Der Ölschock überzieht alle Länder. Die Busproduktion fällt stark zurück. Inflationstendenzen machen sich bemerkbar, Bilanzdefizite treffen auch die „Großen". 1969 übernimmt Daimler-Benz Hanomag-Henschel und die MAN Büssing. Magirus-Deutz entlässt 2000 Mitarbeiter, KHD will die Anteile an Magirus verkaufen. Verhandlungen mit Fiat. Die Magirus-Deutz AG entsteht.

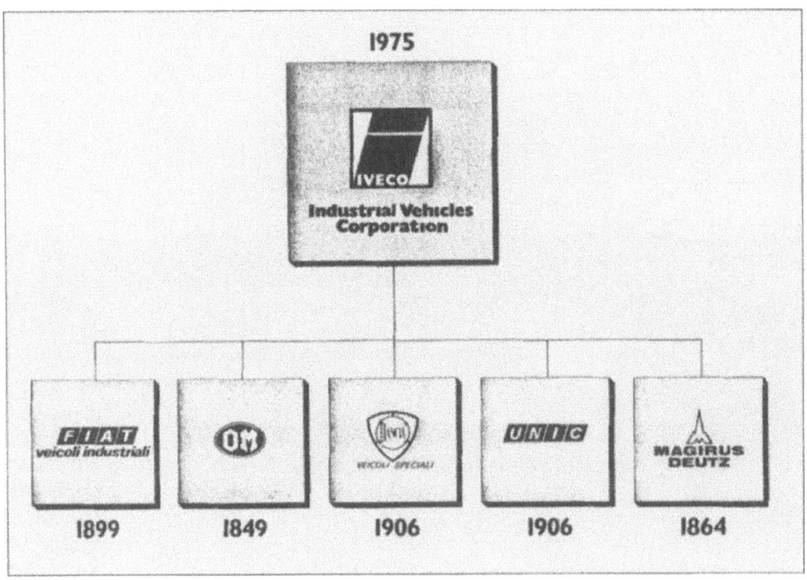

Mancher Buskarossier bleibt auf der Strecke. Andere wiederum schließen sich zusammen. 1975 formiert sich die IVECO. Aus fünf europäischen Firmen, die allesamt die Geschichte des Nutzfahrzeuges mitgeschrieben haben, wird der erste europäische Fahrzeugkonzern. Beteiligt sind Fiat Veicoli Internationali, OM, Lancia Veicoli Speziali, Unic aus Frankreich und Magirus-Deutz aus der Bundesrepublik. Fiat war mit KHD einig geworden.
Trotz der rezessiven Phase läuft die Produktion auf „kleiner Flamme" weiter. Prognosen sehen den Silberstreif am Horizont ab dem Jahr 1980, was dann tatsächlich auch zutraf, wenn auch nur ganz kurz.

Der Busmarkt bleibt rezessiv

1980 war der Ölschock überwunden, aber im Bus-Sektor bleibt es bei der rezessiven Phase. Mit 17 355 und 1981 mit 17 108 Omnibussen werden zwar die höchsten Produktionsziffern erreicht, eingeschlossen der Export und die Teileherstellung bei den Auslandstöchtern, doch die Nachfrage nach Reisebussen bleibt ruhig. Trotzdem verlangt die Tourismusbranche mehr Komfort in den Fahrzeugen.
So müssen die Bushersteller ihre Programme schneller als früher ausbauen. Eine weitere Belastung also.
War das Verhältnis 1978 Reisebus zu Linienbus noch 40 : 60, kehrte sich dieses Verhältnis schon Jahre später um.
Inzwischen war, nach knapp 10 Jahren – 1974 – der O 303 als Nachfolger des O 302 erschienen und wird zum Marktführer.

Der neue Fernreisebus O 303 RBS ist ein Hochbodenbus mit großem Kofferraumvolumen. Der Bus wird auf neuen Produktionslinien gefertigt und lässt mit seinem Baukastensystem Größen von 9–12 m zu.

Mannheim fertigt auf neuen Produktionslinien das jetzt ebenfalls konsequent durchdachte Baukastensystem von neun bis fünfzehn Sitzreihen und 9 bis 12 m Bus-Länge. Diese Bodengruppe des O 303 wird vielfach von den Karosseriebauern Drögmöller, Ernst Auwärter und Vetter für ihre Reise- wie Linien-Buskreationen benutzt. Überhaupt hat Mercedes-Benz, seit dem Erscheinen des O 321, mit den beiden Nachfolgermodellen große Erfolge, auch im Ausland.
Der O 303 wurde zuletzt zum meistgebauten Omnibus in Europa mit 38 000 Einheiten (1991).

Diese Bodengruppe des O 303 wird von den Buskarossiers sofort angenommen und dient den unterschiedlichsten Busaufbauten.

Omnibus-Touristik im Aufwärtstrend

Ende der 70er und Anfang der 80er Jahre waren im Omnibusbereich die Jahre steigender, ganz auf den Bus zugeschnittener Touristikangebote. Die Omnibushersteller – Daimler-Benz, Neoplan, MAN, Kässbohrer, Magirus-Deutz, die potenten Karossiers E. Auwärter und Drögmöller richteten ihre Busmodelle auf die Marktlage ein.
Lt. Statistik unternehmen 30 Millionen Bürger jährlich eine Urlaubsreise über eine Woche, dazu noch 80 Millionen Kurzreisen mit höchstens vier Übernachtungen.
Mit dem Omnibus machen 550 Millionen Menschen Ausflugsfahrten, was den Trend zum komfortablen Reisebus spürbar verstärkt.

Auch die Flugtouristik legt zu. Neoplan bekommt den Auftrag eine mobile Fluggastbrücke zu bauen. 1981 kommt der jemals in dieser Größenordnung gebaute Omnibus auf das Flugfeld – die Galaxy Lounge für 342 Personen.

Mit dem Ansteigen der Flugtouristik bekam Neoplan den Auftrag, eine Fluggastbrücke zu bauen. 1981 kam der nie vorher in dieser Größenordnung gebaute Omnibus auf das Flugfeld. Die „Galaxy Longe" für 342 Personen. Dieser Spezialbus ist 17,9 m lang, 4,54 m breit und 4,58 m hoch. Der Schwenkbereich des „Rüssels" reicht von 2 m bis 5,5 m. Vier Video-Kameras überwachen den Bus. Ein 320 PS-Motor, an dem ein Automatgetriebe angeflanscht ist, bewegt den Riesen bis zu 55 km/h über das Flugfeld. Es blieb bei diesem Einzelstück.

Komfort-Qualifikation

Alle Omnibushersteller bieten unter modellspezifischer Bezeichnung ganze Bus-„Familien", die vom 9,5 m bis zum 18 m Doppelstock-Gelenkzug reichen.

Den Busunternehmern stehen Fahrzeuge jeglicher Leistung, Kapazität und Komfortausstattung zur Verfügung. Mit der Erschließung neuer Reiseziele über die Grenzen hinaus verstärkt sich auch der Zwang zur Ausstattungserweiterung. Dementsprechend wird der Komfort immer höher angesiedelt.

Radio, Fernsehen, Ledergarnituren für Sitze, Stehküchen mit Schnellkochanlagen, Bar-Theken in großen Bussen, großvolumige Kühlschränke. Alles wird verlangt – und auch geliefert.

Da es in der Ausstattung und im Komfort der Reisebusse zu erheblichen Unterschieden gekommen war, die sich auch im Beförderungspreis niederschlugen, bildete sich die Gütegemeinschaft „Bus-

Die Gütegemeinschaft „Buskomfort", eine Gründung der Busunternehmer-Verbände, bekam die Aufgabe, die inzwischen unterschiedlichsten Komfortangaben der Unternehmen zu kanalisieren und zu bewerten. Das RAL-Gütezeichen mit Sternen-Klassifizierung stufte die Bus-Ausstattung nach bestimmten Kriterien ein. Die Symbole am Bus sollten dem Fahrgast zeigen, mit welchem Komfort er rechnen darf und mit welcher Qualität des Fahrzeuges. Mit solchen Sternen sollten die Omnibusunternehmer auch ihre Omnibusreise insgesamt auszeichnen.

Mit der Erschließung neuer Touristik-Ziele und immer weiter über die Grenzen hinausführender Reiseziele verlangten die Busunternehmer einen höher angesiedelten Komfort in ihren Reisebussen. Vor allem die Großraumbusse mussten bequeme, leicht verstellbare Sitzgarnituren haben, Stehküchen mit Schnellkocheinrichtungen, Bartheken und große Kühltruhen mit reichlich Getränken und Verpflegung für die längeren Busfahrten.

komfort", die ähnlich den klassifizierten Hotels eine mit Sternen gekennzeichnete Abstufung einführt.

Der Busreisende erkennt somit den ihm gebotenen Komfort als Äquivalent zum Reisepreis. Dieses Zeichen bezieht sich aber ebenso auf die technische Ausrüstung des Reisebusses. Denn unter dem Begriff „Komfort" sollte man jetzt den Gesamtzustand des Busses verstehen.

Von der technischen Ausstattung her sind alle deutschen Reisebusse mit dem ABS/ASR-System plus Retarder ausgestattet.

Auf dem Getriebesektor gibt es die ersten elektropneumatisch geschalteten Stufengetriebe (EPS), Automaten ZF der HP Reihe und die AVS – automatische Vorwählschaltung –, die eine erhebliche Schalterleichterung für den Busfahrer bringen. Die Elektronik macht's möglich.

Elektronisches Steuergerät für ABS/ASR Funktionen mit den vier Mikrocomputern – pro Radnabe mit Polrad und Sensor jeweils ein Computer.

Export floriert – Aktivitäten im Ausland

1970 werden 9527 Omnibusse exportiert. 10 Jahre später waren es 10 527 Einheiten.
1974 wagt Neoplan den Sprung nach Ghana, um dort Omnibusse für die private Verkehrsgesellschaft OSA zu produzieren. Bereits ein Jahr später wird der 100. Neoplan „Tropic" ausgeliefert.
1978 erhält das Werk in Kumasi eine Servicestation in Accra, der Hauptstadt Ghanas. 1984 verkehren über 2000 Neoplan-Busse auf Straßen und Städten der Ashanti Region.
Die MAN montiert Nutzfahrzeuge und Omnibusse in Australien und in Südafrika.
Mercedes-Benz produziert 1980 in wesentlich erweitertem Umfange Omnibusse in Brasilien (seit 1957), in Argentinien (seit 1964), in Griechenland (seit 1965), in der Türkei (seit 1962).
Magirus kooperiert mit TAM in Jugoslawien (seit 1965).
1980 eröffnet Neoplan in Lamar/Colorado ein Omnibuswerk und produziert dort komplette Busse für Linien- und Reiseverkehr.
Mit einem Auftrag des Staates Pennsylvania über 1000 Stadtbusse wird Neoplan Marktführer in USA.
1982 entsteht das Reparaturwerk Montgomeryville,

1974 wagte Neoplan den Sprung nach Ghana, um dort Omnibusse für die private Verkehrsgesellschaft OSA zu produzieren. Bereits nach einem Jahr lief der 1000. Neoplan „Tropic" vom Band. 1978 erhielt das Werk im Kumasi eine Servicestation in der Hauptstadt Accra. 10 Jahre später laufen bereits über 2000 Neoplan-Busse in diesem afrikanischen Staat. Heute sind es 4000 Einheiten.

1980 eröffnet Neoplan in Lamar/Colorado USA ein Omnibuswerk und produziert dort komplette Busse für Linien- und Reiseverkehr. Mit dem größten Busauftrag, der je in den USA vergeben wurde – über 1000 Busse für Pennsylvania – wird Neoplan zum Marktführer in den Staaten. Neoplan war der erste deutsche Omnibusbauer, der in den Staaten mit Erfolg eine Busproduktion aufzog. 1985 kommt das Werk Honeybrook dazu. Im Bild das Modell „Linie Transliner II" mit 46 Sitzplätzen, Detroit-Diesel und Voith Automatgetriebe in Kombination mit Rockwell-Achsen bilden das Fahrwerk.

1981 war die MAN nach einem sehr guten Exportgeschäft in USA mit Gelenkbussen gezwungen, in Cleveland/North Carolina eine Busproduktion für 13 Mio. Dollar zu installieren. Im Bild: MAN SG 220; 16,5 und 18 m lang für 120 bis 165 Personen; 6 Zyl. 280 PS Ladermotor. Der große Erfolg blieb aus.

Ebenfalls 1981 gründet Kässbohrer in Lothringen – Ligny en Barrois – ein Buswerk, um dort Linienbusse für den französischen Markt zu produzieren. In Grey Main etabliert Kässbohrer eine Pisten-Bully-Produktion für den gesamten US- und Kanada-Markt. Gleichzeitig werden von Kässbohrer of North America 2 Komplettbusse aus Ulm importiert. Im Bild der SETRA S 215 HD auf den US-Markt eingerichtet. Auf der Motorvisions-Coach-Design-Competition belegte dieser Bus eines Unternehmers aus San Francisco den ersten Platz.

1985 kommt das Werk Honeybrook dazu.
1981 war die MAN nach einem sehr guten Exportgeschäft nach USA mit Gelenkzügen gezwungen in Cleveland/North Carolina eine Busproduktion für 13 Mio. Dollar zu installieren.
Im gleichen Jahr gründet Kässbohrer in Lothringen in Ligny en Barrois ein Buswerk und baut dort Linienbusse für Frankreich. In Grey/Maine produziert die Kässbohrer of North America INC den Pistenbully für USA und Kanada und importiert Reisebusse.
Gleichzeitig eröffnen die Ulmer in England die Kässbohrer United Kingdom LTD, 1987 kauft Kässbohrer die Ascan Bilcon A/S in Aalborg und baut in Aabenraa eine Omnibusfabrik. Dort werden Linienbusse für den dänischen Markt hergestellt.
Der ausländische Wettbewerb – RVI – Renault, 1977 mit Berliet und Saviem vereinigt, bietet im deutschen Markt mit eigenen Niederlassungen Reise- wie Linienomnibusse, Van Hool aus Belgien offeriert Luxusbusse, Scania und VOLVO verkaufen Buschassis, Spanien kommt mit Komplettbussen, die holländische DAF mit Buschassis und nicht zuletzt versuchen Ikarus (Ungarn) und jugoslawische Busbauer auf dem deutschen Markt Fuß zu fassen. Doch der Marktanteil erreicht keine 3 %.
Der Bestand in der Bundesrepublik Deutschland stieg 1980 auf 70 518 Omnibusse, 1950, in dem Jahr des eigentlichen Omnibus-Aufschwungs waren es noch 15 030!
Von den 70 518 Omnibustypen boten rd. 50 000 Einheiten 41 bis 51 Sitzplätze, was bedeutet, dass die Mehrzahl der Omnibusse für den Reiseverkehr ausgelegt waren. Unterstrichen wird das auch mit den Gewichtsklassen: 35 845 Busse zählten zur Gewichtsklasse 16 t. Insgesamt waren 5480 private Omnibus-Unternehmer registriert, deren Busse rd. 1,5 Millionen Kilometer im Jahr 1980 zurücklegten.

Die Krise schwelt weiter

Was Ende der siebziger Jahre mit den ersten Abwärtsbewegungen im Omnibusbereich als Folge der europaweiten wirtschaftlichen und währungsbedingten Krise anfing, setzte sich fort und forderte weitere Opfer.
Vetter in Fellbach meldete Konkurs an, das Magirus-Deutz Buswerk Mainz wird 1983, nach drei Verlustjahren, geschlossen.
Waren es 1981 noch insgesamt 17 108 in der Bundesrepublik produzierte Omnibusse, so fiel diese Zahl schon ein Jahr später auf 14 150 und 1987 blieben gerade noch 9474 in der Statistik hängen.

Von 1988 bis 1993 gab es eine kurze Erholung im Omnibusgeschäft auf rd. 11 000, was mit den 1990 wiedervereinigten neuen Bundesländern zusammenhing. Doch dann begann für die Omnibusindustrie der unaufhaltsame Absturz in die 90er Jahre.
Ungeachtet dieser Situation bringt Neoplan 1985 die vierte Omnibus-Generation zur 51. IAA, schließt ein Jahr später als erster Bushersteller ein Lizenzabkommen mit dem chinesischen Konzern NORINCO.

1988 feiert der erste Vollkunststoff-Omnibus, der „Metroliner" von Neoplan, Weltpremiere. Diese Buskreation durchbricht eine Karosserietradition im Busbau. Der Buskörper besteht komplett aus Fasermaterial. Motor und Achsen werden in den geschlossenen, absolut dichten Körper eingehängt. Der Busboden innen ist ohne Ecken und Kanten und absolut eben. Dieses Leichtgewicht benötigt nur noch einen Bruchteil der Antriebsenergie, was kleinere Motoren bedeutet, dazu ist der Buskörper geräuscharm und äußerst stabil. Hinzu kommt, dass ein vollständiges Recycling die beste Umweltverträglichkeit garantiert. Carbonfasern sind im Grunde nichts anderes als Rohöl in fester Form.

Erster Vollkunststoff-Omnibus der Welt

1988 feiert der erste Vollkunststoff-Omnibus, der „Metroliner" von Neoplan, Weltpremiere.
Der „MIC-Metroliner" in Carbon-Design durchbricht eine Karosserietradition im Busbau. Der Buskörper wird vollständig aus Carbonfasermatten fertiggestellt. Motor und Achsen hängen im absolut wasserdichten Buskörper, der im Innenboden völlig eben ist.
Dieses Leichtgewicht benötigt nur noch einen Bruchteil der Antriebsenergie, was kleinere Motoren bedeutet, ist also ein Sparer im Betrieb, geräuscharm und äußerst stabil. Dazu kommt das absolut im Sinne des Umweltschutzes liegende vollständige Recycling. Carbon ist im Grund ja nichts anderes als eine andere Form des Rohöls.

Die Rohkarosse des „Metroliner". Mit dieser Entwicklung hat Neoplan eine alte Vision wahrgemacht, an der schon viele gescheitert sind. Allerdings bedarf es noch einiger Jahre, bis alle Probleme gelöst und eine größere Stückzahl in Kundenhand zur praktischen Erprobung gehen kann.

Zur konsequenten Versuchsphase des MIC-Carbonbuskörpers gehörte neben anderen Belastungsprüfungen, Dauerteste auf Hydropuls-Anlagen. Die TH Aachen simulierte über mehrere tausend „Straßenkilometer" die Stabilität der Vollkunststoff-Konstruktion.

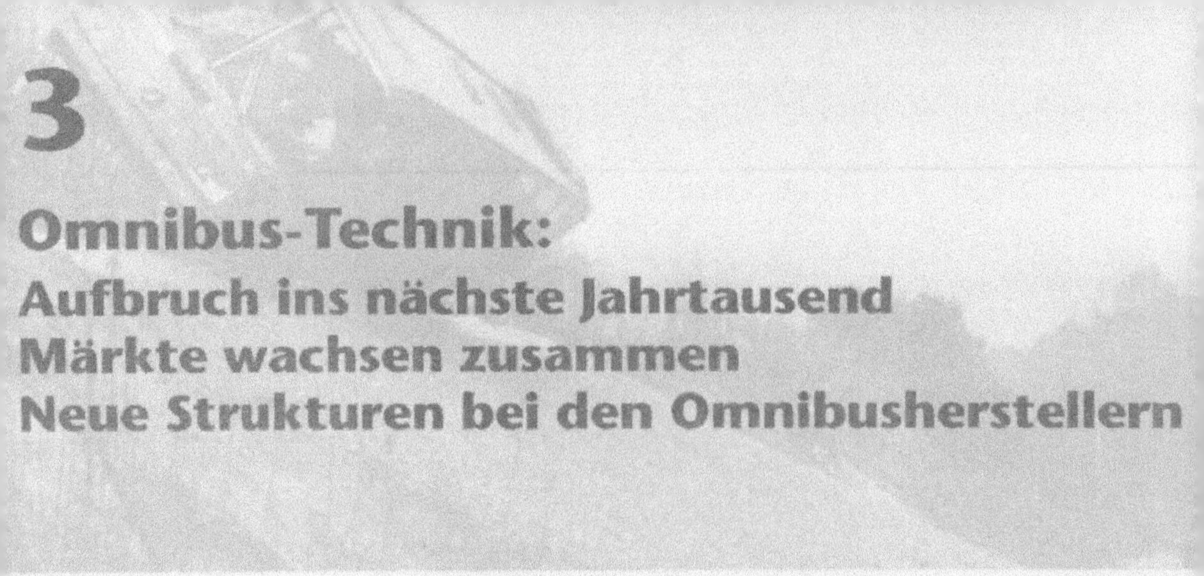

3

Omnibus-Technik:

Aufbruch ins nächste Jahrtausend
Märkte wachsen zusammen
Neue Strukturen bei den Omnibusherstellern

Was in den 80 Jahren noch festgelegt schien, gerät mit dem Abbau überkommener Grenzen im Zuge der europäischen Gemeinschaft in Bewegung. Die Tragweite staatlicher Entscheidungen und Maßnahmen endet immer weniger an den nationalen Grenzen. Altgewohnte Instrumentarien sind wertlos. Für die Relevanz in den Märkten bedurfte es neuer Vorgaben. Marktnähe bedeutet: Erkennen und Akzeptieren von Kundenwünschen. Auf das Produkt Omnibus fokussiert, hieß dies schnelleres Reagieren auf Forderungen der Märkte, hieß aber ebenso Investitionen in erweiterte Instrumente für Produkt-Informationen.

In Konsequenz aber auch, Reduzierung der Kosten ganz allgemein.

Daraus wiederum ergeben sich für die Fahrzeug-Industrie neue Rationalisierungsprozesse in der Omnibus-Produktion oder aber als Ausweg eine Partnersuche für gemeinsame Entwicklungsvorhaben, gemeinsamer Einkauf gleicher Teile, gemeinsame Produktplanung – jedoch Beibehaltung der eigenen Marke und eigener Vertriebswege.

In der Omnibus-Touristik bedeuteten die offenen Grenzen ohne Formalitäten gleiche Rechte in der Personenbeförderung zwischen allen Partnerstaaten. Daraus wiederum, kausaler Zusammenhang, resultierten höher geschraubte Forderungen der Bus-Unternehmer nach modernen, technisch absolutes Optimum verkörpernden Omnibussen.

Logische Folge: Ein Investitionsklima, das bisher in der Omnibus-Geschichte bei rezessiven Phasen nie so dramatisch in Erscheinung getreten ist.

Als vorläufiger Höhepunkt dieser veränderten Wirtschaftslage in jüngster Zeit gilt die Übernahme von Kässbohrer in die Omnibus-Aktivitäten der Mercedes-Benz AG bzw. der dafür gegründeten Tochtergesellschaft „EvoBus". SETRA und Mercedes-Benz bleiben als Marke erhalten, konkurrieren aber konsequent im weltweiten Geschäft.

Beibehalten werden getrennte Vertriebsorganisationen mit jeweils eigener Verantwortung. Europas Nr. 1 und Nr. 2 unter gemeinsamem Dach – das alles beherrschende Signal für die wirtschaftliche Zukunft im europäischen Omnibusmarkt!

Gleiches gilt für die Übernahme von Drögmöller in die Volvo Busdivision und eine 75 %ige Beteiligung bei Steyr-Bus, die Konzentration in Belgien der Omnibus-Karossiers Jonckheere und Berkhof sowie die Liaison des Busbauers aus Belgien Van Hool mit dem italienischen Chassishersteller de Simon.

1991 schließen Volvo und Renault einen Vertrag über Chassislieferung für Stadtbusse, die von Heuliez aufgebaut werden, und 1995 vereinbaren Renault und die MAN, gemeinsam Motoren zu entwickeln, Buskomponenten und Lkw-Achsen zu standardisieren sowie neue Generationen von Komponenten „auszudenken".

1995 unterzeichnet Volvo Bus Corporation ein schwedisch-israelisches Joint-Venture.
Alle diese Reaktionen im europäischen Busmarkt sind die Folge einer tiefgreifenden Rezession im Omnibusmarkt und einer zunehmenden Kostenbelastung durch staatliche Maßnahmen und gewerkschaftliche Lohnforderungen.

EvoBus

Die Geschäftsführung der EvoBus GmbH

Wolfgang Diez Vorsitzender der Geschäftsführung	Bengt Hamsten Entwicklung	Johann Graf Kaufmännische Aufgaben	Willi Klemann Produktbereich Mercedes-Benz	Harald Landmann Produktbereich Setra
Unternehmenspolitsche und strategische Führung	Entwicklungsplanung	Finanzen/Bilanzen	Engineering	Engineering
Revision	Vorentwicklung	Planung/Controlling	Produktion	Produktion
Personal- und Arbeitspolitik	Design	Material-Einkauf	Kaufmännische Aufgaben, einschließlich Logistik	Kaufmännische Aufgaben, einschließlich Logistik
Strategische Vertriebs- und Produktplanung	Konstruktion	Organisation und Datenverarbeitung	Vertrieb Mercedes-Benz (Inland/Export)	Vertrieb Setra (Inland/Export)
After-Sales-Service	Versuch	Verantwortlich für die ausländischen Vertriebstöchter	Produkt-Marketing	Produkt-Marketing
Gebrauchtfahrzeuggeschäft				Umweltbevollmächtigter EvoBus
Verantwortlich für Ligny/Frankreich und für Zusammenarbeit Mercedes-Benz Istanbul/Türkei				

Die Zukunft begann 1990

Die ab 1990 folgenden Jahre kennzeichnet eine höchst erfolgreiche Zeit technischer Innovationen, aber auch rückläufiger Produktionszahlen.
Immer dann, wenn die Zeiten schwierig waren, neue Wettbewerber in den Weltmärkten übermächtig wuchsen, eine Vorschriften- und Gesetzesflut über die Automobilindustrie hereinbrach, mit Forderungen, die fast schon an die Grenze der Finanzierbarkeit reichten, überraschten die Fahrzeugtechniker mit brillanten Lösungen. Noch nie machte die Omnibus-Technologie in kurzer Zeit so große Entwicklungssprünge. Dazu zählen: sinnvolle Anwendung der Elektronik, Niederflurtechnik, Motorenleistungssteigerung und Katalysatorentechnik, moderne Innenausstattung und nicht zuletzt konsequente Modulbauweise.
Weitere große Themen sind Sparsamkeit im Kraftstoffverbrauch bei höheren Motorleistungen, Reduzierung der Geräusche sowohl bei den

Triebwerken wie bei den Reifen, Emissionsauflagen für Dieselmotoren, die der Brüsseler Behörde entsprechen mussten, Festigkeitsnormen bei Omnibuskarosserien (ECE-R 66) und nicht zuletzt die Maßgabe nur noch schwer entflammbare Materialien für Omnibuskarossen zuzulassen. Erschwerend kommt hinzu, dass die Intervalle bis zum Erscheinen neuer Modelle noch kürzer, obgleich die Aufwendungen für neue Modelle immer teurer werden.
Ohnehin arbeiteten die Konstruktionsbüros der Automobil-Industrie mit Computerprogrammen (CAD/Finite Elemente), die jede Konstruktionslösung auf den Bildschirm zu bringen vermochten, ja sogar Belastungsproben einzelner Segmente einer Buskonstruktion analysieren konnten.

Ohne Zweifel ist der Omnibus das sicherste Verkehrsmittel. Von Anfang an waren die Konstrukteure bestrebt, die Aufbauten in ihrer Struktur so zu verbessern, dass bei Unfällen nur geringe Verformungen auftreten können. Eine ECE-Vorschrift schreibt einen bestimmten Lebensraum vor, eine zweite gibt Richtlinien für die Sitzfestigkeit und Verankerung der Sitze im Busboden. Alle Omnibushersteller prüfen heute nach ECE R 66 Empfehlung die Aufbaufestigkeit mit Abrollen ab einer bestimmten Schräglage.

Dies half empirische Versuche und die meist dafür nicht kalkulierbaren Kosten einzusparen.
Einbezogen in diesen Ablauf werden auch die Teile-Lieferanten, die eigenverantwortlich die Qualität ihrer Produkte zu prüfen haben. (Thema „Just in Time").

Neoplan prüfte die Festigkeit des Vollkunststoffbusses mit Crash- und Belastungsversuchen. Der Anprall des Pkw mit einer V_{max} von 40,2 km/h und einer Kollisionsmasse von 1816 kg blieb für den Bus ohne jegliche Folgen. Auch einen Brandversuch überstand der „Metroliner in Carbondesign" ohne Schaden. Alle Versuche wurden nach der strengen USA-Norm ausgeführt.

Wettbewerbsdruck nimmt zu

All dies war die Folge eines Wettbewerbsdrucks, der in den letzten 10 Jahren enorm zugenommen hatte. Auch das Aufeinandertreffen gleicher oder ähnlicher Fahrzeuge, nach denselben Prinzipien konstruiert, verschärfte diese Situation. Daraus resultierend gewannen Herstellerkosten und mit ihnen die Seriengrößen im Angebot eine andere Dimension.
Der enorme Kostenanstieg auf allen Feldern, wie Lohn, Soziales, Material, Steuern, sowieso, dazu die verdeckten Steuern, bestimmte logischerweise die Preisgestaltung im ohnehin enger gewordenen Markt.
Andererseits nutzte jetzt im Schutze der EG-Marktliberalisierung der ausländische Wettbewerb seine erheblich günstigeren Standortkosten skrupellos aus. Frankreich, Skandinavien, Belgien, Spanien, Ungarn konnten auf niedrigeren Kostenbasen kalkulieren.
Bei den deutschen Omnibusprojekten, die inzwischen Endpreise über einer halben Million DM erreichten, bei entsprechender Ausstattung sogar über 1 Mio. DM, eskalierte der Preiskampf zum Rabattkampf.

Preislisten waren bereits Makulatur, als sie erschienen. Der Kampf ums Überleben sorgte für weitere Stolpersteine in der Produkte-Entwicklung. Rote Zahlen waren keine Ausnahme mehr und als Folge Entlassungen an der Tagesordnung.
Den Verlustreichen MAN-Busbereich (Salzgitter) rettete die starke Muttergesellschaft, fortan beschränkte man sich auf 12 m Busse im Reisebussektor. Das Linienprogramm blieb.
Bei Kässbohrer waren es die Banken (was sich 1995 bitter rächen sollte), Renault und VOLVO, fast einig sich zu verschmelzen, doch die schwedischen Aktionäre lassen diesen Deal scheitern. Renault schließt danach ein Joint Venture mit Karosa (Polen), Neoplan lässt Kunststoffteile für den Metroliner in Tschechien produzieren und beginnt einen Technologie-Transfer für fahrfertige Gerippe mit Liaz-Motor in Ostrov.
Das preisreduzierte Transliner-Programm wird mit einem Hochdecker, der DM 45 500,– unter dem vergleichbaren „Cityliner" liegt, erweitert. Mercedes-Benz startet in der Türkei mit einem „preiswerten" Bus (O 340) und plant dafür die modernste Produktionsstätte für 4000 Omnibusse pro Jahr, die 1995 in Betrieb geht.

Die Konzentration im europäischen Busbereich ist, angesichts der Überkapazitäten, im Grunde ein Kampf ums Überleben. Die Kostenstruktur ausländischer Wettbewerber schafft im Vergleich einen gravierenden Wettbewerbsvorteil gegenüber den deutschen Herstellern. Im Bild das Produkt einer Joint Venture zwischen Renault und Karosa in Polen.

Mercedes-Benz startet in der Türkei mit einem „preiswerten" Omnibus (O 340, später O 350) und plant dafür die modernste Produktionsstätte für 4000 Omnibusse pro Jahr, die 1995 in Betrieb geht.

Wenn auch die potenten Hersteller mit neuen, verbesserten oder preisgünstigeren Omnibus-Serien versuchen den deutschen wie die ausländischen Märkte zu halten, so verschlechtert sich die Lage stetig weiter. 1990 produzieren Mercedes-Benz noch 5338 Omnibusse, Kässbohrer 2240, Neoplan 1850 und die MAN 1550 Omnibusse und Chassis über 9 to.

Hohe Innovationskraft

Eben in dieser schwierigen Situation bringen die Omnibustechniker eine ganze Reihe Epoche machender Verbesserungen in die zwar auf Sparflamme (im ersten Halbjahr 1991 noch mal 7 % weniger Busse) kochenden, vom Markt aber zufriedenstellend akzeptierten Modelle.

So führt 1991 Neoplan für Gelenkbusse ein neues Niederflurgelenk ein (250 mm hoch), das 90 mm niedriger liegt als das bisher verwendete. Die Stadt Basel übernimmt den Prototyp eines Niederflur-Gelenk-Trolley mit Magnet-Motoren in den Radnaben, einem magnetdynamischen Speicher zur Energie-Rückgewinnung.

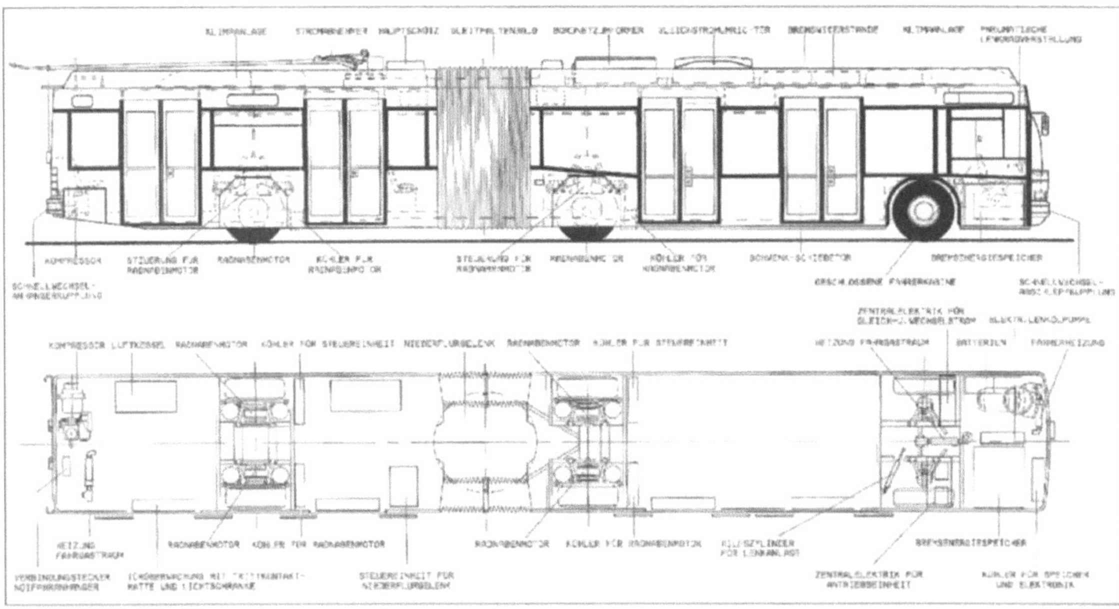

Zeichnung des Prototyp Neoplan Niederflur-Gelenk-Trolley mit Magnetmotoren in der Radnabe und einem magnetdynamischen Speicher zur Energie-Rückgewinnung.

Über 30 % aller Mercedes-Benz Stadtbusse bekommen Partikelfilter mit katalytischer Regenerationsanlage, die elektronisch gesteuert wird. Die MAN bringt einen neuen Motor mit Lufteinblasung und gleichzeitig die elektronisch gesteuerte Luftfederung im Omnibus. Ernst Auwärter liefert die ersten voll verglasten Panorama City-Busse auf VW LT 50 Chassis nach Kilchberg in die Schweiz – eine Pionierleistung ersten Ranges.
Der kleinste Stadtbus bekommt eine Zukunft. So genannte „Midibusse" entstehen auf dem Reißbrett. Kleinere Aufbauhersteller setzen auf Düsseldorfer MB-Fahrgestelle der Transporterklasse recht ansprechende Kleinbusse.

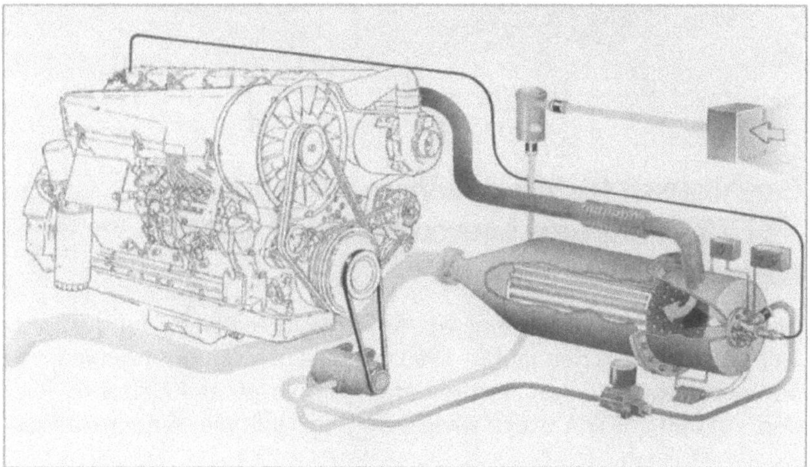

Für Stadtbusse werden Rußfilter entwickelt, teils mit katalytischer Regenerationsanlage, die elektronisch gesteuert wird, teils als Kompaktpartikelfilter.

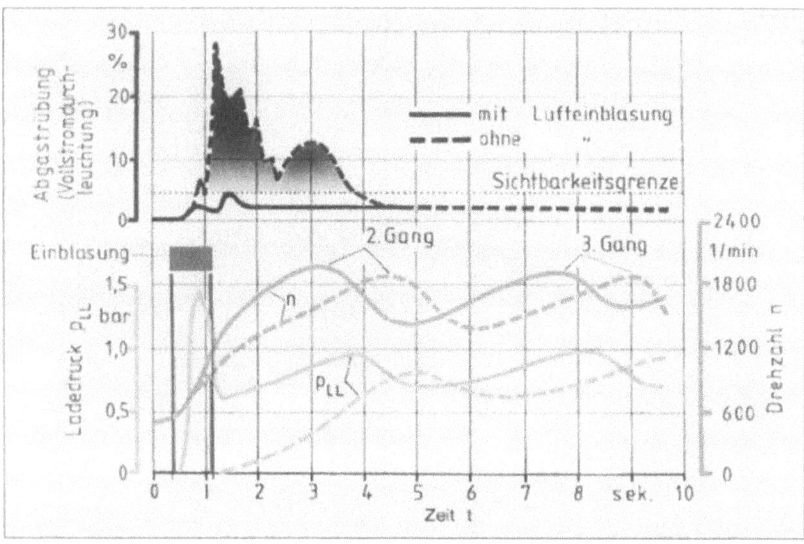

Die MAN hat zur Schadstoffeindämmung einen Motor mit Lufteinblasung konstruiert, der die Abgastrübung beseitigt.

Ernst Auwärter liefert den ersten voll verglasten Panorama-Citybus auf VW LT 50 Chassis in die Schweiz, eine Pionierleistung für diesen Busbauer.

Omnibusse für das nächste Jahrtausend – SETRA 300 und Mercedes-Benz O 404 – Neoplan „Mega"-Serie

Wie das Jahr 1900 quasi eine Art Anlauf weitreichender Innovationen war, so sorgten in den Jahren 1991/92 die Entwicklungsingenieure für den gewaltigsten Schub im modernen Omnibusbau. Kässbohrer feiert den 50 000. SETRA stellt gleichzeitig im Juli die serienreife neue

Kässbohrer feierte den 50 000sten SETRA und stellt gleichzeitig die neue Omnibus-Genrationbaureihe S 300 vor. Diese 300er Reihe wird in dem neuen 35 Mio. DM Werk in Neu-Ulm gebaut. Kapazität: 3000 Busse pro Jahr.

Generation der SETRA-Baureihe 300 vor und weiht im August das für 35 Mio. DM auf der grünen Wiese neue gebaute Buswerk, modernste Produktionsanlage mit einer Kapazität von 3 000 Bussen. Im gleichen Monat folgt, zwar nicht real, aber doch mit reichlich visueller Information, Mercedes-Benz mit dem O 404, Nachfolger des mit 38 000 Einheiten erfolgreichsten Busmodells O 303. Neoplan erweitert die Transliner Familie und stellt – nunmehr offiziell – den Megaliner – ein 15 m Vierachsbus – in den Markt. Kässbohrer „antwortet" mit einem 13,4 m Kombibus mit drei Achsen.

1991 werden in Deutschland 5318 Omnibusse ab 9 t zulässigem Gesamtgewicht zugelassen, davon allein in den neuen Bundesländern 1100 Einheiten.

Während die ersten Mannheimer Prototypen Ende September auf der Straße standen, beginnen im neuen Kässbohrer Werk V – Neu-Ulm – bereits die letzten Vorbereitungen für den Serienlauf der S 300 Reihe am 5. Oktober. Der kleinste, ein S 309 (8,87 m, 33 Sitzplätze), kam allerdings schon Monate früher aus der dänischen Tochterfabrik Aabenraa, nahe der deutsch-dänischen Grenze, wo dieser Kompaktbus bereits 1990 entwickelt, produziert und verkauft wurde.

Das Besondere an diesem Vorläufer S 309 HD war sein Aluminiumaufbau nach dem Alu-Swiss Bausystem M 5438, in das Heck- wie Frontpartie aus Kunststoff eingeschraubt ist.

September 1991 stellt Mercedes-Benz die neue Generation O 404 vor. Diese Baureihe löst den O 303 ab, der mit 38 000 Einheiten das bisher erfolgreichste Busmodell ist.

Neoplan bringt den größten Bus der „Upperclass", den Vierachser „Megashuttle" N 4032/ als Niederflurausführung. Bei 15 m Länge können 180 Personen, 69 oben, 31 unten, plus 80 Stehplätze befördert werden. Stehhöhe unten 1,90 m, oben 1,70 m. Diesem Bus, der für den Linienverkehr konzipiert wurde, stehen verschiedene Antriebslösungen zur Verfügung. Dieselmotor im Heck, Radnabenantrieb, Duo mit Trolley, Batterie-Elektrik, Erdgas oder später auch Wasserstoffantrieb. Gesamtgewicht 30 t.

SETRA stellt den S 217 NR, ein 13,34 m Linienbus in Unterflurbauweise dagegen unter dem Motto – „Projekt Europa" – Omnibuslänge in der Diskussion.

Der kleinste Bus aus der neuen 300er Reihe, 8,87 m, 33 Sitzplätze – kam allerdings schon Monate früher aus der dänischen Tochterfabrik Aabenraa, nahe der deutsch-dänischen Grenze.

Entwicklungs-Schwerpunkte: Sicherheit, Komfort, Wirtschaftlichkeit

Den Einstand dieser neuen SETRA Reisebus-Generation S 300 reflektieren die Modelle S 312 HD (10,9 m/42 Sitze), der S 315 HD (12 m/ 49 Sitze) und der daraus entwickelte S 315 HDH (12 m/51 Sitzplätze) mit einer Höhe von 3550 mm, 200 mm höher als die anderen Typen. Als Triebwerke stehen Mercedes-Benz-Motoren OM 401 LA und OM 442 A mit 213 kW und 218 kW (ca. 296 PS), alternativ Scania DSC 1122 mit 280 kW/381 PS Leistung, zur Verfügung. Alle Motoren

entsprechen der künftigen (1992) EURO I Norm, haben erstmals die elektronische Fahrregelung mit Tempomat-Notgaszug. Serienmäßig ebenfalls ABS/ASR, Telma- oder Voith-Retarder, halbelektrisch. Die in der Vorgänger-Serie bereits eingeführte Querstrombelüftung wird weiter leistungs- und funktionsverbessert.
Mit zusätzlichen Sensoren kann eine noch präzisere Steuerung der Temperatur erreicht werden.
Das Prinzip der Querstrom-Belüftung verbindet hohe Luftwechselraten mit einer Temperaturschichtung, die Klimatechniker mit „kühler Kopf und warme Füße" charakterisieren. Ein absolutes Novum in der Bus-Klimatechnik. Neue Frischluftdüsen über den Sitzen geben dem Fahrgast die Möglichkeit einer individuellen, zugfreien Temperaturregelung.
Neu ist die stufenlose Regelung des Kompressorantriebs in der Klimaanlage. Ein „Vario-Antrieb", direkt an den Motor gekuppelt, hält den Kompressor auf Soll-Drehzahlen, selbst dann, wenn der Motor im unteren Drehzahlbereich läuft. So kann die volle Kälteleistung kontinuierlich erbracht werden – auch im Stop-and-go-Verkehr oder im Stand. Eine ganz wesentliche Verbesserung im Vergleich zu früheren Lösungen. Selbstverständlich wird das Fahrwerk der Baureihe 300 neu abgestimmt.
Dabei erreichen die Ulmer Konstrukteure eine weitere Steigerung des Komforts, bei gleichzeitiger Erhöhung der aktiven Sicherheit.
Die Spurweiten der Vorder- und Hinterachse werden vergrößert, die Stoßdämpfer weiter nach außen verlagert, direkt neben die Luftfederung.
Eine neue Hinterachsaufhängung reduziert das Eigenlenkverhalten und minimiert das Vibrieren auf schlechten Straßen.

Die Vorderachsen der S 300 Baureihe bekamen fadingfreie, pneumatische, innenbelüftete Schwimmrahmen-Scheibenbremsen von Lukas.

Mit einigem technischen Aufwand gelingt es, die Rollachse höher zu legen, eine Lösung, die für den Fahrgast deutlich zu spüren ist beim Kurvenfahren. Das Wanken und die Querbeschleunigung des Buskörpers wird unterdrückt.
Auch ein Stück Komfort-Erhöhung im neuen SETRA, bei gleichzeitiger Anhebung des Sicherheitsfaktors, was kaum in einer Beschreibung zu finden ist, weil eben die Funktionsabläufe systemimmanent sind.
Die Vorderachse erhält fadingfreie, pneumatische, innenbelüftete Schwimmrahmenscheibenbremsen von Lukas. Der Fortfall der bisherigen Brems-Hydraulik bringt gleich mehrere Vorteile: Das niedrigere Systemgewicht ist gleichbedeutend mit kleineren ungefederten Massen, was den Federungskomfort verbessert.

Neue Wege in der Elektrik

Auch bei der Konzeption der Elektrik wurden völlig neue Wege eingeschlagen.
Bei der Verkabelung bricht man radikal mit der althergebrachten Strippenzieherei. Der Kabelbaum, mit mehr als 1500 einzelnen Leitungen, ist segmentiert, d. h., keines der einzelnen Segmente ist länger als 10 m. Diese werden zu 95 % vor der Montage mit allen Anschlüssen vorgeprüft. Fertigung und Service lassen sich mit diesem neuen Konzept erheblich vereinfachen.
Die Elektroniker bei Kässbohrer gehen noch einen Schritt weiter.
Sie integrieren die bisher gebräuchlichen sechs Regelkreise der Heizungs-, Lüftungs- und Klimaanlage in eine Multiplex-Technik. Statt

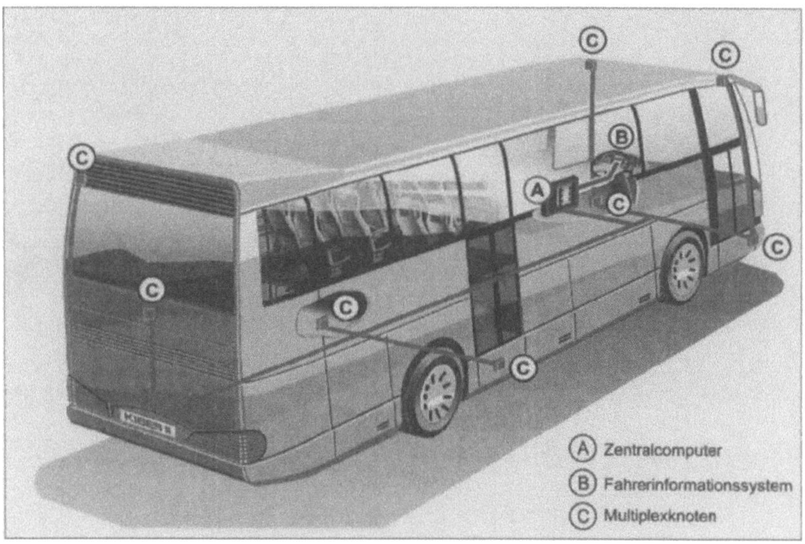

Bei der Verkabelung der neuen Busgeneration wurde mit der althergebrachten Strippenzieherei radikal gebrochen. An Stelle des Kabelbaums wird ein Bord-Elektronik-System zur Informationsverarbeitung installiert. Sämtliche elektronischen Module werden miteinander verknüpft und ein Zentralcomputer, das Gehirn des Netzwerks, steuert die dezentralen Multiplex-Knoten.

zahlloser Strippen genügt nun eine Datenleitung, sozusagen ein Imbus. Eine Technik, die bis dato im Omnibusbau eine Ausnahme darstellt. Zudem ist sie offen für weitergehende Neuerungen und Steuerungen im Nachbau.

SETRA – weltweit Vorbild im Reisebusbau

Mit der Serieneinführung 1992/93 der Baureihe S 300 kann Kässbohrer seine Führungsposition bei Reiseomnibussen überzeugend unterstreichen.
Unmittelbar nach Serienanlauf des neuen Niederflurbusses S 300 NC in Leichtmetall-Bauweise schließt Kässbohrer die komplette Erneuerung der SETRA-Reisebus-Generation S 300 mit dem Doppelstockbus S 328 DT ab, ein Super-Luxusbus für 80 Personen.

Oktober 1993 erhält die neue SETRA-Baureihe den größten Typ – den Doppelstockbus S 328 DT. Mit 59 Sitzen und sehr komfortabel ausgestattet ergänzt dieses Modell die Reisebus-Familie. Im Heck ist ein 524 PS/385 kW Motor mit dem ZF-8 S 180 Getriebe und Voith-Retarder eingebaut.

Neues Spiegel-Konzept

Das besondere Merkmal der 300er Baureihe sind die neuen Außenspiegel. Mit Hilfe dieses Multifunktionsspiegels kann der Fahrer alle wichtigen Informationen bekommen. Als „Maikäfer-Fühler" anfangs verspottet, haben alle Mitwettbewerber inzwischen eingesehen, dass hier Kässbohrer mit der absolut besten Lösung kam.

Das jedoch alles überhöhende Merkmal der 300er Reihe sind die Multifunktions-Außenspiegel. Spitznamen wie „Maikäferfühler" oder „Greiferkralle" kursieren bereits von Anfang an. Doch diese für den Fahrer höchst hilfreiche Lösung tragen inzwischen fast alle Wettbewerberbusse.

Allerdings soll hier nicht verschwiegen sein, dass bereits im Mai 1988 Bob Lee dem ersten Neoplan-Vollkunststoffbus „Metroliner" einseitig einen solchen „Fühler" mitgab.

Dieses Integralspiegel-System gewährt eine bislang nicht erreichte Rundumsicht, die den Bus auf seiner gesamten Länge erfasst, wie auch eine Seiten- und Frontsicht garantiert, die bis unmittelbar vor den Busbug reicht. Ein ganz wesentliches Element der Sicherheit im Bus.

Dass der Fahrer zu einem völlig neu konzipierten Armaturenbord, einem körpergerechten Recarro-Sitz eine verstellbare Lenksäule mit Verstellachse von 15° und 60 mm in der Höhe erhält, eine individuell einstellbare Klimaanlage und eine automatische Temperaturregelung (ATR) für den Fahrgastraum, die ihn aller Sonderwünsche seitens der Fahrgäste enthebt, ist ein ganz wesentlicher Fortschritt in der Ausstattungs- und Sicherheitstechnik.

Im ergonomisch erarbeiteten Cockpit dokumentiert der Hersteller die technische Innovation und das hohe Maß an Entwicklungsaufwand im modernen Omnibusbau nach 1900.

Allerdings soll nicht verschwiegen sein, dass bereits im Mai 1988 Bob Lee dem ersten Neoplan Vollkunststoff-„Metroliner" einen solchen „Fühler" mitgab.

Einen wesentlichen Fortschritt bedeutet das neu gestaltete Cockpit im SETRA S 300. Recarositz, Verstellbares Lenkrad, ATR, automatische Temperaturregelung für den Fahrgastraum sowie eine Klimaanlage für den Fahrer.

Was die SETRA-Konstrukteure für den Fahrer entworfen haben, zeugt von Praxisnähe. Diese abschließbaren Kästen bieten viel Stauraum für Papiere und persönlich benötigte Utensilien.

O 404 Generation von Mercedes-Benz

Nicht minder zeigt sich 1992 der Reisebus O 404 von Mercedes-Benz als Novität sowohl in der technischen Auslegung wie auch im Styling. Dieser Nachfolger des O 303, dessen Mannheimer Produktionsanlagen komplett an die sowjetische Avtokon bei Moskau für eine Lizenzfertigung verkauft wurden (die bis zu 2500 Einheiten per anno produzieren will), ist von Grund auf dem technischen Standard angepasst.

Der O 404 Reisebus von Mercedes-Benz ist von Grund auf dem technischen Stand angepasst. Traditionelle Stilelemente, wie die nach außen gewölbten Seitenscheiben, die typische Front und auch das Heck, korrespondieren mit dem neuen Design-Element: der plastischen Hervorhebung der Seitenwand mit verdeckten Fenstersäulen. Diese „Facette" ist das dominierende Stilelement der neuen Busgeneration aus Mannheim. Dass Komfort höchster Güte den Innenraum bestimmt, ist das besondere Pré der Mannheimer Designer.

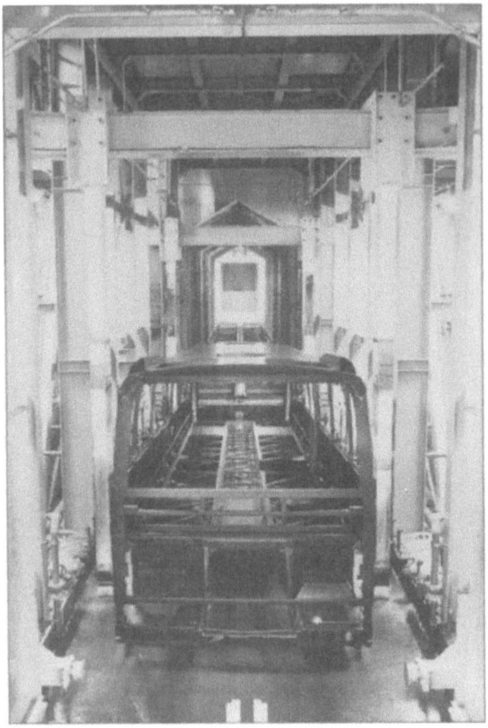

Als Vorleistung für die neue Busgeneration investierte Mannheim 34 Mio. DM in eine kathodische Tauchlackierung für komplette Aufbauten, deren Tauchbecken-Volumen bei 340 m³ liegt.

Als Vorleistung für die neue Busgeneration investierte Mannheim 34 Mio. DM in eine kathodische Tauchlackierung für komplette Aufbauten, deren Tauchbecken-Volumen bei 340 m^3 liegt.

Nach Auffassung des Design-Zentrums in Sindelfingen sollte nach 15 Jahren O 303 trotz verändertem Zeitgeist die Markenidentität, aber auch der eigenständige formale Charakter als entscheidendes Wettbewerbselement erkennbar sein.

Ein „Mercedes-Bus muss, auch ohne Stern, sofort identifiziert werden". So stellt die neue Generation aus Mannheim eine Verbindung von Neuem und Bewährtem dar.

Traditionelle Stilelemente, wie die nach oben gewölbten Seitenscheiben, die typische Front und auch das Heck korrespondieren mit dem neuen Design-Element: der plastischen Hervorhebung der Seitenwand mit verdeckten Fenstersäulen. Diese „Facette" ist das dominierende Stilelement der neuen Busgeneration aus Mannheim. Unter dieser „Hülle" offenbart sich eine moderne Fahrwerkstechnik, die an Ausgewogenheit, technischer Finesse und Straßenlage ein Optimum im Omnibusbau des Jahres 1992 darstellt.

So genannte Raumlenkerachsen, wie sie vom Pkw her bekannt wurden, hat der O 404 sowohl vorne als auch hinten. Die Vorderachse mit Einzelradaufhängung, spezieller Lenkeranordnung und elasto-

Bei der Entwicklung des Vorderachssystems für den O 404 ließen es die Ingenieure nicht bei einer einfachen Einzelradaufhängung bewenden. Vielmehr wurden mit einer speziellen elastokinematischen und einer besonderen Lenkeranordnung die Eigenlenkeigenschaften bei der Einwirkung von Kräften auf das Rad im Voraus exakt definiert.

kinematische Auslegung plus druckluftbetätigter Schwimmsattel-Scheibenbremsen.
Hinter dieser technischen Formel verbirgt sich die neue Lösung mit wartungsfreien Molekulargelenken, da keinerlei Gleitbewegung in den Gelenken stattfindet. Wegen der vorbestimmten Steifigkeiten dieser aus dem Kunststoff Elastomer gebildeten Gelenke, wie auch mit der Lenkeranordnung, wird bei Einwirkung äußerer Kräfte auf das Rad eine definierte Eigenlenkbewegung erzeugt.
Zusammen mit einem auf jeder Seite angebrachten zusätzlichen Lenker, der schräg zur Fahrtrichtung verläuft, wird beim Bremsen in einer Kurve ein Untersteuerungseffekt bewirkt, der besonders in Grenzsituationen Sicherheitsgewinn bedeutet.
Die starre Hinterachse wird getragen von dem vom O 303 her bekannten, nach außen gewölbten Kastenträger mit vier Luftfederbälgen, die auf Radspurbreite sitzen, und einer verbesserten Lenkerlösung.
Aus diesem Achskonzept ergibt sich ein nochmals verbessertes Fahrverhalten gegenüber dem Vorgängertyp. Dass zu den Scheibenbremsen ASR und ABS gehören, ist selbstverständlich.

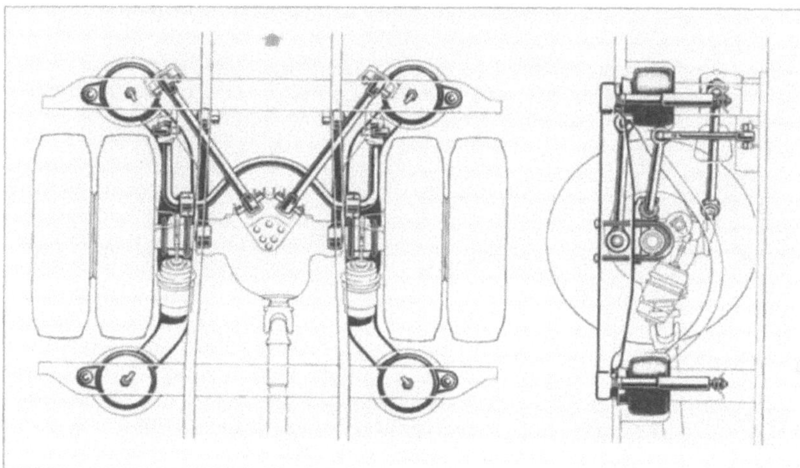

Die starre Hinterachse wird getragen von dem vom O 303 her bekannten, nach außen gewölbten Kastenträger mit 4 Luftfederbälgen, die auf Radspurbreite sitzen und einer verbesserten Lenkerlösung.

Weitere Komforterhöhung für Fahrer und Fahrgast

Der Fahrerplatz hat ebenfalls deutliche Aufwertung erhalten.
Die Instrumentenanordnung ist cockpitartig horizontal. Sitz, Schalthebel ergonomisch angepasst, Lenkrad in Höhe und Neigung verstellbar. Der Tachograph ist Teil eines Großinstrumentes, die Diagrammscheibe wird jetzt elektromotorisch eingezogen.

Ohne Vorbild auch die Beheizung des Fahrgastraumes. Heißes Wasser durchfließt Strahlerplatten in der Seitenwand wie im Podestfußboden. Diese Vollraumheizung wird thermostatisch geregelt. Grundeinstellung besorgt der Fahrer.
Ergänzt wird alles mit einer rechnergesteuerten Klimaanlage. Der Mikroprozessor bestimmt das Raumklima in Abhängigkeit von der Außentemperatur und der Luftfeuchtigkeit.
Hier wird im O 404 eine bisher in keinem Vorgängermodell erreichte bzw. auch technisch mögliche Bus-Klimatisierung realisiert.

Der Fahrerplatz im O 404 hat ebenfalls deutlich Aufwertung erhalten. Die Instrumentenanordnung ist cockpitartig horizontal. Sitze, Schaltknauf ergonomisch angepasst, Lenkrad in Höhe und Neigung verstellbar. Die Diagrammscheibe im Tachograph wird jetzt automatisch eingezogen.

Höhere Sicherheit konstruktiv umgesetzt

Interessant ist, dass Mercedes-Benz zum Bau des Typs O 303 noch 1200 Stunden gebraucht hat, beim O 404, mit der neuen Verbundtechnik, noch 700 Stunden. Basis bleibt zum Gerippe die aus computerberechneten Pressteilen bestehende Struktur des Aufbaus, die in ihrer Stabilität im Falle eines Aufpralles eine gezielte Verformung zulässt. Die Anforderungen nach der Brüsseler Vorschrift ECE R 66 an Überrollfestigkeit werden beweisbar erfüllt. Dazu haben Überrollversuche, die Mercedes-Benz schon vor 15 Jahren absolvierte, notwendige Erkenntnisse geliefert.
Noch eine Besonderheit hat die neue Reisebus-Generation aufzuweisen: die Fahrgast-Sitzgestelle haben eine zusätzliche Sicherheitskonstruktion – ein Crash-Element, das bei einem Unfall die Auf-

prallenergie mit einer gezielten Drehbewegung des kompletten Sitzes absorbiert. Zusammen mit der glattflächigen Rückenlehne des Vordersitzes, der ohne verletzungsfördernde Ecken und Kanten gestaltet wurde, bildet jeder Sitz eine Art Knautschzone, der bei einem Aufprall harte Stöße wirkungsvoll abfängt und verhindert, dass sich Fahrgäste z. B. bei einem Frontalaufprall gegenseitig verletzen.

Omnibusgenerationen der Luxusklasse haben zu diesem Zeitpunkt serienmäßig jeden Komfort, wie Küche, Toilette, Fernseher, Radio, CD-Spieler, Hostessruf, Leseleuchte und individuelle Düsenbelüftung. Zunehmend erhalten die gangseitigen Sitze einen Abfallkorb am Sitzfuß angehängt bzw. neben der Toilette wird ein Müllschlucker eingebaut.

In den neuen Generationen aller Omnibushersteller wird die bisher höchste Komfortstufe realisiert. Das betrifft sowohl die Klimatisierung als auch die Sitze. Verstellbarkeit, ergonomisch angepasste Polster und Rückenstützen, Beinauflagen bei Schlafsesseln sind obligat.

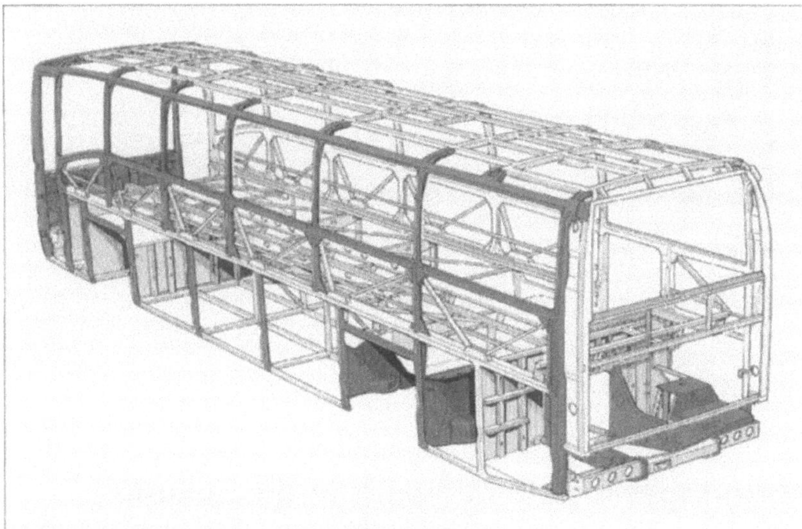

Die computerberechnete Struktur des Gerippes ist so konzipiert, dass im Falle eines Aufpralls eine gezielte Verformung entsteht. Die Brüsseler Vorschrift ECE R 66, die die Überrollfestigkeit definiert, wird nach entsprechenden Versuchen bestätigt.

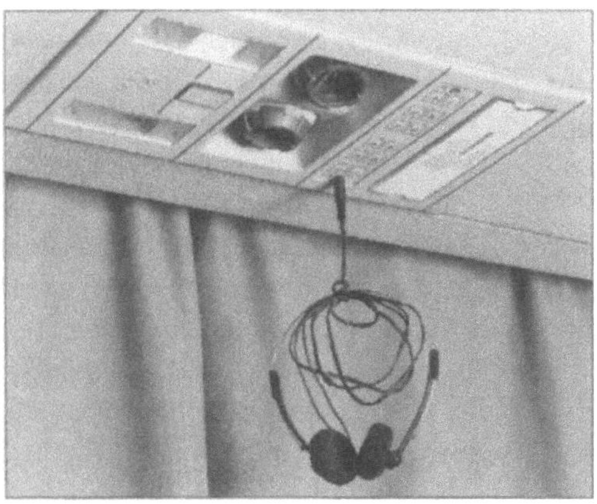

MAN bietet im neuen FRH 422 ein kombiniertes Element mit Düsenbelüftung, Leselampe, Serviceruf mit Kopfhöreranschluss und Bedientaste. Eine vom Fahrer programmierte Information kann vom Fahrgast abgerufen werden.

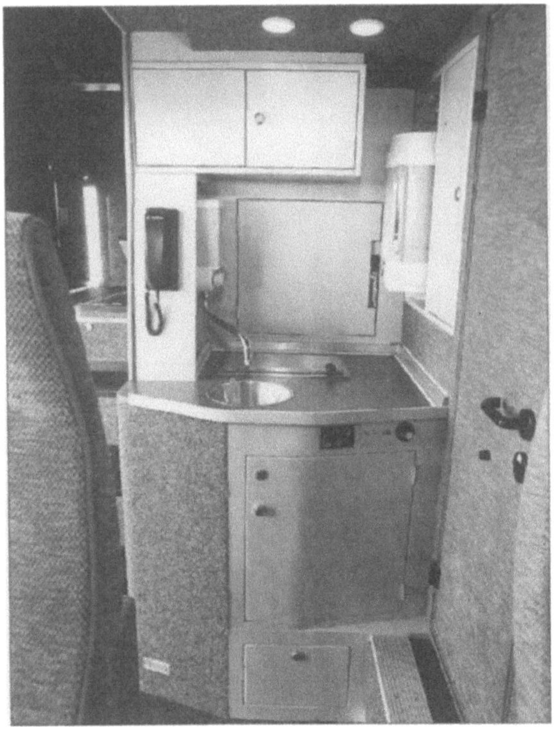

Omnibusse der Luxus-Klasse weisen heute funktionsgerechtere Küchen auf.

Wasserspültoilette

Möhringer Kreativität weist in die Zukunft

Der dritte im Bunde heutiger moderner Omnibustechnik und Omnibusstyling ist Neoplan – Gottlob Auwärter in Möhringen. Wie die 60-jährige Geschichte dieses Familienunternehmens zeigt, haben zwei Generationen eine Fülle interessanter wie vorbildlicher Detail-Entwicklungen hervorgebracht, die längst zum Alltag eines weltweiten Omnibusbaus gehören.

Wie der Wettbewerb, so kreiert auch Neoplan ab 1990, unter dem Zwang der Rezession erneut Ideen, deren revolutionäre Folgen in nur sechs Jahren danach internationales Aufsehen erregen. An erster Stelle mag hier noch einmal der Hinweis auf die Einführung der Niederflurtechnik und die Realisierung eines serienreifen Vollkunststoffbusses, die Radmotorentechnik in Zusammenarbeit mit der Starnberger Magnet-Motor GmbH stehen, um nur Einiges herauszugreifen.

Radnabenmotoren – Antrieb mit Zukunft?

Zwar gab es die Anwendung von Radnabenmotoren schon wesentlich früher, allerdings handelte es sich nicht um Magnet-Motoren, vielmehr waren es Elektromotoren, die in Radnaben, z. B. von Muldenkippern mit 100 t Nutzlast oder Straßenbahnen (Siemens), plaziert waren. Für eine Verwendung im Omnibus kamen jedoch die gängigen E-Motoren, da viel zu groß und zu schwer, nicht in Frage.
Diese Erfahrung musste bereits 1966 die ACEC Charleroi (GEG Asthom) machen, die einen 14,5 t schweren diesel-elektrischen Omnibus mit Radnaben-Motoren erprobt hatte und scheiterte. Daraus mag man entnehmen, dass der Weg sehr lang war, ehe eine praxisgerechte Lösung gefunden wird.
Die jetzt von Neoplan benutzten neuen Radnabenmotoren ersetzen alle herkömmlichen mechanischen Antriebselemente wie automatische oder Stufen-Getriebe, Wandler, Kardanwellen, Differentiale und Bremsen.
Die hochkompakte Antriebs-Technik der MM-Motoren, die ab 1980 in der Fahrversuchsphase lief, setzt sich aus drei Komponenten zusammen – Multipler-Elektronik-Dauermagnet-Motor und Generator (MED), der multiplen Stromsteuerung (MSS) und der multiplen Prozessorsteuerung (MPS). Erst diese Kombination ergibt zusammenwirkende Systeme für eine Anwendung, die im Omnibus brauchbar sind. Im Vergleich zum augenblicklichen Stand der Antriebstechnik erreichen MM-Motoren und Generatoren zehnmal höhere spezifische Daten, d. h. bei gleichem Drehmoment und gleicher Leistung und

Die jetzt von Neoplan benutzten neuen Radnabenmotoren ersetzen alle herkömmlichen mechanischen Antriebselemente wie automatische oder Stufengetriebe, Wandler, Kardanwellen, Differentiale und Bremsen, eingeschlossen Retarder. Diese hochkompakte Antriebstechnik der MM-Motoren, die bereits ab 1980 in der Fahrversuchsphase liefen, ist seit 4 Jahren (1992) fester Bestandteil im Busprogramm von Neoplan. Sowohl in Basel als auch in verschiedenen Städten Deutschlands und auf Flughäfen laufen Neoplan Niederflurbusse mit Radnabenmotoren, wobei eine Laufleistung bisher von über 1 Mio. km erreicht worden ist.

einem ohnehin besseren Wirkungsgrad. Dabei sind MM-Maschinen um bis zu einem Faktor zehn kleiner als herkömmliche Elektromaschinen. Hier liegt einer der entscheidenden Gründe, weshalb Neoplan sich entschloss in die Realisierung dieser Antriebslösung für einen Omnibus einzusteigen.

Weltpremiere in Basel

Mit dieser Technik, und diese noch erweitert mit einem magnetdynamischen Speicher (MDS), dessen Energieträger ein zylindrischer Rotor aus Faserverbund-Kunststoff ist, der die Bremsenergie aufnimmt und bei Bedarf, z. B. beim Anfahren des Omnibusses, wieder an die Antriebsmotoren abgibt, baute Bob Lee 1987/89 die ersten Neoplan SL II Niederflurbusse als Versuchsträger mit MAN, den Stadtwerken München und der MM-Starnberg. An den 5 Mio. DM Kosten des Projekts beteiligte sich das Bundesministerium BMFT mit 50 % und die Stadt München mit 1 Mio. DM. In der gleichen Zeit (1989/90) erhielten zwei Neoplan Flughafenbusse ebenfalls Radnabenmotoren mit je 50 kW Leistung. Aus dem Resultat beider Versuche entsteht 1991 der „World-City-Gelenktrolleybus N 6020" für Basel, tatsächlich das erste Stadtlinien-Fahrzeug ohne Vorbild. Nach problemlosem Einsatz und 2000 km Fahrleistung in der Stadt werden elf weitere Busse gleicher Bauart geordert.

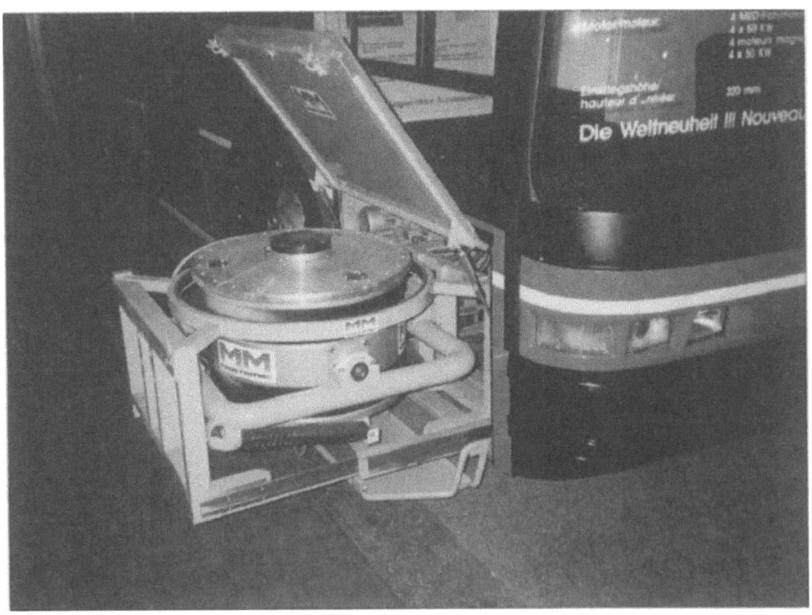

Der magnetdynamische Speicher, dessen Energieträger ein zylindrischer Rotor aus Faserverbundkunststoff ist, nimmt Bremsenergie auf und gibt sie bei Bedarf, z. B. beim Anfahren des Busses, an die Antriebsmotoren ab.

Basel avancierte damit ab 1991 zum Ausgangspunkt einer absolut neuen Fahrzeugtechnik im Omnibusbau. Ein Stück Zukunft wurde hier Realität und Neoplan war der Urheber.
Inzwischen folgte dieser zukunftsträchtigen Antriebslösung auch Mercedes-Benz mit luftgekühlten Elektromotoren (ZF-Lösung) und die MAN mit Voith-Technik. Allerdings werden erst ab 1996 von beiden Firmen die ersten fahrbereiten Fahrzeuge erwartet.

1991 übernehmen die Verkehrsbetriebe in Basel die ersten Gelenktrolley-Busse N 6020. Nach einem Probelauf über 2000 km werden 11 weitere Busse gleicher Bauart geordert. Im Bild die Premiere beim Genfer Salon.

Inzwischen folgte dieser zukunftsträchtigen Antriebslösung auch der Wettbewerb. Allerdings musste hier auf elektrische Radnabenmotoren zurückgegriffen werden. Die ZF entwickelte mit Mercedes-Benz luftgekühlte Radnaben-Motoren mit Scheibenbremsen.

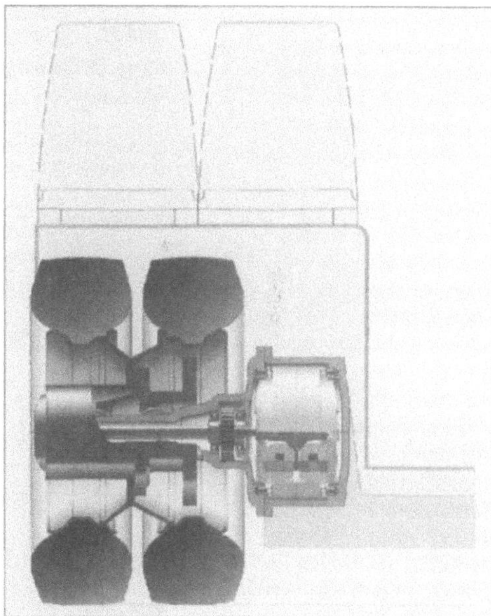

Und auch Voith entwickelte mit MAN ebenfalls elektrische Radnabenmotoren mit Scheibenbremsen.

Der Batterie-Bus

Wo sonst kein Kraftfahrzeug fahren darf, ist der Elektrobus die einzige Alternative. Im Kurbezirk von Bad Füssing verkehren Elektrobusse von Neoplan mit großem Erfolg. Die Fahrgastzahlen haben sich verdoppelt. Neoplan hat von Anfang an mit dem Vollkunststoffbus auf Elektroantrieb gesetzt und mit Varta die Antriebstechnik mit Batterie und/oder Kleinmotoren Generatoren mit Speicher-Batterie entwickelt.

Neoplan setzt mit gleichem Engagement auf die Anwendung elektrischer Antriebstechnik mit Batterie-, Kleinmotoren-Generator-Batterie im MIC – Metroliner in Carbon Design –, dem immer noch ersten, inzwischen in größeren Stückzahlen laufenden, voll aus Faserverbundstoff bestehenden Omnibus.
Beteiligt ist auch Varta mit einer Batterie-Entwicklung höherer Speicherfähigkeit. Die Kombination: Blockbatterie und vollautomatische Batterie-Wechselanlage, bringt den Durchbruch zur praktischen

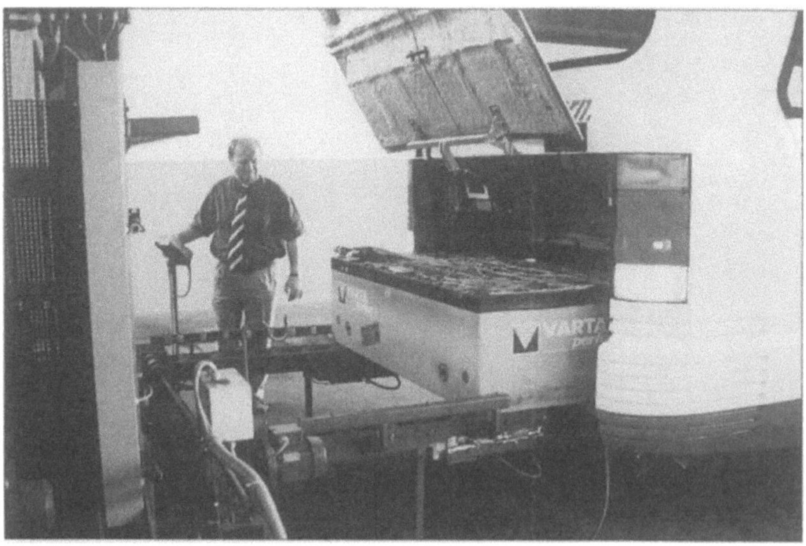

Die Kombination: Blockbatterie und vollautomatische Batteriewechselanlage brachte den Durchbruch. Völlig problemlos bewältigt der Busfahrer allein den Batteriewechsel in ca. 3 Min. Die leere Batterie gleitet über ein Rollband in die Ladestation, eine geladene kehrt auf dem gleichen Weg in den Bus zurück.

Nutzung des Busses. Aus ökonomischen wie ökologischen Gründen nutzen Städte mit Fußgängerzonen, Ferien- und Kurorte, aber auch Zubringerverkehre diese umweltfreundlichste Neoplan-Buskreation der Zukunft.
Beim Wechselvorgang wird der komplette Batterie-Satz aus dem Heck des Busses mit hydraulischem Träger herausgefahren und mit dem vollgeladenen Satz getauscht. In weniger als drei Minuten läuft dieser Wechselvorgang ab. Die Kapazität reicht, je nach Einsatzart, Belastung und Topographie, bis zu 100 Kilometer oder drei Stunden.

15 m Bus vom Gesetzgeber akzeptiert

Eine weitere Neoplan-Omnibusentwickung im Jahre 1991, deren Vorteile im Personentransport selbst den Gesetzgeber dazu brachte (11. März 1993), die bisherige Längenbegrenzung eines Solo-Omnibusses von 12 m auf 15 m zu akzeptieren, ist der vierachsige Doppelstockbus „Megaliner". Als „Vorstoß in neue Dimensionen" bezeichnet die Fachwelt diesen Großraumbus aus Möhringen, dessen vier Achsen über elektrische Steuerung lenkbar sind und so die Vorgabe des BO-Kraftkreises erfüllen. Das Platzangebot liegt bei 84 bis 93 Personen im Reiseverkehr, wobei jeglicher Komfort, allerdings dann größeren Ausmaßes, integriert werden kann. Eine Kapazität, die zwei Normalbussen entspricht. Diese neue Dimension hat für den Busunternehmer eine zweite wirtschaftliche Komponente: die Einsparung betrifft nicht allein den zweiten Fahrer, vielmehr werden Kraftstoff-

Im Jahre 1991 überzeugte Albrecht Auwärter den Gesetzgeber, die bis dato geltende Längenbegrenzung beim Solo-Omnibus zu erweitern von 12 auf 15 m. Am 9. März 1993 kam die Änderung des Gesetzes, Linienbusse bis 15 m, dreiachsig mit Luftfederung sind bundesweit zugelassen. Neoplan hatte bereits den 4-Achser „Megaliner" mit Ausnahmegenehmigung auf der Straße. Jetzt geht es um die Zulassung von Reisebussen länger als 12 m (diese dauerte allerdings bis 1996 im Herbst).

verbrauch und Wartung zu erheblich günstigeren Kostenfaktoren im Betrieb.

Als Vorstoß in neue Dimensionen bezeichnete die Fachwelt den Megaliner, dessen 4 Achsen über elektronische Steuerung lenkbar sind und so die Vorgabe des BO-Kraftkreises erfüllt. Der Großraumbus hat ein computergesteuertes Lenkprogramm, das sowohl Automatik, Allrad und Diagonalgang darstellen kann. Der Fahrer kann jedoch auch alle Achsen manuell lenken, wobei die Achswinkel per Taste eingegeben werden. Ab einer Geschwindigkeit über 35 km/h verriegelt sich die Hinterachse.

Aus eins mach drei – Trolley-Familie

Nach dem überzeugenden Erfolg mit dem Basler „Metroshuttle", Gelenkzug mit Radnabenmotor-Antrieb, erweitert Neoplan die Oberleitungs- oder Trolleybusse zu einer neuen Produktgruppe.

Nach dem überzeugenden Erfolg des Basler Trolley-Gelenkzuges mit Radnabenmotoren erweiterte Neoplan diese Fahrzeugkategorie zu einer Produktgruppe. Nach dem Baukastensystem werden Solo-Trolley und ein 18 m Gelenkzug-Trolley angeboten. Hinzu kommt ein 18 m Liniengelenkzug N 4121 EES in Niederflurtechnik mit dieselelektrischem Antrieb, 49 plus 1 Sitzplätze, 105 Stehplätze.

Das inzwischen durchrationalisierte Baukastensystem lässt neben dem neuen Solo-Trolley einen 18 m Gelenk-Trolley zu mit zwei Faltenbälgen über dem Doppelgelenk. Inwieweit die Städte erneut, im Zuge der zunehmenden Umweltschutz-Kampagne, mit der Installation von Oberleitungen beginnen, um mit elektrischer Energie den Personentransport zu organisieren, bleibt abzuwarten. Die Kostenträger entscheiden hier. Sicher ist, dass dort, wo die Voraussetzungen noch gegeben sind, Trolleybusse verstärkt den ÖPNV besorgen werden. Neoplan bietet 1995 als einziger Bushersteller ein komplettes Trolley-Programm mit ausgereifter Technik.

Ein markantes Detail im 12 m Solo-DE-BUS, der auch mit Hybridantrieb für den Stadtverkehr gebaut wird, ist dessen Radstand von 8,40 m. Dadurch und durch das Versetzen der beiden Antriebs-Naben fast an das Fahrzeugende wird ein kompakter Hybrid-Antriebsblock direkt über der und mit der Hinterachse ermöglicht – quasi ein geschlossener „Rucksack" – was zugleich bedeutet, dass der Bus erstmals einen über seine Gesamtlänge durchgehenden Niederflurboden von 320 mm Höhe aufweist. Um eine einwandfreie Kurvenfahrt im Stadtbereich zu garantieren, hat der Niederflurbus Allradlenkung. Diese vollelektronisch gesteuerte Anlage wirkt auf die Vorderräder und auf die beiden hinteren Achs-Naben mit den Radnabenmotoren. Das Verhältnis des Einschlagwinkels bei Geradeausfahrt bzw. Kurvenfahrt lässt sich frei programmieren, was zum Beispiel auch den so genannten „Dackelgang" möglich macht. Für den City-Betrieb wird ein kompaktbauendes einstufiges Außenplanetengetriebe mit großer Übersetzung gewählt, das im Radkopf sitzt.

Die Leistung der einzelnen Magnet-Radnabenmotoren liegt bei 50 kW/60 PS, beim Vierradbus also 200 kW/272 PS.

Der Solobus N 4014 DE mit Radnabenmotoren hat einen Radstand von 8,40 m. Mit dem Versetzen der beiden Antriebsräder fast an das Fahrzeugende wird ein kompakter Hybrid-Antriebsblock direkt über der Einzelradhinterachse erreicht – quasi ein in sich geschlossener „Rucksack", was bedeutet, dass dieser Bus erstmals einen über seine Gesamtlänge durchgehenden Niederflurboden von 320 mm aufweist. Eine einwandfreie Kurvenfahrt, selbst in engsten Stadtbereichen, garantiert die vollelektronisch gesteuerte Allradlenkung.

Ein weiteres Merkmal dieser Fahrzeugkategorie ist die Nutzung alternativer Energiequellen, z. B. Dieselmotor plus Generator, Gasmotor, Batterietechnik oder Elektrik aus der Oberleitung.
Als Hybrid-Antrieb zählt auch z. B. eine Nickel-Metall-Hybrid Batterie mit Schwungradspeicher – Speicherleistung derzeit kurzfristig 120 kW/ 163 PS.

Diversifiziertes Busprogramm

Mit diesem zusätzlichen Omnibusprogramm schafft sich Neoplan zugleich ein weiteres Standbein im sich verändernden Marktgeschehen. Einerseits verlangen die Städte eine drastische Reduktion der Abgase und in weiterer Zukunft sogar Emissionsfreiheit, doch der daraus resultierende Mehrkostenaufwand pro Stadtbus wird (noch) nicht akzeptiert.
Das bedeutet für den Bushersteller weiterführende Diversifikation seines Omnibusprogramms ohne auf fortschrittliche Technik zu verzichten.
Daher auch die vielen Versuche mit Batterie- und Elektroantrieben, an denen alle mitwirken, obgleich die Ergebnisse hinter den Erwartungen zurückbleiben, bleiben mussten, weil die Speicherfähigkeit und die Leistung der Batterien (noch) keinen ökonomischen Sinn machen.
Hybrid-Lösungen mit kleinvolumigen Dieselmotoren, Generatoren und magnetdynamischen Speichern versprechen dagegen eine akzeptable Lösung.

Das Neoplan 12 m Reisebusprogramm teilt sich in drei grundverschiedene Modelle, deren unterschiedliche Typen jeweils ein ganzes Spektrum von Längen, Höhen und Motorausrüstungen umfassen. So bietet die „Jetliner"-Serie allein fünf Varianten.

Das Neoplan Reisebusprogramm teilt sich in drei grundverschiedene Modelle, deren unterschiedliche Typen jeweils ein ganzes Spektrum von Längen, Höhen und Motorenausrüstungen umfassen. So bietet die „Jetliner"-Serie allein fünf Varianten, der „Cityliner" vier und der „Skyliner" als Doppelstockbus wieder fünf Varianten.
In allen drei „Familien" finden sich Gelenkzüge, sowohl für den Überlandlinienverkehr als auch für komfortable Busreisen.
Die „Transliner"-Serie ist nicht minder vielseitig, doch in der Ausstattung ein Kompromiss, der eine andere Preiskalkulation bietet, die dem Marktbedürfnis Rechnung trägt. Zusammen mit den „Mega"-Modellen ist Neoplan der einzige europäische Omnibushersteller mit einem universellen Groß-Programm. Eine Tatsache, die, bezogen auf Betriebsgröße, an jene pionierhafte Kreativität aus längst vergessenen Zeiten erinnert.

Der „Cityliner" steht mit vier Varianten im Programm.

Der „Skyliner" als Doppelstockbus steht wieder mit fünf unterschiedlichen Ausrüstungen und Komforteinbauten im Angebot.

Die „Transliner"-Serie ist nicht minder vielseitig. Doch in der Ausgestaltung ein Kompromiss, der eine andere Preiskalkulation bietet, die der kritischer gewordenen Marktlage Rechnung trägt. Neoplan war der erste, der das Kostendenken der Busunternehmer richtig einschätzte und den „Transliner" als Kombibus anbot.

Mit dem „Megaliner" hat Neoplan vor allen anderen europäischen Omnibusherstellern das umfangreichste Omnibusprogramm. Jede in der Praxis ökonomisch nutzbare Busversion hält der Möhringer Busbauer vor. Eine Tatsache, die, bezogen auf die Betriebsgröße, an pionierhafte Kreativität bei minimalem Personalaufwand längst vergangener Zeiten erinnert.

MAN – zwei Jahrzehnte Konstanz im Reisebusbau

Seit 1973 baut die MAN, der vierte Komplett-Busse produzierende Hersteller in Deutschland, den Reisebus Typ SR 240 fast unverändert. Nach dieser konsequenten Modellpflege läuft 1992 der „Lions-Star", Typ FRH 422 in den Markt. Generell hält die MAN auch beim Nachfolger an dem einst gefassten Beschluss fest, nur 12 m Busse zu bauen. Ausnahme: Sonderserie „Lion's Limited" in 40 Exemplaren mit Exklusiv-Ausstattung. Diese Konsequenz bringt bezüglich der Technik

doch einige Vorteile, müssen die Entwickler sich nicht auf ein vielgliedriges Fahrzeugprogramm einstellen. Einer der Gründe, weshalb sich der Vorgänger so lange hielt. MAN produziert hauptsächlich Stadt- und Linienbusse. Reisebusse rangierten immer dahinter, daher auch die relativ geringen Stückzahlen.
Die neue Reisebus-Generation ist eine komplette Neuentwicklung, die sowohl das Fahrwerk als auch den Aufbau betrifft.
Wenn auch die Doppelquerlenker-Lösung der Vorderachse mit Einzelradlenkung im Wesentlichen vom Vorgänger übernommen wurde, so vollzogen die Münchner Ingenieure den Sprung vom Außenplanetenantrieb zur allgemein üblichen Hypoidachse.
Gewichtseinsparung und weniger Verschleißteile sind das Ergebnis. Luftfederung über Rollbälge ist ebenso selbstverständlich wie die

Nach einer bislang konsequenten wie konservativen Modellpflege bringt die MAN 1992 eine neue Generation Reisebusse in den Wettbewerb. Der FRH 422 „Lion's Star" ist eine komplette Neuentwicklung, die sowohl das Fahrwerk als auch den Aufbau betrifft.

MAN legt 1995 eine Sonderserie auf, „Lion's Limited" in 40 Exemplaren, mit einer Exklusivausstattung. Zudem wird im türkischen Werk ein Reisebus gebaut „Lion's Coach", dessen preiswerte Ausführung eine Lücke im MAN Reisebus Preisgefüge schließen hilft.

Nutzung von Scheibenbremsen. Lenker und Stabilisatoren sind wartungsfrei, was den Folgekosten zugute kommt.
Der Fahrzeugausrüstung mit eigenen Motoren wurde bei MAN schon von jeher große Beachtung geschenkt. So mag es nicht verwundern, dass man in München für dieses Modell des nächsten Jahrzehnts einen Euro II Motor entwickelte, der aus dem Sechszylinder mit zwölf Liter Hubraum, Turbolader und Ladeluftkühlung 309 kW/420 PS holt, bei einem außergewöhnlich hohen Drehmoment von 1730 Nm/176 mkp im Bereich 1100 bis 1500/min.
Als heute serienmäßig eingebaute Motor-Variante leistet dieses Triebwerk 294 kW/400 PS.
Als weitere Variante steht der 228 kW/310 PS 5 Zylinder, zehn Liter Motor, ebenfalls Euro II, zur Verfügung. Kombiniert werden alle Motoren serienmäßig mit ZF-Achtganggetriebe plus automatischer Vorwählschaltung (AVS), ein Grundkonzept, das mit Sicherheit eine lange Beständigkeit dieses MAN-Omnibusses garantiert. Wie sie in dieser rezessiven Phase von den Busunternehmen gefordert wird.
Nicht anders haben die Konstrukteure den Aufbau, im Vergleich zum bisherigen Typ, wesentlich verbessert. Die im Sinne höherer Steifigkeit des Fahrgastraumes mit zusätzlichen Vierkantrohren im Innenprofil verstärkten Fensterholme sind bis zum Längsträger der Bodengruppe durchgezogen. Dadurch konnte das Grenzmoment für zulässige lineare Verformung praktisch verdreifacht werden.
Zusätzliche Aussteifungen des Busbodens gegen Querbeanspruchung bilden insgesamt, mit der Dachaussteifung und Spantenversteifung im Heckteil, eine sichere Buszelle.
Um die Sicherheit für den Fahrer und die Lenkfähigkeit des Fahrzeugs nach einem Frontalaufprall zu erhalten, hat man das Lenkgetriebe

Das Busprogramm der MAN wird serienmäßig mit den ZF-8-Gang-Getriebe plus automatischer Vorwählschaltung (AVS) ausgerüstet. Ein Grundkonzept, das mit Sicherheit wieder lange Beständigkeit der MAN-Busse garantiert.

weiter nach hinten versetzt und zusätzlich mit einer Prallplatte gesichert. Zudem verlegten die Münchner Konstrukteure, was zu den jüngsten Erkenntnissen im modernen Omnibusbau zählt, alle Luftanschlüsse für die Bremse und die Hydraulikleitungen für die Lenkung aus der Aufprallzone heraus, in den sicheren Bereich. Was die Verwendung von Materialien für die Außenbeplankung betrifft, so hat die MAN korrosionsbeständige Stahlbleche, Kunststoffe und Aluminium dort eingesetzt, wo sie am sinnvollsten sind.

Dass man auch die neue Klebetechnik als Verbindungselement benutzt, gehört in die Rubrik fortschrittlicher Omnibusbau in den 90er Jahren.

Mit einer vielfarbigen Ausstattung bietet die MAN in ihrem Reisebusprogramm jedes heute mögliche Detail eines sehr hoch gesteckten Komfortsegments und unterscheidet sich kaum noch vom Wettbewerb.

Mit einer vielfarbigen Ausstattung bietet die MAN in ihrem Reisebusprogramm jedes heute mögliche Detail eines sehr hochgesteckten Komfortsegments und unterscheidet sich nicht mehr vom Wettbewerb.

Dies betrifft auch die Außenspiegel, die der SETRA-Lösung sehr nahe kommen. Ebenso gilt dies für den Fahrerplatz, der ergonomischen Vorgaben entspricht, d. h. übersichtliche Anordnung der Instrumente, Verstellbarkeit des Lenkrades, separate Lüftung und Beheizung und Dreipunktgurt am drehbaren Fahrersitz, der überdies elektropneumatisch nach vorne zu klappen ist.

Mit dieser Ablösung eines bewährten, aber technisch wie stilistisch überholten Reisebusses gewann die MAN wieder den Anschluss an den Wettbewerb. Ein Vorgang, der nicht ganz selbstverständlich ist, verfolgt man die Probleme dieser Produktsparte im Konzern, die mehr als einmal in Frage gestellt worden war.

Neue Linie beim Stadt- und Überlandlinienbus

Der öffentliche Personenverkehr in Deutschland hat mit jener Entscheidung für standardisierte Omnibusse eine eigene, vom Reisebus grundsätzlich abgelöste Entwicklung eingeschlagen. Zum Marktführer schwangen sich sehr schnell Mercedes-Benz und die MAN, diese mit dem Bonus aus der Ära Büssing, auf. Neoplan und Kässbohrer begnügten sich mit Marktanteilen um die 10 %, wobei der Möhringer Busbauer mit seinem Vorstoß in Richtung Niederflur ein gutes Plus erzielen konnte.

Spätestens seit dem UITP-Kongress 1991 und der IAA-Nutzfahrzeug 1992 in Hannover wurde klar, dass alle Bushersteller in Europa den Niederflurbus in ihren Angeboten führen. Eine Neoplan-Idee hatte sich durchgesetzt.

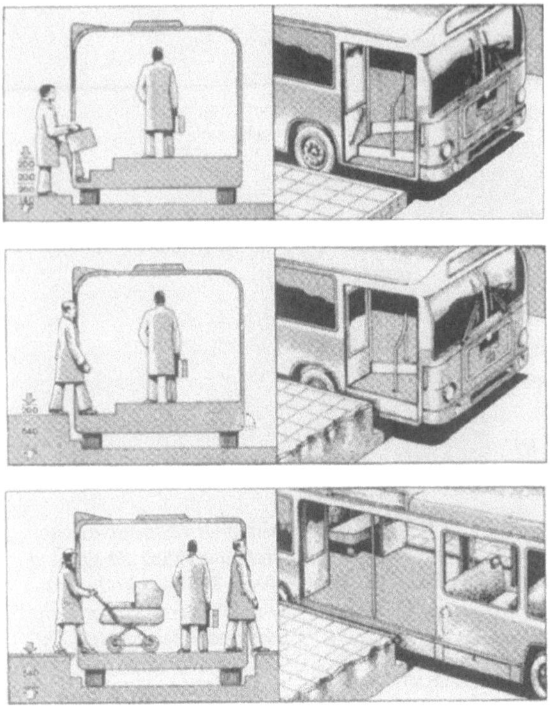

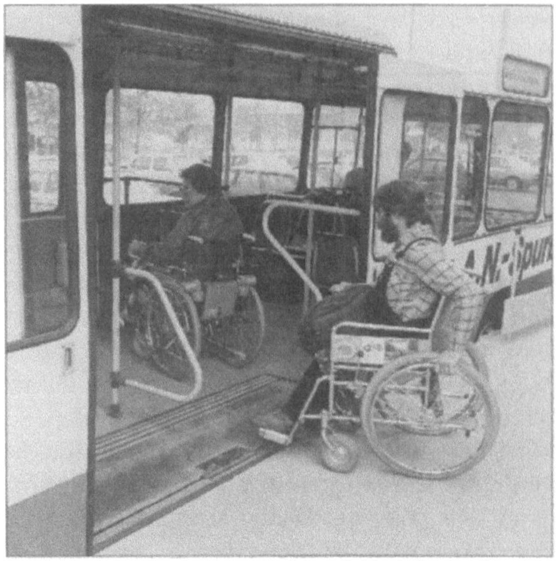

Verschiedene Lösungen, die nicht ganz der Niederflurbauweise angepasste Einstieghöhe zu überbrücken, entwickelte die Fahrzeugindustrie Hebellifte, Auffahr-Rampen oder nur einfache Einfahrhilfen, um alten Menschen wie Behinderten die Teilnahme am öffentlichen Verkehr möglich zu machen.

Inzwischen hat sich diese Frage vielerorts erledigt, weil die Kommunen beim Bau von Haltestellen dem Niederflurbus entgegenkamen, so dass heute der 320 mm über der Fahrbahn liegende Buseinstieg die gleiche Höhe hat wie die Bordsteinkante.

Bereits 1976 baute Auwärter/Neoplan den ersten Linienbus in Niederflurausführung.

Verschiedene Lösungen, vorwiegend mit Hilfseinrichtungen wie Auffahr-Rampen, Hebe-Lifte, freie Stellplätze für Rollstühle am Mitteleinstieg, sollten dem Kreis der Behinderten, aber auch älteren Menschen die Möglichkeit eröffnen, mit öffentlichen Verkehrsmitteln am Leben einer Stadt teilzunehmen.
Inzwischen hat sich diese Frage vielerorts erledigt, weil die Kommunen beim Bau von Haltestellen dem Niederflurbus entgegenkamen, so dass heute vielfach der 320 mm über Fahrbahnniveau liegende Buseinstieg in gleicher Höhe mit dem Bordstein verläuft.
Die Motoren, in der Regel im Heck stehend oder liegend, sind schallisoliert, entsprechend der 1992 eingeführten Euro I Norm, haben mit wenigen Ausnahmen Partikelfilter oder Oxidationsfilter (MAN) sind also bereits weitgehend umweltfreundlich und werden als solche auch europaweit eingestuft. Mehrheitlich verlangen die Kunden vorab bereits die teureren EURO-II Motoren, die ab 1996 obligat sind.

Alternativ-Antriebe: Batterie, Elektrik, Hybrid-Lösungen

Im Omnibus dominierend ist ohne Frage der Dieselmotor. Bestrebungen, im Sinne eines emissionsfreien Omnibusses, zählen zu den großen Herausforderungen dieses letzten Jahrzehnts vor dem Jahr 2000. Lösungen sind oft und mit sehr hohen Entwicklungskosten versucht worden. So hatte die MAN einst Batteriebusse gebaut, deren Batterieblock in einem Anhänger mitgeführt wurde. Mercedes-Benz installierte Batterien direkt in den Busboden. Hybrid- und Duo-Busse mit Elektrik, abschaltbarem Dieselmotor in Verbindung mit Batterien

Batterie-Busse haben eine lange Vergangenheit. Die MAN versuchte in den 70er Jahren mit Anhängern dem Problem näher zu kommen, doch die damals schweren Gewichte und die relativ kurze Funktionsdauer der teuren Batterien verhinderten einen Erfolg.

oder Schwungradspeicher (Gyro-Busse) führten jedoch in keinem Falle zur Akzeptanz im ÖPNV.

Alternativ-Kraftstoffe: Erdgas, Wasserstoff

Spätere Versuche mit Gas CNG – (Compressed Natural Gas) versprachen bessere Resultate, doch hier bestimmten die Gewichte der Gasflaschen (reduzierte Personenzahl) und die Mehrkosten – ca. 20 % – in Relation zum konventionellen Diesel-Bus die noch rechenbare Grenze. Auch die geringere Energiedichte, zwanzig bis fünfundzwanzig Prozent geringer als beim Dieselkraftstoff, verursacht Mehrkosten. 800 Liter CNG mit 200 bar Druck komprimiert reichen für ca. 300 km Fahrstrecke.
Strukturprobleme in der Versorgung kommen hinzu und nicht zuletzt sind es die unterschiedlichen Tankanlagen, deren Installation und Betrieb die Kommunen belasten. Vieles wird davon abhängen, in welcher Form die Einführung gasbetriebener Fahrzeuge in Deutschland gefördert werden wird.
Nach heutiger Einschätzung wird nicht mehr als 1 % des Erdgasverbrauchs auf diesen Sektor entfallen. 1995 beliefen sich die Erdgasimporte auf ca. 51 Mrd. cbm im Preis von 6,5 Mrd. DM.
Erdgasmotoren arbeiten wie herkömmliche Ottomotoren. Einziger Unterschied: In den Zylindern wird statt eines Benzin/Ölgemisches ein entsprechend aufbereitetes Erdgas-Luftgemisch verdichtet, gezündet und verbrannt. Daher kann jeder Verbrennungsmotor mit einfacher Umrüstung als Erdgasmotor betrieben werden. Aufgrund der geringen Reichweite eignen sich Erdgasmotoren in erster Linie für Stadtbus-Antriebe.

Bei den ersten Gasbussen lag das Problem in den schweren Hochdruck-Flaschen, die entweder auf dem Dach oder unter dem Busboden eingesetzt wurden. Zudem waren die Mehrkosten noch zu hoch. Im Bild rechts eine 80 l Stahlflasche, links Leichtbaugasflaschen aus Verbundmaterial, das erst erprobt wird.

Auch der Betrieb von Überlandlinienbussen mit Biodiesel ist aus der Experimentierphase heraus. Soweit eine Versorgung sichergestellt ist, bedarf es keiner einschneidenden Veränderungen am Dieselmotor, um einen störungsfreien Busbetrieb zu gewährleisten.
Inzwischen haben Erdgas-Busse im Linienverkehr zwar verbesserte Chancen, weil alle Bushersteller Gasbusse im Programm führen, doch sieht die Fahrzeugindustrie auf lange Sicht eine ideale Lösung im Wasserstoff-Antrieb. Diese technische Realisierung ist im Visier der Ingenieure. Unbestritten wird aber der noch ausbaufähige Dieselmotor weitere Jahrzehnte der wirtschaftlichste Antrieb im Omnibus bleiben.
Ein Forschungsauftrag der EU im belgischen Zentrum Geel brachte 1994 den ersten Wasserstoff-Stadtbus auf Jungfernfahrt. Linde und

Auch die Infrastruktur war nicht gegeben, um in größeren Umfängen an Gasbusse zu denken. Die Tankstellen fehlten.
Auf dem Gelände der Mainzer Verkehrsbetriebe wurde die erste Tankanlage installiert.

Vom bekannten Unterflur-Dieselmotor der MAN wurde ein erdgastypisches Aggregat abgeleitet. Der Motor arbeitet mit Zündkerzen, Druckregler, Mischer und einer elektronischen Regelung.

MAN produzieren Brennstoffzellen, die weitere Prototypen antreiben sollen. Messer-Griesheim entwickelte die Flüssigwassertanks.

Ein Bus kann Treibstoff in zwei Aggregatzuständen mitführen: gasförmig in einem Metall-Hybrid-Speicher und flüssig in doppelwandigen Druckflaschen komprimiert bei minus 253 °C.

Beim Verbrennen entsteht in geringen Mengen Stickstoff, einer der beim Dieselmotor kritischen Faktoren für die Umweltverschmutzung. Allerdings sind die Probleme bis zur praktischen Anwendung in großem Umfange noch enorm.

Wasserstoff ist nach wie vor sehr teuer und lässt sich auch nicht problemlos in größeren Mengen herstellen.

In der Brennstoffzelle vereinigen sich Wasserstoff und Sauerstoff zu Wasser, wobei die frei werdende Energie direkt in elektrischen Strom umgewandelt wird. Die beiden Gase dürfen nicht zusammenkommen.

Ein Elektrolyt trennt beide Stoffe. Auf dessen Wasserstoffseite baut sich eine negative Ladung auf, die Sauerstoffseite dagegen ist positiv. Der Elektrolyt ist eine dünne polymere Folie, die von elektrisch geladenen Wasserstoffionen passiert werden kann. In den PEN-Zellen lassen die Ionen ein Elektron zurück. Resultat: Elektrische Spannung.

Der Vorteil des hohen Wirkungsgrades – ca. 65 % gegenüber dem Dieselmotor mit 40 % – steht der Nachteil eines übermäßigen Energiebedarfs zur Herstellung des Wasserstoffs und Kontrolle dessen Flüchtigkeit. Noch sind die Anlagen, die übrigens auch Mercedes-Benz seit 10 Jahren im Transporter erprobt, sehr umfangreich und schwer, so dass es noch einiger Forschung bedarf, ehe hier brauchbare Serienprodukte im Busantrieb erscheinen.

Inzwischen haben Erdgas-Busse im Stadtverkehr verbesserte Chancen bekommen. Mit Subventionen wurde die Infrastruktur in Angriff genommen, so dass heute viele Verkehrsbetriebe eigene Tankanlagen auf ihren Betriebshöfen haben. Die Fahrzeugindustrie wirkte ebenfalls intensiver mit und das Druckflaschenproblem wurde weitestgehend gelöst mit Hilfe der Kunststoff-Hersteller. Doch bleibt unbestritten, dass noch Jahrzehnte der Dieselmotor, längst noch nicht an seiner Leistungsgrenze angekommen, der wirtschaftlichste Antrieb im Omnibus bleiben wird. Im Bild die noch aktuellen EURO II Dieselmotoren mit Leistungen bis 390 kW/503 PS.

MAN Wasserstoffmotor H 2866 in liegender Ausführung mit zwei Gemischbildungssystemen für Wasserstoff und Benzin. Ein Reduktionskatalysator sorgt für die Abgasnachbehandlung. Der Motor arbeitet mit Fremdzündung. Vorne im Bild am Ansaugrohr der Drosselklappenversteller.

Solobus im Stadtbetrieb mit Vollautomatik

Im Stadtlinienbus dominiert der Solobus vor dem Gelenkzug und dem Doppelstockbus.
Jegliche Art von Personentransport kann heute mit den zwar im Grundsatz nach einheitlichen Standardkonstruktionen, jedoch in Einzelheiten je nach Bauprogramm unterschiedlich, bewältigt werden. Die Einheitlichkeit kommt dem Fahrgast zugute, weil ihm im Umgang mit dem Fahrzeug keine Probleme zugemutet werden.
Türe, Einstiege und Sitze, Haltestangen und Signale für den Busfahrer sind überall in jeder Stadt gleich.
Auch im Überlandlinienverkehr hat die Standardisierung einen Punkt erreicht, der weitgehend gleiche Benutzerqualität bietet. Allerdings werden beim privaten Busunternehmen verschiedentlich Kombibusse, auch Reisebusse auf der Linie eingesetzt. Im heutigen Programm von SETRA und Neoplan werden solche Kombibusse angeboten, die teilweise schon einen Markenanteil von 10 % gewinnen konnten.

Im Stadtlinienverkehr dominiert der Solobus vor dem Gelenkzug und dem Doppelstockbus. Die Standardisierung hat sich zum Wohle der Fahrgäste ausgewirkt, obgleich die eigentlich gewünschte Attraktivität, was immer man darunter verstehen mag, nicht realisiert wurde.

Kombi-Bus im SETRA-Programm – die neue Klasse.

Bei Neoplan ist der „Transliner" eine preiswerte Lösung für Überlandlinieneinsätze, im Stadtverkehr und im Ausflugs-Wochenendverkehr.

Zur Besonderheit im Linienbus gehört das vollautomatische Getriebe. Weit über 90 % aller Standardbusse entlasten ihre Fahrer mit solchen selbstschaltenden Antriebskraft-Übersetzern.
Vorherrschend sind Produkte der Zahnradfabrik Friedrichshafen (ZF). Teilweise finden sich die DIWA-Getriebe von Voith in Gelenkbussen. Seit Mercedes-Benz 1992 die Fertigung eigener Automatikgetriebe aufgegeben hat, avancierte die ZF mit der ECOMAT-Baureihe zum Marktführer. Im Reisebus liegen die Zahlen etwas anders (Automatik bei ca. 4 %). Hier wird vielfach mit sechs- und achtstufigen Schaltgetrieben gefahren, allerdings mehr und mehr mit elektronisch gesteuertem Gangwechsel. So hat das neue Stufengetriebe EPS-Elektropneumatische Schalthilfe oder HS bzw. AVS (automatische Vorwählschaltung) im Omnibus Anklang gefunden wie auch das von Scania

Automatikgetriebe der ZF-Ecomat-Baureihe mit 4/5 oder 6 Vorwärtsgängen.

Voith Diva-Bus-Getriebe D 851.2, das meist in Gelenkbussen oder in Solostadtlinienbussen zu finden ist.

aktualisierte CAG-Getriebe, das von Neoplan in Reisebussen verwendet wird, oder das Geartronic von VOLVO, das sehr bald in deren Buschassis zur serienmäßigen Ausstattung gehören durfte, die z. B. von Drögmöller aufgebaut werden. Computergeschaltete Getriebe in Reisebussen werden seit 1992 von allen potenten Fahrzeugherstellern in Europa angeboten.

Interessant ist in diesem Zusammenhang, dass sich ab 1995 hier eine Kooperation auftut zwischen der in Europa marktbeherrschenden ZF und z. B. Renault, IVECO und Mercedes-Benz, die eigene Entwicklungen einstellen.

MAN hat in diesem Sektor schon seit dem Aufkauf der Getriebefirma Renk eigene Wege beschritten, obgleich dem Kunden die Wahl bleibt auch andere Lösungen zu fordern.

15 m Busse – die neue Dimension

Eine ganz andere Technik bei Linienbussen verfolgt die Verlängerung des Buskörpers von bisher 12 m auf 13,4 m bzw. 15 m.

Kässbohrer brachte 1992 einen 13,34 m Überlandlinienbus unter dem Stichwort „Projekt – Europa" S 217 NR, Neoplan ging gleich mit seinem „Megatrans" auf 15 m, wobei der 4-achsige Doppelstockbus „Megaliner" als Schrittmacher diente.

Das Niederflurkonzept setzte voraus, dass sowohl Vorder- wie Hinterachse konstruktiv verändert werden, um die Tieferlegung des Busbodens bis zum Mitteleinstieg zu realisieren.

Der erste „lange" SETRA-Linienbus mit 13,34 m.

Neoplan „Megaliner" in 4020 der 15 m Niederflur-Linienbus löste eine breite Diskussion aus über Sinn und Wirtschaftlichkeit solcher Großraumbusse.

1996 bringt SETRA den 15 m Linien-Niederflurbus S 319 UL und nimmt damit den Wettbewerb mit den inzwischen von fast allen Busherstellern vorgestellten neuen Buskreationen für den Stadtverkehr auf.

Den ersten 15 m Überland-linienbus baute Neoplan für die Autokraft Kiel im Dezember 1995. Dieser Großraumbus ist für die Region bestimmt und hält die Verbindung zwischen dem flachen Land und den Ballungsgebieten.

Der „Megatrans" mit drei doppelbreiten Türen kann maximal 133 Personen befördern. Beachtenswert ist die Stehhöhe von über 2,7 m im Mittelgang.
Diese neue Buskreation für Stadt und Region kündigt eine neue Ära im Linienbusbau an. SETRA – EvoBus bringt ein vergleichbares Modell 1996 auf den Markt.
Der erste 15 m Überland-Linienbus aus der Transliner-Serie (N 318) in Niederflurtechnik wird bei Autokraft Kiel im Dezember 1995 in den Praxisversuch genommen. Dieser Großraumbus ist für die Region bestimmt und garantiert die Verbindung zwischen dem flachen Land und den Ballungszentren. Eine neue Dimension im Personenverkehr ist Realität.
Wie präzise Neoplan wieder einmal dem aufgestauten Bedarf an praxisgerechten wie leistungsfähigen Personentransport-Lösungen auf der Spur war, lieferte postwendend die größte Spezialmesse, neben der offiziellen UITP, im belgischen Kortreijk. Neoplan bleibt nicht mehr der Einzige mit 15 m Linienbus-Modellen. Busbauer aus Holland und Belgien präsentieren ihrerseits verlängerte Bus-Versionen.
Selbst Mercedes-Benz und die MAN sorgen mit der Vorstellung eines Dreiachs-15-m-Fahrgestells für Überraschung und Bestätigung der Trends.

Dreiachsfahrgestell Mercedes-Benz, erstmals zur IAA 96 vorgestellt.

Schweres luftgefedertes Omnibus-Dreiachs-Fahrgestell mit Einzelradaufhängung vorn und hydraulisch gelenkter Nachlaufachse. Von MAN – 1996 ins Programm genommen.

Im Übrigen soll hier angemerkt sein, dass vierachsige 15 m Doppelstockbusse von Neoplan bereits in den 80er Jahren nach Mexiko geliefert wurden und Scania in Brasilien 25 m lange, dreigliedrige Gelenkbusse baut und verkauft.

EURO II Motoren bereits vor dem Stichtag in Serie

EURO 2

Entwicklung der Abgasgrenzwerte für Nutzfahrzeuge.

Trend in exhaust emission values for commercial vehicles.

Evolution des seuils d'émissions à l'échappement pour véhicules industriels.

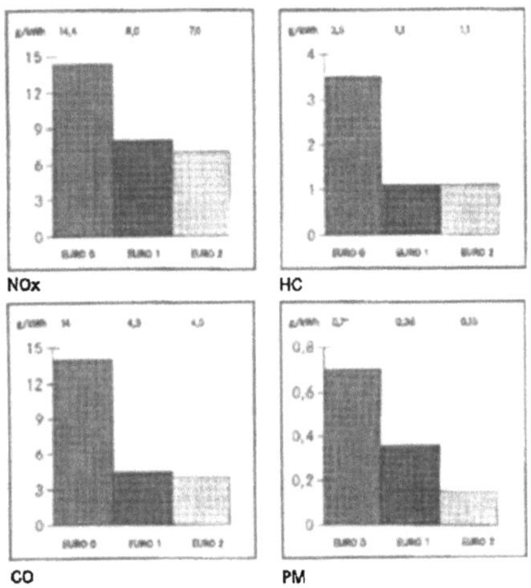

* **mittlere Partikelmission von Nfz-Dieselmotoren (bei Euro 0 nicht reglementiert)**

* mean particulate emissions of commercial vehicle diesel engines (not limited on the Euro 0)

* émissions moyennes de particules de moteurs diesel VI (non-réglementées par la norme Euro 0)

Dass inzwischen alle Motorenhersteller auf die Euro II Generation (obligat ab Oktober 1996) mit den verminderten Emissionswerten – z. B. Ruß 0,15 g/kWh, NOX 7/kWh, OH 1 g/kWh, CO 4 g/kWh – übergegangen waren, unterstreicht die neu gewonnene Flexibilität dieser Spezies, die sich sehr lange Zeit gelassen hatte, ehe die Euro I Auflage zur Serienreife kam. Erleichtert hatte dies die Entscheidung der Mineralöl-Industrie, den Schwefel im Dieselkraftstoff auf 0,05 % zu reduzieren. Eine gleichzeitige Anhebung der Leistung von 257 kW/350 PS bei Motorenmomenten bis zu 1700 Nm/173 mkp und bis auf 320 kW/435 PS mit Md. von 2100 Nm/214 mkp markiert die erwünschte Überschussleistung im Omnibus als Sicherheitsfaktor.

Linienbus-Markt in Deutschland

Den Linienbus-Markt in Deutschland der 90er Jahre teilen sich der Markführer Mercedes-Benz – 1992 kommt der 405 NG Niederflurgelenkzug in den Markt – und die MAN etwa im Verhältnis 3 : 1. Weder Kässbohrer noch Neoplan kommen über einen Marktanteil von ca. 10 % hinaus, obgleich beide, besonders Neoplan, die Technik als Erster mit dem Niederflurkonzept und dazu die 15 m Länge voll durchzog.

Nach einer weitgehend gleichermaßen hochwertigen Ausstattung der standardisierten Linienbusse konzentriert sich die technische Entwicklung auf Fahrwerkverbesserungen, Reduktion der Motoren-Emissionen, Isolierung von Geräuschen sowohl bei Motoren wie bei den Reifen, einer informativen Kennzeichnung der Busse und nicht zuletzt auf bequemen Ein- und Ausstieg durch breite Schwenkschiebe-Türen, die nur knapp über die Karosserie ausstellen, im Gegensatz zu den jahrzehntelang eingebauten Außenschwingtüren.

1992 kommt der Mercedes-Benz Niederflur-Gelenkzug O 405 NG in den Markt.

1993 brachte die MAN ihren neuen Niederflur-Gelenkzug SG 242/292.

Neoplan Mega-Niederflur-Stadtlinienbus mit 15 m Länge.

1993 – Europa Binnenmarkt – Wettbewerb wird härter

Mit dem Jahr 1993 öffnet sich in Europa der bis dato größte Binnenmarkt. Mit dem von Brüssel verfügten Abbau der Grenzen zwischen den EU-Partnerstaaten verstärkt sich der Druck auf die wenigen Bushersteller, die im deutschen Markt dominieren, in besonderem Maße. Busse aus Holland und Belgien, aber ebenso aus Spanien und Frankreich konkurrieren mit ihren erheblich besseren Konditionen. Dies trifft voll auf den Sektor Reisebusse zu. Bei den Linienbussen ist die Lage eher umgekehrt. Noch übersteigen die Exporte standardisierter Busse die geringe Zahl der Importe, vorwiegend aus Frankreich (Renault RVI), Belgien (Van Hool) und Holland (Den Oudsten). VOLVO hat erste Erfolge mit Niederflurbussen der Tochter Steyr und Scania setzt ausschließlich Fahrgestelle ab. Selbst aus Ungarn liefert Ikarus, das mit

Den Oudsten mit dem neuen Citybus hat bereits Erfolge im deutschen Markt zu verzeichnen. Der Linienbus in Niederflurtechnik bietet großzügige Verglasung.

Renault RVI fertigt ab 1996 eine völlig neue Linienbusreihe in Niederflurtechnik. Dem Solo- und Gelenkzug liegen stabile Chassis zugrunde. Der Antrieb wird im Heck als separate Kraftstation einfach angehängt. Kraftübertragung auf die letzte Achse.
1997 soll diese neue Reihe im deutschen Markt verkauft werden.

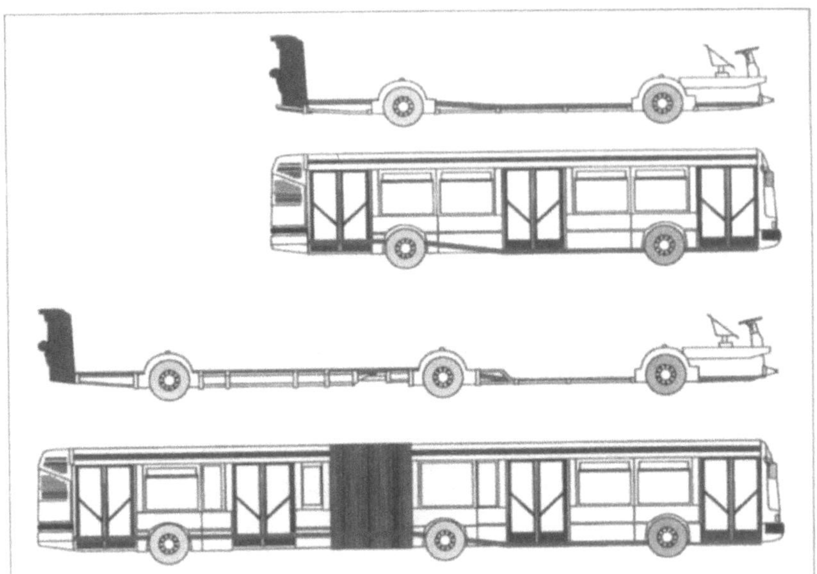

staatlicher Hilfe ab 1994 wieder produktiv wird, Linienbusse nach Deutschland.
Das deutsche Angebot im Linienbus-Bereich wird voll abgedeckt von Mercedes-Benz und der MAN mit dem SL-Programm. Die Anteile der Wettbewerber aus den Nachbarländern bewegen sich um zwei bis drei Prozent des gesamten Marktes, der im ersten Halbjahr 1995 (ohne Fahrgestelle und ckd) noch bei 1369 Einheiten lag. Die Gesamtzahl einschließlich Reisebusse erreichte 3460 Einheiten von vier Herstellern: Mercedes-Benz, SETRA, Neoplan und MAN.

Kässbohrer und IVECO kooperieren

IVECO vereinbarte mit Kässbohrer noch im November 1993 die gemeinsame Entwicklung, Produktion und Vertrieb von 12 und 10 m Niederflurbussen, einschließlich Gelenkomnibus, die in Italien – Valle Ufita – und in Frankreich im Kässbohrer-Werk Ligny en Barrois gebaut werden sollen. Der Prototyp steht erstmals im August 1995 auf der Mondial du Transport Routier in Paris. Dabei bleibt's dann auch. Kurz nach diesem Zeitpunkt ist bereits die Übernahme Kässbohrer von Mercedes-Benz weitgehend perfekt.
IVECO vermarktet diese Ulmer Entwicklung heute in vollem Umfang unter eigenem Signet.

Das Produkt aus einer recht kurzen „Ehe" zwischen Kässbohrer und IVECO. Ziel war ein gemeinsames Stadtlinienfahrzeug zu entwickeln und in eigenen Fabriken zu produzieren, unter dem jeweiligen Signet. Mit dem Verkauf von Kässbohrer an Mercedes-Benz hielt die Absicht nur Monate – aber die IVECO hat das Konzept verwirklicht.

Konzentrationen – Gebot der Stunde

Diese überraschende Kooperation belegt im Grunde nur die rezessive Marktlage für Omnibusse insgesamt in Europa. Zu den 40 % rückläufigen Absatzzahlen, die alle Hersteller treffen, kommt ein ebenfalls reduzierter Export. Konsequenzen sind das Gesetz der Stunde. So vereinbaren VOLVO und Renault eine Zusammenarbeit im Bereich Bus-Chassis, Renault und die tschechische Karosa kooperieren im Busgeschäft, die ZF mit Renault im Sektor Getriebeentwicklung und Kässbohrer wird dann 1995 von Mercedes-Benz nach langem Tauziehen mit Brüssel und dem Bundeskartellamt (!) übernommen und in die neu gegründete EvoBus GmbH eingebracht. Preisverfall und zu hohe Sozialkosten für den starken Stellenabbau seit 1992, sorgen für das Aus dieses Omnibusbauers der ersten Stunde und Pioniers für viele technische Entwicklungen, insbesondere des 1952 bereits serienreifen selbsttragenden Omnibusses – SETRA – dessen konstruktive Idee längst zum Standard aller Busproduzenten weltweit geworden ist.
Mit dieser Veränderung geht im Omnibusbau eine Ära zu Ende. Intuitive wie kreative Omnibus-Entwicklung, persönliches Engagement bei einem sich ständig verändernden Gebrauch eines mobilen Personentransport-Gerätes sind abgelöst von einer computergesteuerten, ökologisch wie ökonomisch bestimmten, rational zweckbetonten Konstruktion, die dort reduziert, wo Kosten in nicht mehr marktgängigen Versionen das Bilanzergebnis konterkarieren.

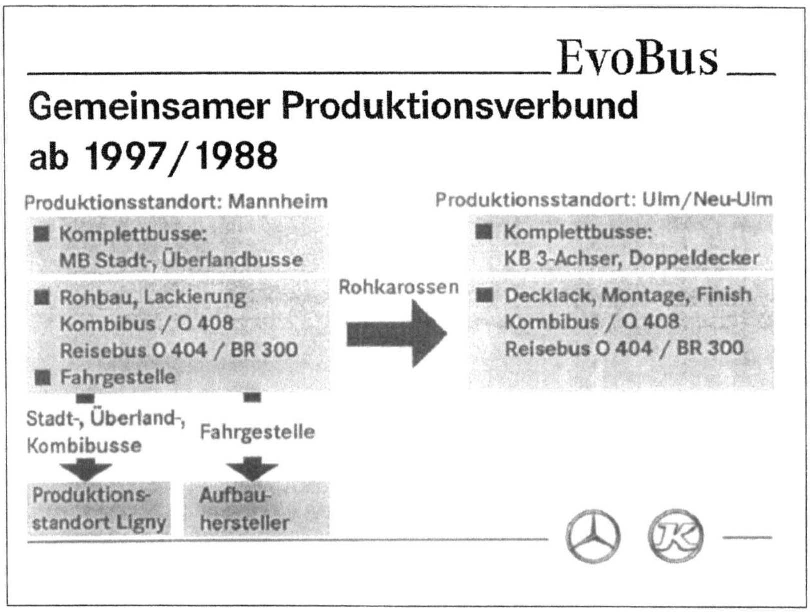

Zwei Marken Strategie

Bemerkenswert ist dabei die vertragliche Basis zwischen Mercedes-Benz und Kässbohrer. Beide Marken sollen für sich bestehen bleiben, bei abgestimmter Produktion in Mannheim und Neu-Ulm sowie selbständiger Vertriebsorganisationen. Ergo: Wettbewerb wie gehabt.
Mercedes-Benz stärkt seinen Marktführer-Part bei Stadt- und Überlandlinienbussen, SETRA hält seinen technischen Vorsprung, bleibt Marktführer beim komfortablen Reisebus mit der neuen Generation S 300.
Dass diese Lösung nicht ohne Knackpunkte verläuft, ist keine Frage. Erstes Beispiel: SETRA entwickelt, gegen den Willen der Mannheimer, einen eigenen Niederflurbus – S 315 NF – unter weitgehender Nutzung der Vorleistung aus dem IVECO-Kontrakt, dessen deutlich verbessertes Modul-Kombibus-Konzept neben der Standardbus-Familie von Mercedes-Benz im Markt stehen wird.
Zweifelsfrei kann der Marktführer damit leben, denn wie bisher schon hat Kässbohrer in Sachen Stadt- und Überlandlinienbussen eine Außenseiterrolle gespielt unter dem Aspekt der produzierten Stückzahl.
Allerdings verschiebt sich dieses Bild zu Beginn des Jahres 1996 im Bereich des Kombi-Busses. Eine von SETRA kreierte Buskategorie erfährt steigende Akzeptanz bei den Busunternehmern, weil es sich um ein Universal-Konzept handelt, das viele Möglichkeiten des Einsatzes mit wirtschaftlichen Pluspunkten erlaubt – ohne den teuren Aufwand eines modernen Luxus-Reisebusses.

SETRA Niederflurbus der neuen Generation S 315 NF – eine Eigenentwicklung unter weitgehender Nutzung der Vorleistung aus dem IVECO-Kontrakt. Dieser Bus wird 1997 mit den neuen Mercedes-Benz Stadtbus-Modellen in direkte Konkurrenz treten. Diese neuen Generationen werden im Übrigen den Schlussstrich unter die 20 Jahre Omnibus-Standardisierung ziehen, denn auch die MAN will 1997 ihrerseits die Standardbusse auslaufen lassen.

Ein aktuelles Beispiel, wie sehr die Kombi-Idee Marktanteile gewinnt, liefert SETRA EvoBus mit der in Ulm entwickelten Baureihe, die aus Modulen zusammengesetzt wird, d. h. preisgünstig ist.

Die Modelle S 315 GT und der neue Reisehochdecker S 315 GT-HD bestehen aus weitestgehend gleichen Teilen, auch der vom Partner Mercedes-Benz in Hannover 1996 als Weltneuheit proklamierte O 550 ist nichts anderes als das Pendant aus der Ulmer Kombireihe mit leicht veränderter Frontscheibe.

Letzter potenter Bus-Karossier

Als relativ starker Omnibus-Karossier behauptet sich seit 1928 Ernst Auwärter mit verschiedenen Aufbauten auf Chassis von Mercedes-Benz, VW und MAN, City-, Club- und Team-Star bilden die vielseitige Kleinbus-Serie, die neben dem Erfolg im heimischen Markt sehr stark das Exportgeschäft belebt. Das ganze Europa, einschließlich Russland, Polen, Rumänien und Tschechien zählt dazu, aber auch China und Südafrika und Jordanien. Mit einer geschickten Marktpolitik trifft der Steinenbronner Busbauer die Nischen eines Bedarfs, der sich immer wieder in veränderter Form auftut.

Die Palette des letzten bedeutenden Omnibus-Karossiers Ernst Auwärter ist sehr vielseitig. Vom 12 m Hochdecker bis zum Citybus auf VW-Fahrwerk hat der Kunde die größte Wahl unter vielen unterschiedlich ausgestatteten Modellen.

„Teamstar City" auf Mercedes-Benz Chassis – 136 PS - 18 Sitz- und 16 Stehplätze.

„Clubstar City" für die Schweizer PTT auf MAN-Chassis 11.190.

Omnibus-Technik an der Schwelle ins zweite Jahrtausend

Analysiert man den Stand der Technik vor dem Übergang zum zweiten Jahrtausend, so fällt zuerst die relativ schnelle Leistungssteigerung im Bereich der Antriebsentwicklung auf. Waren zum Beginn der 90er Jahre Leistungen um 250 PS das Optimum, so sind es heute im Durchschnitt 350 PS. Dominierend ist der 6-Zylinder-Reihenmotor mit Hubräumen ab 10 bis 12 Liter und einem Leistungsangebot von 340 bis 400 PS. Turbolader und Ladeluftkühlung sind ebenso Stand der

Mit der Pumpe-Düse-Einheit (links im Bild) und der Pumpe-Leitung-Düse (rechts im Bild) hat Bosch zwei modular aufgebaute, elektronisch gesteuerte Hochdruckeinspritzsysteme für 1600 bzw. 1800 bar entwickelt. Beide Systeme haben ein elektronisches Steuergerät (Bildmitte).

Technik wie ein elektronisch schaltendes Motor-Management (EDC), das die gesamte Motorsteuerung beeinflusst. Ab 1996 setzt sich das elektronisch gesteuerte Pumpen-Leitungs-Düsen-System durch. Verbrauch und Abgase werden reduziert und der EURO III steht vor der Türe.
Entsprechend höhere Eingangsmomente weisen die Getriebe auf, die in der Regel sechs und acht Schaltstufen bieten, die fast durchweg mit elektronischen Schalthilfen versehen sind.
Vollautomaten sind im Reisebus noch nicht in großem Umfang eingesetzt.
Die automatisierten Stufengetriebe haben hier die Akzeptanz blockiert. Genau umgekehrt ist dies bei den Linienbussen.
Hier hat der Vollautomat einen Anteil, der nahe 100 % liegt. Unbestritten ist der Trend zum Automatikgetriebe mit integriertem Retarder auch im Reisebus. Wenn die Getriebehersteller die Schaltstufen auf acht erhöhen können, werden in Zukunft im Reisebus auch Automaten eingebaut. Prototypen sind im Endstadium. Tatsache ist, dass sowohl die Kraftstoffverbräuche wie die erwünschte volle Entlastung des Busfahrers nur mit den Automaten erreichbar sind. Die automatisierten Stufengetriebe beanspruchen den Fahrer zumindest noch beim Kuppeln oder bei der Wahl der wichtigen Stufen bzw. beim Anfahren.
Auch die Aufbautechnik hat sich im Laufe der letzten 10 Jahre verändert.
Steifigkeit in der Gerippekonstruktion, Verklebung der größer gewordenen, doppelt verglasten und getönten Seitenscheiben, damit Einbeziehung als mittragendes Element, sind Standard.

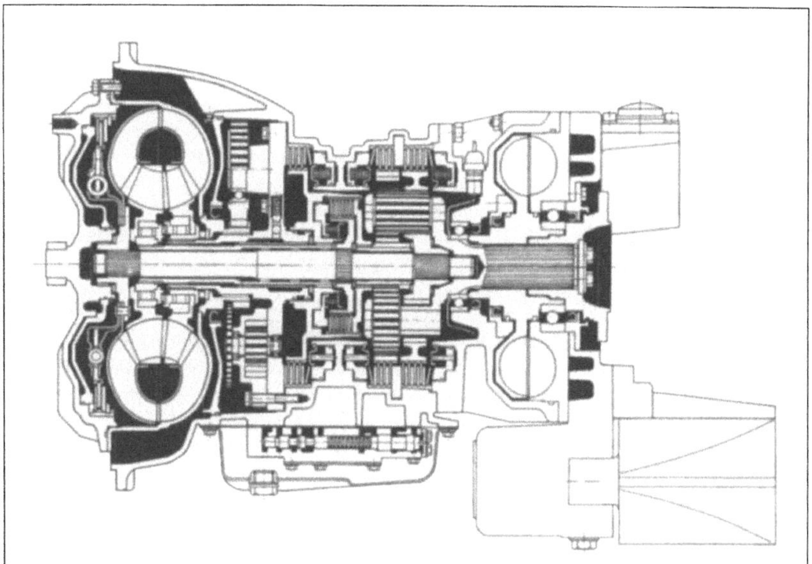

Unbestritten ist der Trend zum Automatgetriebe mit integriertem Retarder, auch im Reisebus. Allerdings wird es noch einiger Versuche bedürfen, die hohen Momente, die jetzt von den neuen Motoren kommen, auch im Vollautomaten zu nutzen. Prototypen laufen. Tatsache ist, dass sowohl die Kraftstoffverbräuche wie die erwünschte Entlastung des Fahrers nur mit Automaten erreichbar ist.

Auch die Produkte der Reifenindustrie wurden den allgemeinen Entwicklungen angepasst. Diese entsprechen heute in punkto Laufeigenschaften, Abrollgeräusche, Materialfestigkeit im Unterbau sowie hohe Abriebfestigkeit und bei den Profilen den heutigen Anforderungen für gute Straßenhaftung und Seitenführung.

Gleiche Verbesserungen betreffen die Bremsanlagen, die heute mit Federwegsensoren elektronisch geregelt werden (ECAS), eingeschlossen die Hebe- und Senkvorrichtungen, die die Höhe des Busses im Bedarfsfalle um 80 bis 100 mm absenken lassen.

Druckluftbremse, Scheiben- oder Trommelbremse, Feststellbremse, Motorklappenbremse, Konstantdrossel, Retarder – hydrodynamisch oder elektrisch – sind Stand der Technik und in vielen Reisebussen serienmäßig vorhanden. Dazu gehören obligat ABS und ASR und die längst feinfühlig gewordene Hydrolenkung.

Elektronisch gesteuerte Klimaanlagen, eine neue Lichttechnik mit Ellipsoid-Scheinwerfern sind ebenfalls Elemente technischer Detailentwicklungen im modernen Omnibusbau.

Auch die Produkte der Reifenindustrie haben sich in Sachen Laufeigenschaften, Haftfähigkeit und Abrollgeräusche wesentlich verbessert und bieten dem Omnibus heute den auf den jeweiligen Einsatz konzipierten Reifen. Eine Entwicklung, die nur mit enormem Forschungsaufwand über Jahre zum Erfolg führte.

An der Entwicklung des modernen Omnibusses unserer Zeit ist auch die Zulieferindustrie beteiligt, die mit eigenem Risiko vielseitige Entwicklungen betrieben hat, um den steigenden technischen Anforderungen der Fahrzeughersteller zu genügen. Deren Fertigungstiefe wurde in der rezessiven Phase Schritt für Schritt auf Kosten der Zulieferindustrie reduziert.

Europas Busmarkt hat viele Bewerber

Wenn auch Deutschland der wichtigste, deswegen auch schwierigste Omnibusmarkt in Europa ist, so gleichen sich doch langsam die anderen Märkte den hierzulande bestehenden Strukturen im ÖPNV und sogar in der Bustouristik an. Öffentlicher Personenverkehr findet nicht mehr allein in den Ballungszentren statt, vielmehr verstärkt sich der Zwang, die Region mit Omnibuslinien besser zu versorgen. Das bedeutet Wachstumschancen für den Sektor Stadt- und Überlandlinienbus. Ebenso hat die Omnibustouristik in allen Ländern zugelegt, obgleich der Flugverkehr die Chancen merkbar eindämmt. Trotzdem wird der Bedarf an Komfortbussen wieder steigen. Erste Anzeichen 1996/1997 lassen hoffen.

Zählt man die Omnibus-Marken ab 8 t Gesamtgewicht, ohne zu unterscheiden zwischen Komplettbushersteller und solchen, die nur Karosserien auf Fremdfahrgestelle setzen, dann bewerben sich um Marktanteile im europäischen Binnenmarkt dreizehn Marken! (Stand 1996)
Die exakten Kapazitäten lassen sich kaum schätzen, doch sind sie mit Bestimmtheit weit überhöht. Eines der Probleme, das künftig in Zeiten rezessiver Phasen im europäischen Binnenmarkt zu existenzbedrohenden Zuständen führen kann. Zusammenschlüsse, Entwicklungsabsprachen oder Kooperationen spiegeln die eine Seite wider, die andere sind Programmkürzungen, so genannte Nischenlösungen oder Komponententausch mit Konzentration im Wareneinkauf, vom Personalabbau ganz zu schweigen. Das jüngste Beispiel nach dem spektakulären Zusammenschluss von Kässbohrer und Mercedes-Benz ist die Zusammenarbeit von MAN und Renault, in der sie seit Juni 1995 nach Möglichkeiten zur gemeinsamen Entwicklung und Produktion von Nutzfahrzeugkomponenten suchen.
Bemerkenswert ist zudem, dass sich jetzt nicht nur europäische Omnibushersteller im Wettbewerb bemühen, auch ausländische Marken versuchen den Fuß in den europäischen Binnenmarkt zu bekommen.
Die ersten sind israelische Karossiers, die auf deutschen Fahrgestellen ihre unterschiedlichen Aufbauten anbieten.
Japans Nutzfahrzeug-Marken Toyota und Nissan versuchen mit deutlich aufgewerteten Kleinbussen und Chassis Erfolg in diesem Markt zu haben.
Die Technik und die Verarbeitung sind längst dem gehobenen Durchschnitt angepasst. Doch selbst bei weiteren europäischen

Die Wettbewerber im europäischen Markt bieten derzeit durchweg vergleichbare Omnibusmodelle. Mehr oder weniger differenziert sind Busse für den Stadt- und Überlandlinienverkehr, wesentlich dichter wird es bei den Reisebussen. Hier bringen selbst die bisher im Chassisgeschäft sehr starken Schweden VOLVO und Scania komplette Reisebusse in den Markt. VOLVO hat voll das Karosserieprogramm von Drögmöller in Heilbronn übernommen und Scania tritt mit kompletten Niederflurbussen an.
VOLVO-Reisebus mit B 12/500 mit Drögmöller-Karosserie.

Busherstellern bahnen sich Änderungen an. Gemeint sind die neuen Marktstrukturen von VOLVO und Scania. Bisher stark im Chassisgeschäft, haben beide begonnen im Komplettbuskonzert überall eine gute Partitur zu spielen. Volvo mit Drögmöller und dem Tochterbetrieb Steyr, Scania in Kooperation mit nur einem Aufbauhersteller für Gesamteuropa, machen ihre Potenz spürbar. Tatsache, dass sich die IVECO anschickt, den vor Jahren vorgestellten Reisebus „Euro-Class" und den neu von Giorgio Giugiaro gestylten Luxusbus „Top-Class" in allen Märkten anzubieten.

Im Herbst 1995 wurden die ersten vier Busse an Unternehmen in den neuen Bundesländern verkauft; 1996 waren es 15 Busse, die in den alten Bundesländern abgesetzt werden konnten. Der Vertrieb erfolgt

Scania-Niederflurstadtbus „Omecity", der zur IAA 96 in Hannover als Weltpremiere gefeiert wurde.

IVECO-Euro-Class, die neueste Buskreation aus Valle Ufita wird ab 1997 verstärkt in den europäischen Busmarkt drängen.

allerdings nach wie vor direkt aus der Münchner Hauptverwaltung. Ein Händlernetz soll 1997 aufgebaut werden.

Wenn Renault die erklärte Absicht, den Reisebus FR 1 und dessen Nachfolger „Iliade" ebenfalls neben dem neuen, 1995 entwickelten Linienbus „Agora" verstärkt anzubieten, realisiert, dann wird es enger im Streit um den ohnehin um 12 % gegenüber dem Vorjahr kleiner gewordenen Europamarkt-Kuchen.

Mit Bova, Den Oudsten und Van Hool stehen Holland und Belgien, mit Caetano Portugal und mit Irizar, Ayats und Noge Spanier auf dem Spielfeld, die besonders vom deutschen Markt Anteile erhoffen.

Renault will ab 1997 mit der Nachfolgegeneration des FR1 den Wettbewerb aggressiver angehen, um interessante Absatzzahlen mit dem „Illiade GTX" zu erreichen.

Bova ist der stärkste Ausländer auf dem deutschen Markt. Bei hoher Flexibilität kann dieser holländische Busbauer sich schneller den Kundenwünschen anpassen, wie der 15 m Universalbus beweist.

Der belgische Bushersteller Van Hool hat sich in den letzten Jahren vermehrt bei deutschen Busgesellschaften etablieren können. Die Programme EOS und Acron offerieren Reisebusse, die den hohen Ansprüchen und auch den Preisvorstellungen gerecht werden.

Nach manchem Versuch spanischer Buskarossiers, im deutschen Markt ihre Modelle zu verkaufen, erweist sich im Augenblick IRIZAR als der erfolgreichste. Der 12 m Reisebus-Hochdecker passt, auch preislich, in manchen Fuhrpark.

1997 bietet die MAN eine kostengünstige Alternative im Reisebusprogramm. Auf dem 15 m Drei-Achs-Chassis setzte Berkhof einen Luxusreisebus, der dem Trend gerecht wird. 64 Plätze, 400 PS Motor.

Was sich in dieser Veränderung als Trend ausmachen lässt, ist ein auffallend starkes Potential von Chassis-Angeboten. Mercedes-Benz macht dies deutlich mit der Bereicherung seines ohnehin umfangreichen Angebots an Omnibuschassis mit dem ersten 15 m langen, dreiachsigen Chassis, inklusive hoch entwickelter Technik.
Gleiches bietet jetzt auch die MAN mit einer Karosserie von Berkhof, wobei die dritte Achse als hydraulisch gelenkte Nachlaufachse fungiert.
Dieser neue Trend hat zwei Gründe: Einmal wollen die leistungsfähigen Hersteller Mercedes-Benz und MAN ihre Chassis-Kapazitäten voll ausschöpfen, was zu Lasten der Komplettbusse geht, deren Produktionskosten, trotz enormer Rationalisierung, unkalkulierbar geworden sind.
Zum anderen öffnen sich in asiatischen Ländern neue Märkte mit Aufbauherstellern bzw. Buskarossiers, die in ihren Ländern die Beförderungs-Struktur neu organisieren und beeinflussen wollen. Türkei und China sind inzwischen die wichtigsten Lizenznehmer und Käufer von Buschassis geworden. Indien und Korea stehen im Visier deutscher Absatzstrategen.

Entwicklungsstufe 1996 – universelle Elektronik – stärkere Motoren und Alternativkraftstoffe

Mit der 56. IAA 1996 waren erneut Fortschritte, wenn auch relativ kleine, nichtsdestoweniger entscheidend wichtige, im Omnibusbau zu erkennen.
Maßgeblich bestimmt die Elektronik universeller die Funktionen eines Omnibusses. Waren es bislang einige Abläufe beim Antrieb und beim Fahrwerk, so sind es heute durchweg ganze Systeme, die vorwiegend Leistungs- und Fahrfunktionen kontrollieren. Zum bekannten Motormanagement kommen jetzt elektronisch gesteuerte Scheibenbremsen, eingeschlossen die Luftfederung, elektronisch geschaltete Stufengetriebe, die inzwischen zur Serienausrüstung gehören, sowie der Vormarsch von Vollautomaten, der nicht mehr aufzuhalten ist.
Erstmals nutzen Motorenhersteller die „Speichereinspritzung" auch als Common Rail bekannt, das zum Unterschied konventioneller Systeme Druckerzeugung und Einspritzung entkoppelt. Der Einspritzdruck selbst wird unabhängig von der Motordrehzahl und der Einspritzmenge erzeugt. Er ist vor der Düse während des Einspritzvorganges nahezu konstant und erreicht maximal 1600 bar. Kernstück ist ein magnetventilgesteuerter Injektor. Der Einspritzvorgang wird impulsgesteuert. Die eingespritzte Menge ist dabei sowohl von der Öffnungsdauer der Einspritzdüse als auch vom Systemdruck abhängig,

der von einer Hochdruckpumpe erzeugt wird. Umweltverträglichkeit – d. h. deutlich weniger Emissionen, vor allem erheblich niedrigere Partikelwerte –, höhere Wirtschaftlichkeit und verbessertes Fahrverhalten durch exaktes Ansprechen der Motorleistung sind die Resultate. Mit diesem System werden die künftigen Euro III Grenzwerte erfüllt.
Was ebenfalls auffallend schnell von den Kommunen akzeptiert wird, sind Omnibusse mit (CNG/LPG)-Gas als Treibstoff. Alle Omnibushersteller führen in ihren Modellprogrammen heute Gasbusse. Weitere Alternativ-Kraftstoffe sind Bio-Diesel. Gleiches gilt für Hybridantriebe mit Batterien plus leistungsreduzierten Motoren in Verbindung mit Generatoren, die den Strom liefern. In Stadtfahrzeugen dürften sich, nach Strukturanpassung mit Wechselstationen und Tankanlagen, solche Lösungen europaweit durchsetzen. Ab Januar 1997 erlässt die niederländische Regierung den Gasbussen bereits die Verkehrssteuer. Ein Anfang, der sicher Schule machen wird.
Den Durchbruch erzielte ab IAA 1996 der Radnabenmotor im Stadtbus. Hier ist Neoplan Vorreiter. Erstmals hat auch Mercedes-Benz Fahrzeuge mit Radnabenmotoren in die Erprobung geschickt.
Was noch unter neuen Entwicklungsstufen vermerkt werden muss, ist die enorm zunehmende Verbreitung von Kleinbussen mit 12–18 Fahrgastplätzen. Hier dienen vorwiegend Transporter-Fahrgestelle von Mercedes-Benz, VW, Toyota und Ford als Basis. Neue Kreationen kommen aus Spanien, Belgien, Holland, Schweiz, Italien, Österreich und Portugal. Erfolgreichster deutscher Karossier in diesem Bus-Sektor ist Ernst Auwärter.

Sicherheitstechnik – nächste Stufe

Eine absolut neue Sicherheitstechnik im Omnibusbau stellte Neoplan mit dem 2,55 m breiten Reisebus „Starliner" vor. Im Vordergrund stand hier die Forderung nach erhöhter Fahrgastsicherheit neben Komfortverbesserungen. Eine patentierte Mittelsäule zwischen den Sitzen angeordnet kann im Falle eines Überschlages bis zu 1,5 t Gewicht aufnehmen und so dem angegurteten Fahrgast zusätzlichen Schutz im Bordbereich geben.
Weggefallen ist, erstmals in einem neuen Omnibus, die individuelle Düsenbelüftung, die übrigens 1960 eben Neoplan eingeführt hatte.
Der heutige Standard einer Klimaregelung sei so perfekt, dass darauf verzichtet werden könne, lautet der Kommentar aus Möhringen.
Elektronik spielt in diesem Bus eine sehr große Rolle. So kann mittels Fernsteuerung das Fahrzeug komplett ent- oder verriegelt werden. Deshalb fehlen die sonst üblichen Schlösser. Ein Laser-Abstandswarner

sitzt im Scheinwerferblock, die Scheiben-Bremsanlage wird elektronisch eingesteuert und Dreipunkt-Gurte gibt es für die vorderen Sitzreihen und Zweipunkt-Gurte stehen den anderen Fahrgästen zur Verfügung. Xenon-Licht und oben quer geteilte Frontscheibe sind ebenso Merkmal wie schräg gestellte Fensterholme und die geteilte B-Säule. Eine Fülle von Innovationen, die Schule machen.
Eine weitere Marktöffnung gab es für Omnibusse mit bis zu 15 m Länge.
Sowohl Stadtlinienbusse als auch Überlandlinienbusse sind in den meisten europäischen Ländern, seit November 1996 auch Reisebusse mit 15 m Länge in Deutschland, zugelassen. Ein wesentlicher Schritt zur besseren Wirtschaftlichkeit in den Busbetrieben. Wieder gebührt dafür Neoplan die Anerkennung, denn vor 4 Jahren setzte Albrecht Auwärter diese Version mit Sondergenehmigung in Deutschland durch. Andere Länder folgten kurze Zeit später mit weniger Zulassungsproblemen. Heute bietet bereits jeder potente Bushersteller in Europa Omnibusse bis zu 15 m Länge an.

Mission Stadtbus 2000

Wie der Stadtomnibus von Übermorgen aussehen könnte, demonstrierte VOLVO mit dem ECB „Enviromental-Concept-Bus". Die durchweg futuristische Aluminiumkarosserie für 80 Fahrgäste, deren Antriebsstrang im Dach liegt, wird geprägt von den übergroßen

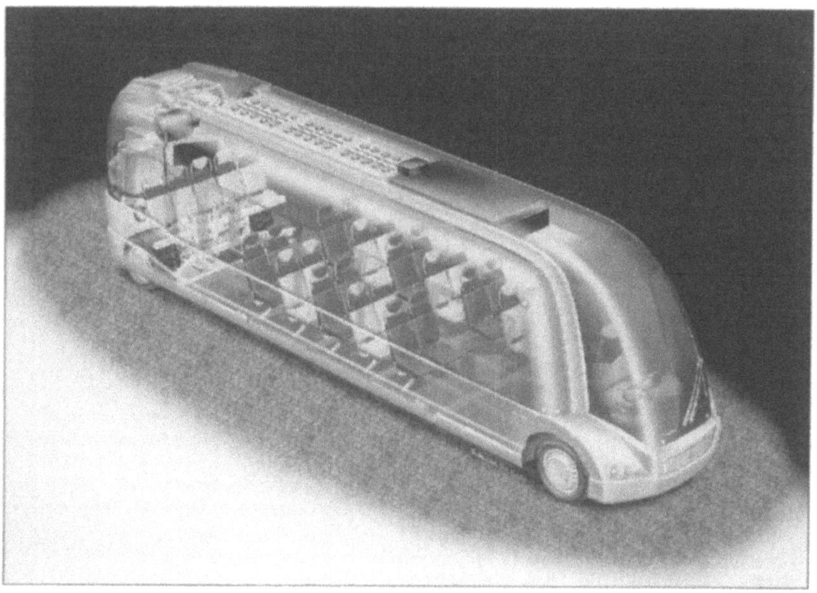

Immer wieder hat die Omnibusindustrie Concept-Busse als Ideenträger vorgestellt. Stets waren es zwei Schritte über dem Ziel, das den Ingenieuren vorschwebte. Doch fanden sich einzelne Elemente oder Systeme Jahre später in den neuen Bus-Serien wieder.

Auch dieses Projekt 2000 zeigt Möglichkeiten, wie ökonomische und ökologische Fortschritte erreichbar sind. Ähnliche Objekte haben schon Kässbohrer (Concept-Bus) und jetzt Mercedes-Benz mit dem Projekt „Innovisia" der Öffentlichkeit vorgestellt.

Seitenscheiben, einer weit ins Dach sphärisch gewölbten Frontscheibe, einem Fahrerplatz, der in der Busmitte zwischen den Vorderrädern angeordnet ist, und vier lenkbaren Rädern, an der Vorderachse einzeln aufgehängt. Der Antrieb ist ein Serienhybrid – eine Gasturbine mit integriertem Hochgeschwindigkeitsgenerator, Batterie und Elektromotor. Der 10,7 m lange, für 15 t Gesamtgewicht zugelassene Bus hat sehr kurze Überhänge und beansprucht lediglich einen Wendekreis von 10,7 m. Ein aktives Federungssystem kompensiert alle Fahrunebenheiten.

Das Informationssystem für die Fahrgäste funktioniert über Display und Leuchtdioden. Dieses System informiert laufend über Fahrstrecke, Haltestellen, die entsprechende Zeit, wann die Haltestelle erreicht sein wird.

VOLVO will diese Zukunftsvision 2000 als Diskussionsprojekt verstanden wissen, doch ist vieles an Technik aus diesem Bus bereits im Verkehr. Der Neoplan-N 4114 DES mit Allradlenkung und Radnabenmotoren mit echter Niederflurausrüstung (320 mm durchgehend bis zur Heckbank) ist in vielen Exemplaren im täglichen Einsatz. Ob die Zukunft der Gasturbine gehören kann, ist eine Frage der Kosten und nicht zuletzt der hohen Geräuschefrequenz, die nur mit viel Aufwand an Dämmung erträglich reduziert werden kann. Sicher ist, dass der Radnaben-Motorantrieb künftig eine Rolle spielt im Bereich des Linien- und Überlandlinienbus Konzepts. Die Erfahrungen aus Basel, Bremen und den Flughäfen sind äußerst positiv.

Abgesehen von solchen Details ist dieser Konzept-Bus als Plattform diskutabel und wird ohne Frage dem europäischen Omnibusbau eine neue Etappe technischen Fortschritts eröffnen.

Die Ziele sind hoch gesteckt. Eines davon will das Fahrwerk verändern, z. B. Trennung von Federungs- und Dämpfungssystem. Anstelle konventioneller Federn, im Bus Luftfedern mit Stoßdämpfer, werden Hydraulikzylinder mit hydropneumatischem Federspeicher und hydraulischem Dämpfungsmodul verwendet. Die Hydaulikzylinder verbinden Räder und Aufbau. Mit entsprechendem Druck lässt sich der Buskörper, unabhängig von Fahr- und Fahrbahnzustand, immer auf gleichem Niveau halten.
Ein anderes Ziel sollen Warnsysteme sein, die optisch und akustisch dem Fahrer signalisieren, wann sein Fahrzeug aus dem Fahrbahnbereich tendiert.
Eine andere Zielrichtung besteht darin, unabhängig vom Fahrer in das Fahren einzugreifen und Gefahren abzuwenden. Abstandswarner gibt es, auch Laser, doch gibt es noch kein System, das in den Fahrbetrieb eingreift und die Bremse auslöst, den Retarder einschaltet oder das Fußpedal zurücknimmt.
Hier wird sich in Zukunft mehr realisieren lassen, als heute denkbar. Beispiel: das digitalisierte Bus-Management, bei dem alle Funktionen im Omnibus von einem Zentralrechner gesteuert werden. Kabellose Verbindungen werden zu Multiplex-Knoten, aus deren Steuerung das gesamte Fahrverhalten bestimmt wird (CAN-Bus). Der Fortschritt im Omnibusbau ist nicht aufzuhalten.

Nichts ist beständiger als der Wandel ...
oder
wie Pythagoras schon sagte:
„Alles fließt"

Dies gilt im Besonderen für die Entwicklung des Automobils, die noch nicht an ihrem Ende ist.
Wie der vor 100 Jahren lebenden Generation das sich selbst bewegende Fahrzeug ein visionärer Traum gewesen ist, so steht für die heutige Generation das atomangetriebene, digitalisierte Fahrzeug am Horizont einer nicht mehr illusionären Zukunft. Sicher ist nur soviel, dass der Verbrennungsmotor im Omnibus und seine absolute Weiterentwicklung noch für lange Zeit ohne vergleichbare Alternative sein wird.
Wie ein „Deus ex machina" auf die Erde gekommen, sind die Aufgaben, vor die das Kraftfahrzeug den Menschen mit seinen wissenschaftlichen und technischen Fähigkeiten gestellt hat, im Grundsatz die gleichen geblieben: Technisch geht es darum, Fahrzeuge mit immer größerer Verkehrssicherheit, höherer ökonomischer Funktionalität zu konstruieren und sinnvoll immer mehr Menschen im ökologischen Umgang mit dem Kraftfahrzeug zu fördern.
Dem Omnibus fällt in dieser Gesellschaft unbestritten eine wichtige Rolle zu. Er ist nicht nur ein bequemes und ein verkehrssicheres Beförderungsmittel, er ist auch, und dies exklusiv, ein wichtiges Kommunikationsinstrument. Er wird im nächsten Jahrtausend seinen Platz in unserer mobilen Gesellschaft haben.
100 Jahre Omnibus-Geschichte bietet ein unverfälschtes Bild, das den unbeirrbaren Drang zur Perfektion vieler Pioniere der Technik widerspiegelt, um der Menschheit aus ihrer Bewegungslosigkeit herauszuhelfen und dem Miteinander einen Weg zu öffnen. Das zwar Folgen nach sich zieht, aber die Konfrontation der Völker zu mildern versucht, indem der Bus Staatsgrenzen überspringt, Menschen zusammenführt und zum anderen Wissen und nationale Kulturen verbreiten und verstehen hilft, zum Wohl aller Menschen. Tatsächlich ist der Omnibus, im Sinne des lateinischen Begriffs, „Das Fahrzeug für Alle".

Nachwort des Autors

Mit dem vorliegenden Buch habe ich versucht vor allem die technische Entwicklung des deutschen Omnibusbaus zu beschreiben. Bis jetzt blieben die Versuche in den Anfängen stecken oder hatten ihren Schwerpunkt im wirtschaftlichen Umfeld. Dass es unvergleichlich schwieriger ist, dieses Vorhaben befriedigend zu realisieren, liegt in dem leider oft anzutreffenden mangelnden Verständnis der Industrie, Archive mit Belegen und Originalen aus ihrer Entwicklung zu unterhalten. Überwiegend muss ein Autor intuitiv nach Quellen suchen und nicht immer steht am Ende ein Erfolg. Doch auch aus Bruchstücken lässt sich ein Bild erstellen, das Zusammenhänge erklärbar machen kann. So erhebt dieses Buch nicht den Anspruch alle Wege und Irrwege der Omnibus-Technik nachvollzogen zu haben. Manches ist nicht berücksichtigt und sicher fehlen auch jene Verbindungen, die eine Idee oder Detail-Versuch letztlich zum Durchbruch geführt haben.
Trotzdem glaube ich mit diesem Buch einen wesentlichen Beitrag zur Bedeutung der Omnibus-Geschichte, von den Pionierleistungen der Anfangszeit bis zur heutigen computergesteuerten Technologie im Fahrzeugbau, erbracht zu haben.

Otto-Peter A. Bühler

Omnibusse und Omnibustechnik heute

Allgemeine Entwicklung

Das zweite Jahrhundert der Omnibusgeschichte ab 1996 bringt eine kontinuierliche Fortsetzung der sich schnell entwickelnden Omnibustechnik. Der Omnibus nimmt im Reiseverkehr und im Liniendienst eine unverzichtbare Position ein. Er steht im Wettbewerb mit Bahn und Flugzeug, im innerstädtischen Bereich und im Regionalverkehr mit schienengebundenen Fahrzeugen. Allgemein wird noch mehr Komfort für die Fahrgäste durch verbesserte Sitze und weiterentwickelte Fahrwerke geboten, dem Fahrerarbeitsplatz wird noch mehr Beachtung geschenkt. Der Verband Deutscher Verkehrsbetriebe entwickelte für Linienbusse den VDV-Fahrerplatz mit vorbildlicher Ergonomie. Das äußere Erscheinungsbild und das Design im Innenraum haben für Linien- und Reisebusse einen hohen Stellenwert, wie in **Bild 1** am Beispiel eines Busses für die Expo 2000 gezeigt wird. Welche Rolle teil- oder vollautomatisierte Getriebe im Überlandlinien- und Reiseverkehr künftig spielen werden, hängt von der Preisentwicklung und möglichen Vorteilen durch wirtschaftlicheren Betrieb ab. Lüftung und Klimatisierung erfuhren deutliche Verbesserungen; die Klimatisierung findet auch bei Linienomnibussen Eingang, gelegentlich nur für den Fahrer in einem eigenen Abteil. Das Sicherheitsbewusstsein hat bei Herstellern und Betreibern deutlich zugenommen; mit Crash-Tests und Umsturzversuchen wurden wertvolle Erfahrungen gesammelt. Die heutigen Busse bieten den Fahrgästen einen ausreichenden Überlebensraum bei einem Umsturz. Die passive Sicherheit wird für die Fahrgäste ferner durch Sicherheitsgurte oder flexible Sitzlehnen in einigen Fällen verbessert. Eine europaweite Vorschrift ist zu erwarten.

Bild 1
Designerbus für die Expo 2000 in Hannover

Erstaunlich ist die große Zahl von Anbietern auf dem Omnibusmarkt, vor allem aus Niedriglohnländern; oft werden Bodengruppen renommierter Hersteller und verschiedene Antriebsaggregate verwendet, so dass hier von Komponentenfahrzeugen gesprochen werden kann.
Der vorherrschende Dieselmotor wird stetig weiterentwickelt, um den künftigen Emissionswerten nach Euro 3 und 4 gerecht zu werden. Die Omnibusantriebe hielten mit der stetig erhöhten Antriebsleistung der Lastzüge Schritt. Mit einer spezifischen Motorleistung von 15 bis 17,5 kW/t werden beachtliche Reisegeschwindigkeiten durch bessere Beschleunigung und Steigfähigkeit bei schaltarmer Fahrweise erzielt. Auf dem Weg zum „Zero-Emission-Vehicle" erscheinen neben den schon im Betrieb stehenden Bussen mit Wasserstoff oder Erdgas als Kraftstoff auch Prototypen mit Brennstoffzelle.
Die großen Hersteller stellten in den letzten Jahren nacheinander besonders hochwertige und komfortable Flaggschiffe ihres Reisebusprogramms vor. Diese Busse setzten Maßstäbe für den Bau von Reiseomnibussen. Doch es sind nur Entwicklungsschritte, da sich durch Innovationen auf dem Gebiet der Elektronik und der Komponenten immer wieder neue Konstellationen ergeben.

Reiseomnibusse

Im Personenwagen und im Nutzfahrzeug wird angestrebt, das Fahrverhalten und die Sicherheit durch ein besseres Zusammenwirken von Reifen, Federung und Dämpfung durch konstruktive und algorithmische Maßnahmen zu verbessern. Zwei Entwicklungsrichtungen stehen sich beim Reisebus derzeit gegenüber: Wabco und Sachs Boge erreichen mit einer elektronischen Dämpferregelung, die in das Luftfedersystem ECAS integriert ist, ein Optimum zwischen Schwingungskomfort und Fahrsicherheit. Die andere Entwicklungsrichtung wird in dem in die Zukunft weisenden Bus „Innovisia" von Daimler-Benz demonstriert. Die übliche Trennung von Federung und Dämpfung wird hier in einem aktiven Federungssystem aufgehoben. Dieses System hat Hydraulikzylinder und pneumatische Federspeicher statt der Luftfedern. Das System erfordert aber Energiezufuhr, um aktive Federungs- und Dämpfungsenergie bereitstellen zu können. Der Innovisia stellt für heutige Verhältnisse allerdings eine Maximallösung dar.
Insgesamt lassen die geschilderten Innovationen weitere Fortschritte in technischer und sicherheitstechnischer Hinsicht erwarten. Hierzu gehört auch die das ABS ergänzende ESP, die in kritischen Fahrsituationen zur Stabilisierung des Fahrzeugs beiträgt.

Aus dem Programm von Iveco stechen 1997 die Reisebusvarianten Euroclass mit 10 oder 12 m Länge für maximal 57 Fahrgastplätze und Motorleistungen bis 280 kW und dem Getriebe ZF 8 S 180 mit AVS und ein 12-m-Niederflur-Stadtlinienbus Cityclass mit drei Türen hervor. Neu ist der Euroclass-Reisebus in Hochdeckerausführung. Vorne werden die Räder mit McPherson-Federbeinen einzeln abgestützt. Die Bremsanlage verfügt über vordere Scheibenbremsen und hintere Trommelbremsen, zusätzlich ist ein Voith-Retarder vorgesehen. Robuste Omnibusse für extreme Straßen- und Klimaverhältnisse entstehen durch Zusammenarbeit mit Busbauern in Asien, Afrika und Südamerika, die dafür EuroCargo-Lkw-Fahrgestelle verwenden. Durch das Joint Venture mit Renault V.I. entsteht eine neue Marke Irisbus, unter der zunächst die Typen beider Hersteller angeboten werden.

MAN verfügt auf der Basis des Lion's Star über eine komplette Lion's Familie. Der Lion's Comfort RN 313/ 353 wird als wirtschaftlicher Reisebus mit Motoren mit 228 kW und 257 kW Leistung ausgestattet; er ist als Normaldecker vielseitig einsetzbar. Der besonders attraktive neue Lion's Coach RH 353 als Hochdecker für maximal 51 Fahrgäste mit Dreisterne-Komfort mit der Motorleistung von 257 kW wird bei dem MAN-Unternehmen Manas in der Türkei hergestellt. Der Fernreise-Hochdecker Lion's Star FRH 402 verfügt 1999 über Motorleistungen von 257 kW und 294 kW und hat Druckluft-Scheibenbremsen an vier Rädern, eine steifere Karosseriestruktur, verbesserte Radaufhängung und stabileren Querstabilisator an der Vorderachse. Der dreiachsige Hochdecker Lion's Top Coach nach **Bild 2**, ebenfalls aus türkischer Fertigung, wurde gewichtsoptimiert und hatte 1999 Premiere. Er ist mit dem Turbodieselmotor mit 338 kW motorisiert und verfügt über eingebauten Kühlschrank und eine Bordküche.

Bild 2
Lion's Top Coach von MAN

Mercedes-Benz gibt 1996 dem O 404 eine veränderte Frontpartie mit Setra-Rückspiegeln, Komfort und Wartungsfreundlichkeit wurden erhöht. Der O 404 wird in etwas vereinfachter Ausführung preiswert im türkischen Werk der Daimler Chrysler AG gefertigt. Komponenten dieses Busses verwendet Ernst Auwärter für einen dreiachsigen Reisehochdecker, **Bild 3**.

Der O 404 fand 1999 einen Nachfolger im hochkomfortablen Travego in Modulbauweise nach **Bild 4**. Innenausstattung, Antriebsstrang und die Elektrik und Elektronik wurden völlig neu entwickelt. Die drei Ausstattungsvarianten umfassen:

- Function als besonders alltagstaugliche und strapazierfähige Variante

Bild 3
Fernreisebus von Ernst Auwärter auf Basis O 404

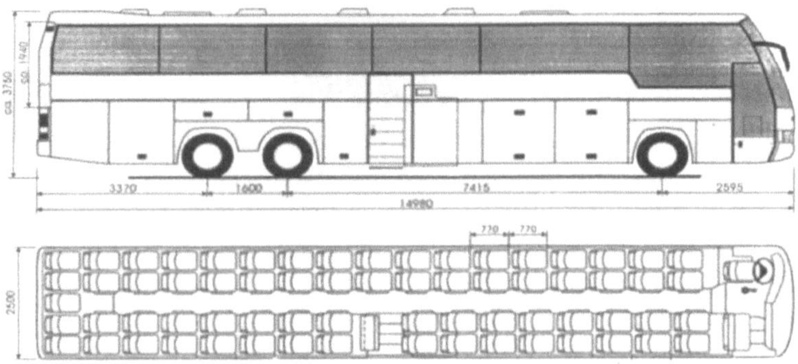

Bild 4
Mercedes-Benz Travego Luxusreisebus

- Fashion für den Reisebusmarkt mit modischen und „trendischen" Akzenten
- Flair in klassisch elegantem Stil

Das Getriebe ist teilautomatisiert mit der neuen EPS (elektropneumatische Schaltung). Der Motor OM 457 mit einer Leistung von 260 kW oder 310 kW kann in stehender oder liegender Ausführung gewählt werden, ferner steht der V8-Motor OM 502 LA mit 300 und 350 kW zur Verfügung.
G. Auwärter stellt 1996 mit dem Starliner N 516 SHD die fünfte Neoplan-Reisebusgeneration vor, **Bild 5**. Dieser 12-m-Starliner bietet erhöhte Fahrgastsicherheit mit mehr Fahr- und Fahrgastkomfort und profitiert von einer neuen Fertigungstechnik mit einer Bodengruppe aus Edelstahl. Das Design soll ihm eine unverwechselbare Identität verleihen. Die in Dreiecksform ausgeführte B-Säule dient als Überrollbügel. Ab

Bild 5
Sicherheitskonzept des Neoplan Starliner

Juni 1997 wird das neue Bremssystem EBS von Bosch serienmäßig eingeführt. Hinter dem vierten Scheinwerferglas jeder Seite ist eine Laser-Abstandswarnanlage eingebaut. Der heutige Standard der Klimaregelung macht den Verzicht auf individuelle Düsenbelüftung im Starliner möglich. Als Antrieb dient der OM 442 LA von Mercedes-Benz mit einer Leistung von 280 kW.

1997 kommt die 13,7-m-Variante N 516/3 SHDL mit drei Achsen und gleicher futuristischer Gestaltung nach **Bild 6** hinzu. Die Motorleistung beträgt wahlweise 280 kW oder 385 kW. Das modulare System von Neoplan erlaubt auch für den Starliner individuelle Lösungen nach Kundenwunsch. Neu ist die modifizierte Sicherheitssäule an den Sitzen mit Gurtbefestigung (**Bild 5**). Der Starliner kann mit dem automatisierten AS Tronic der ZF mit integriertem Retarder ausgerüstet werden.

Die neue Neoplan-Euroliner-Baureihe löst die Transliner-Reihe ab. Drei Varianten stehen zur Verfügung: der N316 ÜL mit einer Länge von 13,7 m, der 12 m-Bus Euroliner K mit vergrößerten Kofferräumen und für hohen Reisekomfort der Euroliner SHD. Von der Bordelektronik, System Kienzle Kibes II von Mannesmann-VDO, werden über einen Zentralrechner alle Funktionen des Busses gesteuert. Der bisherige Kabelbaum ist durch eine Leitung ersetzt.

Nach Übernahme des spanischen Herstellers Pegaso baut Renault V. I. ein neues Programm auf. Spitzenmodell wird nach Auslaufen des FR 2 der Reisebus Iliade mit 10,6 m und 12 m Länge, auch als Hochdecker. Antrieb durch Dieselmotoren mit 222 kW bis 280 kW. Ein Steuergerät wählt für das halbautomatische TBV-Getriebe den optimalen Gang aus. Bemerkenswert ist die Vorderachse, deren einzeln aufgehängte Räder von parallel geschalteten Schrauben- und Luftfedern abgestützt werden. Neue Perspektiven ergeben sich wiederum durch das Joint Venture mit der Fiat Tochter Iveco, zunächst mit getrenntem Programm mit dem neuen Markennamen Irisbus.

Bild 6
Fernreisebus Starliner mit drei Achsen

Scania lieferte bisher Antriebsaggregate mit Antriebs- und Vorderachse. Als erster 12-m-Reisebus wurde das Modell Scania Century nach **Bild 7** geschaffen, dessen Karosserie von Irizar stammt. Auffallend ist die Frontpartie mit großer geneigter und gewölbter Scheibe. Der stehend eingebaute Sechszylindermotor leistet 265 kW oder 309 kW. Es kann zwischen einem mechanischen Scania-Getriebe oder der halbautomatischen Opticruise gewählt werden. 85 % der Teile des Antriebsstrangs und des Fahrgestells sind mit dem Lkw identisch.
Der spanische Hersteller Irizar rüstet den Hochdecker Century mit dem Scania-Antriebsaggregat mit dem 272-kW-Motor DSC 1123 EDC und dem Siebenganggetriebe mit integriertem Retarder aus. Die Vorderräder sind einzeln aufgehängt und alle Achsen luftgefedert. Mit der Anfahrautomatik wird die Nachlaufachse zur Traktionsverbesserung kurz angehoben.

Bild 7
Scania Century mit Aufbau von Irizar

Bild 8
Antriebsmodul der Setra-Reisebusse mit V8-Motor

Setra stellt neben dem bekannten Programm selbsttragender Reiseomnibusse zwei Neuheiten aus. Der 316 GT-HD bildet den ersten 12 m-Hochdeckerbus der so genannten Kombi-Baureihe. Die Setra-Kombibusse basieren auf einer neuen Technik, wobei es gelang, einen durchgehenden Modulbaukasten zu schaffen, der alle Varianten vom Niederflurbus für Stadt- und Überlandlinien bis zum Hochdecker-Reisebus berücksichtigt. Der Komfortstandard enthält viele Ausstattungsdetails. Eine Klassifizierung ist für alle Gütestufen möglich. Als Antriebsmotor dient der Mercedes-Benz-Motor OM 442 LA mit einer Leistung von 280 kW (**Bild 8**). Neben dem Getriebe ZF 8 S-189 mit

Voith-Retarder wird künftig auch das Setra-Getriebe GO 190/210 mit nur sechs Gangstufen und erleichterter Schaltung angeboten. Sechs Stufen sind in Anbetracht der starken Motoren, die über einen weiten Bereich ein hohes Drehmoment aufweisen, ausreichend.

Der dreiachsige Superhochdecker Setra S 316 HDS wurde 1996 in seinem Erscheinungsbild nun der Baureihe 300 angepasst. Die dritte Achse ist eine selbstlenkende Nachlaufachse. Der Reisedoppeldecker Setra S 328 DT wird alternativ mit dem neuen Allison-Automatikgetriebe B500R ausgerüstet. Als Antrieb dient ein Mercedes-Benz-V-8-Dieselmotor mit 280 kW Leistung. Das Getriebe hat sechs Gangstufen, einen Wandler mit Überbrückungskupplung, einen integrierten Drehschwingungsdämpfer und abtriebsseitig einen doppelflutigen Retarder; er kann durch den Fahrer aktiviert werden oder automatisch über die Drosselklappe oder die Betriebsbremse. Ein elektronisches Getriebemanagement steuert die Gangwahl. Das Getriebe besitzt ein Diagnosesystem und hat verschiedene Schaltprogramme. In gleicher Weise wird auch der Reisehochdecker Setra 315 HD mit dem Allison-Automatikgetriebe ausgerüstet. Der Setra 328 DT wird auch mit dem Mercedes-Benz-V8-Dieselmotor OM 442 LA mit 385 kW und dem ZF-Getriebe 8 S 180 mit automatischer Vorwählschaltung (AVS) ausgerüstet.

Der dreiachsige Reisehochdecker Setra 317 HDH-3 ist ein 13,65-m-Vier-Sterne-Reisebus für 46 Fahrgäste und wird von dem neuen Mercedes-Benz-Motor OM 502 LA mit 350 kW angetrieben. Der Mercedes-Benz OM 502 LA besitzt die technischen Voraussetzungen für die künftige Euro 3-Norm. Das ZF-AS-Tronic-Getriebe, das wie ein Automatikgetriebe schaltet, wurde omnibusspezifisch adaptiert (**Bild 9**).

1999 stellte Setra mit dem S 319 GT-HD eine neue Dimension eines 15-m-Reisebusses vor. Die Vier-Sterne-Version verfügt über 56 Schlaf-

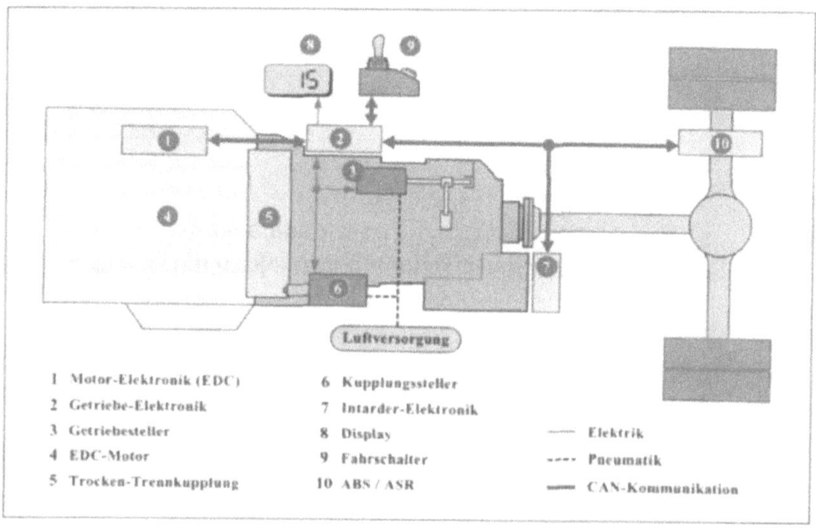

Bild 9
Automatisiertes ZF-Schaltgetriebe AS-Tronic

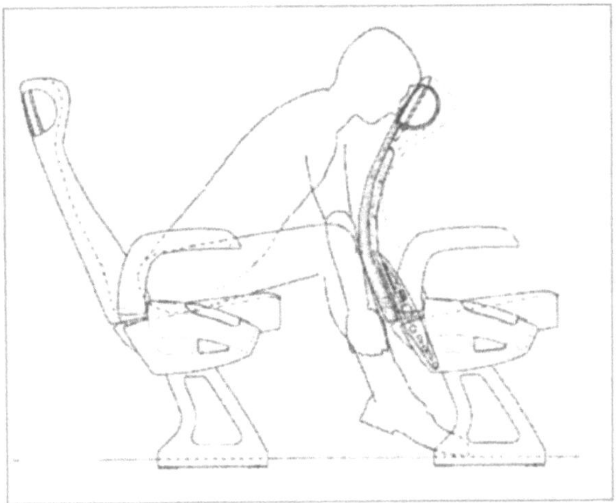

Bild 10
Flexible und absorbierende Rücklehnen nach Setra

sessel und großzügige Komfortausstattung. Zum Antrieb dient der Mercedes-Benz-V8-Motor mit 320 kW mit dem ZF-Getriebe 8 S-180 mit hydrodynamischem Intarder und die dritte Achse wird mittels der ZF-RAS-Lenkung gelenkt. Die Sitze haben Zweipunktgurte und Energie absorbierende Rücklehnen nach **Bild 10**.

Der T915 Acron von Van Hool ist ein exklusiver Reisehochdecker mit einzeln aufgehängten Vorderrädern mit Scheibenbremsen. Die luftgefederte Hinterachse wird nicht mehr von Lenkern geführt, sondern von einer in Längsrichtung angeordneten langen Blattfeder, **Bild 11**. Die Klimaanlage besteht aus einem modular aufgebauten System mit Variationsmöglichkeiten. Der ergänzende Typ T915 Alicron hat eine geringere Höhe.

Volvo liefert Reisebusse auf den B10- und B12-Fahrgestellen, auch mit der so genannten Theaterbestuhlung früherer Drögmöller-Omnibusse.

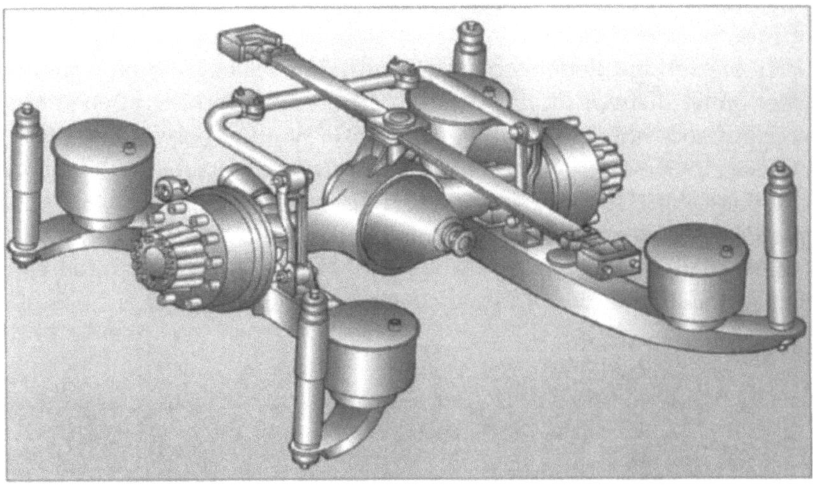

Bild 11
Führung der Achse nach Van Hool

Stadtlinien-, Überlandlinien- und Kombibusse

Die kantige Bauweise nach früherer VÖV-Vorgabe wurde allgemein zugunsten individueller Gestaltung verlassen. Der VDV-Fahrerarbeitsplatz mit verstellbarem Lenkrad setzt sich durch, **Bild 12**. Die Niederflurbauweise mit durchgehend ebenem Fußboden mit 320 bis 340 mm Höhe wird zum Standard, und es muss angestrebt werden, den ganzen Fuhrpark – zumindest für einzelne Linien darauf um-

Bild 12
Ergonomisch gestalteter Fahrerplatz nach VDV

zustellen. Der Omnibus ist wesentlicher Bestandteil des ÖPNV und muss voll in das jeweilige Verkehrssystem integriert werden. Das Interieur wurde freundlicher gestaltet, die Sitze werden häufig an den Seitenwänden befestigt, um die Reinigung des Bodens zu erleichtern. Eine Klimaanlage kann mindestens für den Fahrer wahlweise vorgesehen werden. Der Antrieb erfolgt konventionell mit Verbrennungsmotor, Automatikgetriebe und Gelenkwelle auf eine Portalachse mit seitlichem Differential. Niedriger Kraftstoffverbrauch der neuesten Motorentypen, innermotorische Maßnahmen und elektronisches Antriebsmanagement führen zu niedrigen Emissionen.
Der klassische Solobus mit zwei Achsen mit 18 t und der Gelenkbus mit 26 t Gesamtgewicht wurden nach Änderung der Straßenverkehrszulassungsordnung durch dreiachsige 13,5-m- und 15-m-Busse und in Einzelfällen durch vierachsige Busse ergänzt. Gegenüber den Gelenkbussen ergibt sich ein deutlicher Kostenvorteil. Der mehrteilige Gelenkzug, wie er zum Beispiel von Van Hool gebaut wird, ist in Deutschland nicht zugelassen. Schubgelenkbusse mit Antrieb der dritten ungelenkten Achse herrschen vor. Volvo und Van Hool haben den Motor im Vorderwagen mit Antrieb der zweiten Achse angeordnet und lenken die Räder der dritten Achse. Neoplan verwirklichte für Stadtlinienbusse eine intelligente Achssteuerung, die ein paralleles Heranfahren und Wegfahren durch eine so genannte Diagonallenkung möglich macht. Diese Lenkung wird bereits bei den dieselelektrisch getriebenen zweiachsigen Neoplan-Bussen in Hagen und Stuttgart.
Für den Betrieb von Bussen mit Dieselmotor in Städten und Ballungsgebieten gewinnt der Katalysator immer größere Bedeutung. Von HJS/JM wurde ein CRT-System (Continuously Regenerating Trap)

zur Abgasnachbehandlung entwickelt. Es besteht aus einem im Schalldämpfer integrierten Oxidationskatalysator mit Rußfilter. Der Katalysator oxidiert CO und HC fast vollständig. Das Emissionsverhalten wird erheblich verbessert. Siemens gelang es, das Wirkprinzip der Kraftwerksentstickung mit stationärem Betrieb für den instationären Betrieb im Nutzfahrzeug zum Sinox-Verfahren weiterzuentwickeln.
Carosserie Hess in Bellach (Schweiz) wendet für Omnibusse generell das Co-Bolt-Verfahren mit Aluminium-Elementen an. Durch eigene Lieferung und Lizenzvergabe sind die Busse weltweit im Einsatz. Der Lizenznehmer Volgren Ltd. in Melbourne (Australien) gewann bei einer Ausschreibung den beachtlichen Auftrag auf 950 Stück 12-m-Busse mit Hess-Co-Bolt-Aufbauten auf Mercedes-Benz Fahrgestell. Für Brisbane wurden in gleicher Weise 120 Busse in Auftrag genommen. Besonderes Merkmal der Co-Bolt-Bauweise ist die Schraubtechnik mit Versteifungselementen aus Alu-Guss.
Der früher bedeutende ungarische Omnibusbauer Ikarus modernisierte die bekannten Solo- und Gelenkbustypen mit MAN-oder Mercedes-Benz-Dieselmotoren; der Unterflurmotor OM 447 hLA mit 184 kW oder der entsprechende MAN-Motor sind jetzt für den Niederflur-Linienbus Typ 412 vorgesehen. Der Gelenkbus Typ 417 erhält die stärkere Variante mit 221 kW Leistung. Alternativ können einige als Trolleybus oder mit Motoren für Erdgasbetrieb (CNG) geliefert werden. Trotz Anpassung des Programms und der Technik an europäische Standards ist die Zukunft von Ikarus infolge wirtschaftlicher Schwierigkeiten im Jahr 2000 ungewiss.
Der MAN-Überlandlinienbus ÜL 313/353 gleicht äußerlich dem Stadtlinienbus RN 313/353 und ist ebenso motorisiert. Die Ausstattung ist flexibel auf die wechselnden Einsätze abgestimmt. Statt der Lüftungsanlage kann eine kostengünstige Klimaanlage eingebaut werden. Anstelle der Sechsganggetriebe von ZF kann für die Variante mit dem stärkeren 228-kW-Motor das Automatikgetriebe ZF HP 590 geordert werden. Wie bei den Lion's-Typen gehören eine Vierrad-Druckluft-Scheibenbremse, Retarder nach Wahl, ABS und ASR zur Ausstattung.
Der MAN-Niederflur-Überlandlinienbus NÜ 263 von 1999 hat 320 mm Einstiegshöhe an der Vordertür und 340 mm an der Mitteltür dient städtischen Allroundeinsätzen (**Bild 13**). Der 12-m-Bus hat durch die Niederflurbauweise keinen Kofferraum, dafür aber großzügige Gepäckablagen. Der Fahrerplatz entspricht dem von Hochschulen, der Berufsgenossenschaft und den Busherstellern entwickelten Fahrerarbeitsplatz. Für das NÜ-Programm stehen drei Motoren mit 191 kW, 228 kW und der erdgasbetriebene Motor mit 170 kW je mit einem Sechsganggetriebe oder vier verschiedenen Automatikgetrieben zur Wahl. Die 15-m-Variante NÜ 263/313 mit drei Achsen nach **Bild 13**

Bild 13
15-m-Überlandlinienbus MAN NÜ 263/313

bietet 60 Passagieren Platz. Die hydraulisch gelenkte Nachlaufachse RAS von ZF wird elektronisch angesteuert. Gegenüber der zweiten Generation von Niederflurbussen fallen insbesondere der Gerippebau aus offenen U-Profilen und die Vierlenker-Vorderachskonstruktion auf. Der modulare Aufbau des Fahrzeugprogramms sieht Varianten für die verschiedensten Verwendungszwecke vor.
Mehr Komfort und höhere Sicherheit für Fahrgäste und Fahrer waren bei MAN ein Entwicklungsziel für den NL 263 mit VDV-Fahrerplatz und Motorleistungen von 162 kW bis 228 kW. Neben der Designaufwertung galt es, die Wartungs- und Life-Cycle-Costs zu reduzieren. Höhere Modularität und verringertes Teilesortiment kommen auch den Betreibern zugute. Geschaffen wurde eine einheitliche Fahrzeugfamilie mit 12-m- und 15-m-Wagen und Gelenkbus. Gleichzeitig ist der NL 263 Auslöser für eine neue Elektronikstruktur.
Ein Niederflur-Gelenkbus nach **Bild 14**, dessen Motor mit Wasserstoff betrieben wird, fährt als Vorfeldbus auf dem Flughafen in München. Aral erbaute dafür eine spezielle Tankstelle für Wasserstoff.
Der 12-m-Niederflurbus von Mauri, Typ Kronos, wurde mit MAN-Komponenten erstellt. Erstmalig wurde eine modulare Antriebstechnik verwirklicht, bei der das komplette Antriebsaggregat mit dem liegenden Sechszylindermotor mit 191 kW betriebsfertig auf einem Hilfsrahmen zusammengefasst wurde. Das Heck des Kronos wurde entsprechend gestaltet, um leichten Ein- und Ausbau zu ermöglichen.
Die MAN-Technologie AG entwickelt und produziert CNG-Speichersysteme für Omnibusse. Die kompakte Bauweise der ultraleichten Vollverbundbehälter lässt einen Dachaufbau neben Klimaanlagen und Dachausstiegen zu (**Bild 15**).
Der Mercedes-Benz Integro für den interessanter werdenden dualen Einsatz im Linien- und Gelegenheitsverkehr hat einzeln aufgehängte

Bild 14
MAN-Niederflur-Gelenkbus für Betrieb mit Wasserstoff

Bild 15
CNG-Speichersystem für Wasserstoff der MAN-Technologie

Bild 16
Mercedes-Benz Integro L Überlandbus

scheibengebremste Vorderräder, äußerlich ist er reisebusorientiert. Die Zusammenarbeit mit Setra in Ulm ist unverkennbar. Der liegend eingebaute OM 447 hLA mit einer Leistung von 184 kW oder 220 kW mit Mercedes-Benz-Sechsganggetriebe arbeitet auf eine leise Hypoid-Hinterachse. Ein 4,4-m^3-Kofferraum, eine große Gepäckablage und eine elektronisch gesteuerte Klimaanlage machen den Bus reisetauglich. Eine Integro-Familie entsteht 1999 mit dem Integro H als Hochbodenversion mit besonderer Eignung für den Ausflugsverkehr und dem dreiachsigen Integro L mit 15 m Länge (**Bild 16**).

Aus der Niederflurbaureihe O 405 N entstand der neue kurze O 405 NK mit Erdgasantrieb. Verwendet wird der bekannte 12-l-Sechszylindermotor mit 175 kW Leistung, ausgerüstet mit Lambda-Regelung und Drei-Wege-Katalysator. Die nach Wahl fünf oder sieben Gastanks auf dem Dach speichern das auf 200 bar verdichtete Gas (CNG). Der neue zweiachsige 13,4-m-Überlandlinienbus O 405 NÜL in Niederflurtechnik hat den liegend eingebauten OM 447 hLA, der mit einem ZF-Fünfganggetriebe kombiniert ist.

Mit dem Mercedes-Benz-Citaro wurde 1997 als Nachfolger des O 405 ein von Grund auf neu konstruierter Stadtlinienbus vorgestellt (**Bild 17**). Um den vielfältigen Kundenforderungen an einen Niederfluromnibus gerecht werden zu können, wurde der Citaro als Baukasten konzipiert, um damit den Aufwand in der Logistik und Fertigung drastisch zu reduzieren. Das Konzept umfasst 10 Grund- und zwei Frontelemente und 1 Heckelement. Die Einstiegshöhen werden bei unbeladenem Fahrzeug durch die elektronisch gesteuerte Niveauregelung (ENR) eingehalten. Der Citaro wird in Längenvarianten von

Bild 17
Mercedes-Benz Citaro

12 m bis 18 m für den Gelenkbus gebaut. Die Länge von 15 m erfordert eine dritte zwangsgesteuerte Achse. Der Aufbau lässt neben der bisher üblichen Breite von 2,50 m auch die bereits in vielen Ländern zugelassenen 2,55 m zu. Die Sicherheit wurde im Rahmen der Vorschrift ECE-R 66 wesentlich erhöht. Zum anderen wurde der Schutz beim Seitenaufprall verbessert, ein für einen Niederfluromnibus besonders wichtiges Kriterium. Die in der Höhe der Sitze verstärkte Seitenwand hatte einen Nebeneffekt: Die Sitze werden nun an der Wand hängend an einer durchlaufenden Schiene befestigt („Cantilever-Befestigung"). Ihr Abstand kann somit beliebig variiert werden. Aus den Fahrwerks- und Aufbaumodulen können Varianten als Gelenkbus und für die Überlandlinie gebildet werden.

Um den Anforderungen an eine neue Elektrik gerecht zu werden und die verschiedenen Systeme miteinander zu verbinden, wurde in Zusammenarbeit mit TEMIC ein vollkommen neues Elektroniksystem FPS (Flexibel-Programmierte-Steuerung) entwickelt. Aus dem schweren Lkw Actros von Daimler-Chrysler wurde ein Großteil der Elektroniksysteme für das Antriebstrangmanagement übernommen. Dieses System IES basiert auf funktionsbezogenen Steuergeräten, die untereinander über einen Highspeed-CAN Datenbus nach ISO 11 898 kommunizieren.

Für den Antrieb sind Motoren von 170 kW bis 260 kW mit ZF-Fünfgang-Automatikgetriebe oder Drei- oder Viergang-Automatikgetriebe von Voith vorgesehen. Die Tabelle 1 nennt die zum Einbau vorgesehenen Motoren mit ungewöhnlich großer Bandbreite der Motorleistung. Das Baukastensystem lässt auch flexible Motoranordnung im Heck zu. Normalerweise ist der Motor liegend im Heck eingebaut, bei der dreitürigen Variante kann er links seitlich stehend angeordnet werden. Der Einbau aller Triebstrangvarianten mit der ganzen Peripherie ist nach **Bild 18** ohne Änderungen am Rohbau des Hecks möglich.

Bild 18
Einbausituation des Motors mit Hilfsaggregaten im Heck des Mercedes-Benz Citaro

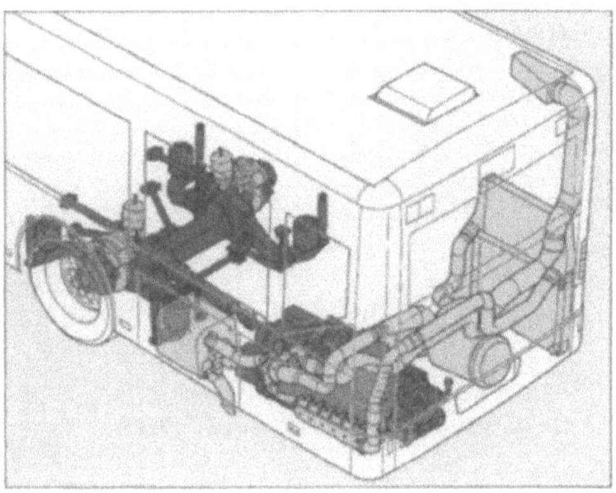

Für die Expo 2000 wurden an die Üstra Hannoversche Verkehrsbetriebe AG 101 Citaro-Designerbusse geliefert. Sie entstanden in Kooperation zwischen Hersteller, Betreiber und dem Mailänder Stardesigner James Irvine. Davon sind 40 Solobusse und 16 Gelenkbusse nach **Bild 1** mit einem wesentlich verbesserten Erdgasantrieb ausgerüstet. Die Motoren M 447 hLAG mit Fremdzündung, Turbolader und Ladeluftkühlung arbeiten nach dem Magergemisch-Prinzip und leisten 185 kW im Solobus und 240 kW im Gelenkbus. Die Tanks für das auf 200 bar verdichtete Gas (CNG) wurden auf dem Fahrzeugdach untergebracht.

Der Neoplan Regioliner N 3016 von 1996 ist ein Überlandlinienbus in Niederflurtechnik mit 45 + 1

Sitzplätzen und 49 Stehplätzen, angetrieben durch einen MAN-Dieselmotor D2866 LUH mit 228 kW Leistung (**Bild 19**). Neu ist der VDV-Arbeitsplatz. Das Fahrzeug ist mit Rollstuhlrampe und Kompaktklimaanlage ausgerüstet. Der dreiachsige Doppelstockomnibus N 4026/3 wird mit zwei Radständen geliefert und hat eine Antriebsleistung von 250 kW.

Der Centroliner N 4416 ist jetzt Mitglied einer kompletten Niederflur-Stadtbusfamilie, die vom 10 m-Midibus bis zum dreiachsigen 15 m-Bus reicht. Die Integral-Front- und Heckpartie bestehen als tragende Strukturbauteile aus Faserverbundwerkstoffen. Der Motor ist stehend eingebaut, wodurch der Fußboden durchgehend niederflurig ausge-

Bild 19
Überland-Niederflurbus Neoplan Regioliner N 3016

Bild 20
Irisbus Agora in Niederflurbauweise

führt ist. Der Centroliner-Gelenkzug ergänzt die Baureihe. Alle Busse haben den VDV-Fahrerplatz sowie eine Breite von 2,55 m. Die Plattform oder Bodengruppe ist identisch mit der des Regioliners. Der Centroliner ist der erste Neoplan-Serienbus mit CAN-Bus-System zur Integration aller Fahrzeugelektroniken.
Das modulare Baukastensystem von Neoplan, das in einem eigenen Kapitel beschrieben wird, lässt eine Anpassung der 12-m-Typen Transliner, Centroliner, Regioliner und des Megatrans mit 15 m Länge und der Midibusse an individuelle Kundenwünsche zu.
Der Stadtlinienbus Agora von Renault V. I. in Niederflurbauweise wird zwei- oder dreitürig geliefert; die Motorleistung beträgt 153 kW oder 186 kW. Der Agora-Gelenkzug hat drei oder vier Türen mit 320 und 330 mm Einstiegshöhe, Motorleistung bis 233 kW und ZF-Automatikgetriebe 4 HP 500. Wahlweise wird ein Gasmotor für CNG mit 186 kW Leistung vorgesehen. Beide Varianten werden für Aufbauhersteller auch als Fahrgestell geliefert. Der Agora steht nun als Produktfamilie zur Verfügung. **Bild 20** zeigt einen Agora, der nach dem Joint-Venture mit Iveco unter der neuen Marke Irisbus vertrieben wird.
Die ersten Modelle der neuen Busgeneration 4 von Scania mit eigenwilligem Design wurden 1997 gezeigt. Der OmniCity nach **Bild 21** wird komplett im dänischen Werk in Silkeborg, das von der DAB übernommen wurde, gebaut. Die Aluminium-Karosserie ist eine gemeinsame Entwicklung von Scania und Alusuisse. Der quer im Heck eingebaute Motor mit 9 l Hubraum leistet 162 kW oder 191 kW. Alle Sitze sind bodenfrei am Dach oder an den Seitenwänden aufgehängt, wie das schon von DAB-Silkeborg bekannt ist. Die Bremsanlage umfasst vier Scheibenbremsen, aber ohne die elektronische Steuerung

Bild 21
Omnicity von Scania mit abgesenktem vorderen Einstieg (Kneeling)

wie bei den Scania-Lastwagen. Die bisher 45 Fahrgestellmodule der Baureihe 3 verringern sich nach Vollendung der Baureihe 4 auf sieben. Der Bus erhält zusätzlich einen Motor mit einer höheren Leistung von 228 kW.

Van Hool stellte den Linienbus A320 in 100 %-Niederflurbauweise mit seitlich stehendem Mittelmotor, analog den bekannten Modellen A300 und AG300 vor. Neu im Programm sind zwei Niederfluromnibusse mit liegendem Heckmotor; der zweitürige A360 hat eine höhere Sitzplatzkapazität bei leicht erhöhtem Fußboden hinter der zweiten Tür und eignet sich für kombinierten Stadt- und Vorortverkehr. Die Heckmotorvariante des A320 ist für den gleichen Einsatzbereich konzipiert.

Der T815 CL von Van Hool aus der Kategorie der Überland-Linienbusse kann auch als Ausflugsbus verwendet werden. Die 15-m-Variante wird als T819 CL angeboten. Nach wie vor im Programm ist der 24 m lange Doppelgelenkzug AGG300 in durchgehender Niederflurbauweise mit gelenkten Nachläuferachsen und seitlich stehend im Vorderwagen eingebautem Motor. Die Van Hool-Stadtbusse A308 CNG und A300 CNG werden mit Erdgas betrieben.

Volvo bietet die neue Kombibusfamilie B10-400 an, die in Heilbronn neben den Baureihen B12-500 H und B12-600 hergestellt wird. Die B10-400-Familie besteht aus drei Typen mit 12 m Länge: den Kombiversionen mit 860 und 1040 mm Fußbodenhöhe und dem B10-400 Multi, der beispielsweise mit einem Niederflurperron im Heck freie Gestaltungsmöglichkeiten bietet. Diese Fahrzeuge verwenden den Unterflur-Mittelmotor DH 10, der je nach Einstellung 210 oder 265 kW leistet. Die Karosserie wird in Edelstahl ausgeführt.

Das Niederflur-Stadtbus-Fahrgestell B10L von Volvo mit längs eingebautem Unterflur-Heckmotor kann für Busse mit 9 bis 12 m Länge variiert werden. Neben Dieselmotoren mit 180 oder 210 kW kann ein erdgasbetriebener Motor eingebaut werden; es kann zwischen Automatikgetrieben mit integriertem Retarder von Voith und ZF gewählt werden. Der B10L hat den VDV-Fahrerplatz, einzeln aufgehängte und scheibengebremste Vorderräder und Z-cam-Trommelbremsen an den Hinterrädern. Volvo überarbeitete die derzeit noch in Heilbronn gebauten Omnibusse. Neu ist der B7L, ein für den Stadtverkehr konzipiertes Fahrgestell. Für den Standardbus und den Gelenkbus werden möglichst viele Gleichteile verwendet. Neu ist der Einbau des Motors mit Kühler links hinten in einem Winkel von 80° zur Hinterachse. Der Omnibus-Dieselmotor D7C mit 7,3 l Hubraum leistet 155, 184, 215 oder 228 kW. Er hat laut Hersteller im normalen Arbeitsbereich einen Wirkungsgrad von 44 % und wird entweder mit einem Oxidationskatalysator oder einem Partikelfilter ausgestattet. Daneben bietet Volvo die neue Niederflurbusgeneration 7000 als Solo- und Gelenkbus mit den erwähnten Motoren an. Mit Kneeling wird die

Einstiegshöhe auf 230 mm abgesenkt. Der Fahrerplatz ist ganz neu gestaltet, an den Wänden aufgehängte Komfortsitze und eine Klimaanlage dienen dem Fahrgast. Der Einbau von Oxidationskatalysator oder Rußfilter ist möglich.

15-m-Busse füllen die Lücke zwischen den 12-m-Solobussen und den 18-m-Gelenkbussen

Nach der Zulassung der 15-m-Busse mit drei und vier Achsen zum Straßenverkehr erweiterten europäische Hersteller ihr Programm um solche Fahrzeuge für Stadtverkehr, Überlandlinien und Reise. Um den Vorschriften für Kreisfahrt gerecht zu werden, wird die dritte Achse elektrohydraulisch gelenkt, angetrieben wird die zweite Achse. Eine Ausnahme bildet der von Kässbohrer 1994 vorgestellte Setra 217 NR mit 13,45 m Länge mit Antrieb der dritten Achse und Lenkung der zweiten Achse; die andere Ausnahme bildet der 13,4-m-Überlandlinienbus Mercedes-Benz O 405 NÜL, der mit zwei Achsen auskommt. Diese neue Gattung von Linienbussen erfordert die volle Aufmerksamkeit des Fahrers wegen der großen Überhänge, besonders in Haltebuchten. Kaphaltestellen sind für diese Busse ideal. Alle namhaften europäischen Bushersteller haben sich auf diese neue Länge eingestellt, angeboten werden Niederflurbaureihen und Hochbodenvarianten für Stadtlinien- und Überlandlinienbetrieb und sogar Reisehochdecker von Setra mit Vier-Sterne-Komfort. Überlandlinienbusse werden mit Komponenten der Stadtlinienbusse ausgerüstet, haben aber bei den Hochflurausführungen einen kleinen Kofferraum für Kurzreisen. Häufig wird ein Handschaltgetriebe verwendet.

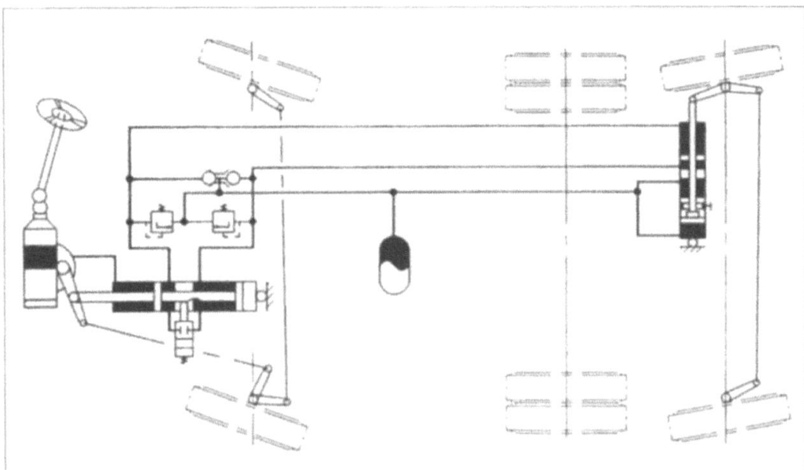

Bild 22
Lenksystem

Als Premiere stellt Bova 1997 den dreiachsigen Futura FHD 14-370 als Hochdecker mit 13,58 m Länge vor. In der Viersterne-Ausführung bietet er 52 Fahrgästen Platz. Das Gesamtgewicht beträgt 24,5 t, den Antrieb übernimmt der Daf-Motor WS 268 M mit 268 kW mit druckluftunterstützter Trockenkupplung und ZF-Getriebe 8 S-180 mit Intarder. Der FHD 14-430 entspricht dem 14-370, hat aber den Daf-Motor mit 315 kW Leistung. Diese Busse ergänzen die 15-m-Omnibusse der Typen FLD 15-370 und FHD 15-430.

MAN stellt sowohl einen Überlandlinienbus ÜL 313/353, abgeleitet von der Lion's-Baureihe, als auch die Niederflurvariante NÜ 263/313 her, Letztere für stark befahrene Linien mit hohem Fahrgastwechsel.

Der vierachsige Neoplan-Bus war ursprünglich als hochkomfortabler Reisebus für lange Distanzen entworfen worden; er wurde durch eine vierachsige Linienbusvariante mit kurzem Achsstand und Doppelstockaufbau ergänzt; aber G. Auwärter favorisiert den 15-m-Bus mit drei Achsen für den Liniendienst und trug maßgebend zur behördlichen Zulassung zum Straßenverkehr bei.

Der 1997 von Neoplan vorgestellte 15-m-Transliner N 318/3 Ü mit drei Achsen hat als Besonderheit einen langen Radstand von 7,33 m von der ersten zur zweiten Achse. Die Antriebsachse wird daher in Abhängigkeit von der Vorderachse über eine elektronisch-hydraulische Steuereinheit gelenkt, die Nachlaufachse ist selbstlenkend. Die Vorderräder haben Scheibenbremsen. Zum Antrieb dient der Mercedes-Benz-V6-Motor OM 441 LA mit einer Leistung von 250 kW mit einem ZF-Getriebe 8 S 180.

Die Translinerreihe wird vom neuen Euroliner abgelöst.

Der Neoplan Regioliner N 318 LNF mit 15 m Länge verfügt über 59 Sitz- und 60 Stehplätze. Als Antrieb dient der Mercedes-Benz Dieselmotor OM 447 hLA mit einer Leistung von 220 kW. Als Getriebe wird das ZF-Ecomat 5 HP 590 mit Retarder verwendet.

Für den Überland-Linienverkehr wurde 1997 der dreiachsige 15-m-Bus Setra 319 UL entwickelt. Er kann als Neuheit wahlweise mit herkömmlicher Linienbusfront oder geneigter Frontpartie geliefert werden. Die unterschiedliche Bestuhlung lässt maximal 19 Sitzreihen mit 73 Sitzplätzen zu. Das neue Modell ergänzt den 12-m-Bus S 315 UL und den 18-m-Gelenkzug SG 321 UL. Die zweite Achse wird angetrieben und die dritte Achse ist eine scheibengebremste RAS-Nachlauflenkachse von ZF (Rear Axle Steering) nach **Bild 22**. Die Lenkbewegung wird hydrostatisch übertragen; zur Stabilisierung bei Geradeausfahrt mit höherer Geschwindigkeit dient eine hydraulische Zentrierung. Die vorgesehene Motorenpalette umfasst den Mercedes-Benz-Motor OM 447 hLA mit 184 kW oder 220 kW und den MAN-Motor D2866 LUH 20 mit 228 kW oder 257 kW; erstmalig kommt das optimierte Getriebe ZF S 6-1600 zum Einbau.

Bild 23
Mit Erdgas betriebener Bus von Mercedes-Benz im Liniennetz der Üstra Hannoversche Verkehrsbetriebe AG

Gegenwart und Zukunft

Die Fülle der Gattungen, Bauformen und Bauweisen heutiger Omnibusse wird sicher auch ohne Angabe aller Hersteller und Typen deutlich. Der Stand der Technik kann nur eine Momentaufnahme sein, Innovationen und neue Technologien führen zu stetigen Veränderungen und Verbesserungen. Der Omnibus ist mit seinem hohen Entwicklungsstand seinem Umfeld davongeeilt. Das Straßennetz für Reisebusse hat Nachholbedarf und die Linienbusse müssen noch mehr in ein umfassendes Verkehrssystem integriert werden (**Bild 23**). Der Sicherheitsstandard Omnibusse ist heute schon derart hoch, dass der Mensch den größten Unsicherheitsfaktor darstellt. Rasche Einführung weiterer elektronischer Hilfen oder Assistenzsysteme ist notwendig.

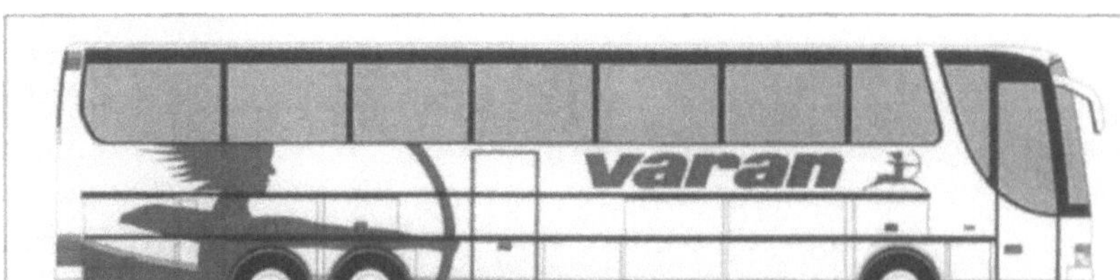

Bild 24
Setra-Reisehochdecker S 317 GT-HD mit Luxusausstattung für Intercityverkehr

Natürlich können in diesem Kapitel nicht alle Hersteller und Typen genannt werden, der Überblick soll den Stand der Technik vermitteln und gibt einen Blick in die Zukunft frei. Das zweite Jahrhundert der Omnibusgeschichte brachte schon zu Anfang zahlreiche Innovationen der Hersteller und der Zulieferer, die vielversprechend sind. Als Perspektive sei noch das türkische Busunternehmen Varan erwähnt, das bereits heute einen Intercity-Linienverkehr mit einem Vier-Sterne-Reisebus (**Bild 24**) mit besonderen Raffinessen bietet. Jeder Fahrgast hat einen individuellen Bildschirm mit Kopfhörer und frei wählbaren Programmen in der Rücklehne des vorderen Sitzes. Der Service ist perfekt durch Internet-unterstützte Buchung mit Garantie der Sitzplatznummer und Abfertigung in eigenen Busbahnhöfen in vielen Städten. Ein Blick noch weiter in die technisch orientierte Zukunft wird in dem Kapitel über die Omnibusse mit elektrischem Antrieb geboten.

Literaturhinweise

Innovisia – Sicher in die Zukunft. In: Daimler-Benz HiTech Report '97, S. 82–87

Hamsten, B. und *Stangl, G.*: Aus Modulen konzipiert – Die Baureihe Setra-Kombibus. In: ATZ 99 (1997), Nr. 7/8, S. 404–413

Hoepke, E. und 6 Mitautoren: Omnibusse im Verkehrssystem von Ballungsgebieten. Renningen-Malmsheim, expert, 1995

Hamsten, B. und *Hülsmann, D.*: Mercedes-Benz Citaro – Die neue Niederfluromnibus-Generation in Elementbauweise, In: ATZ 100 (1998), Nr. 5, S. 332–347

Ballas, H.-W. Ballas, Brossette, M. und *Heiß, U.*: Das neue Elektrik/Elektronikkonzept des Stadtlinienomnibusses Citaro von Daimler-Benz. In: ATZ 100 (1998), Nr. 2, S. 76–90

Dieseleinspritzsysteme für Nutzfahrzeuge

Einleitung

Seine ausgeprägte Wirtschaftlichkeit und Zuverlässigkeit machen den Dieselmotor zum bevorzugten Antriebskonzept für Nutzfahrzeuge. Dabei zieht sich der Name Bosch wie ein roter Faden durch die gesamte Entwicklungsgeschichte des Dieselmotors: Bereits in den ersten serienreifen Dieselfahrzeugen sorgten Reihenpumpen von Bosch für eine zuverlässige Einspritzung. Im folgenden Beitrag wird die Funktionsweise der verschiedenen Diesel-Einspritzsysteme von Bosch beschrieben sowie deren Potenzial, die in Zukunft immer strenger werdenden Anforderungen in Bezug auf Abgasemissionen, Wirtschaftlichkeit und Fahrverhalten zu erfüllen.

Entwicklungen in der Dieseleinspritztechnik

Rudolf Diesel ließ sich den Prozess einer selbstzündenden Verbrennung bereits vor mehr als 100 Jahren patentieren.
Ende 1922 begann bei Bosch die Entwicklung eines Einspritzsystems für Dieselmotoren. Die technischen Voraussetzungen waren günstig: Bosch verfügte über Erfahrungen mit Verbrennungsmotoren, die Fertigungstechnik war hoch entwickelt und vor allem konnten Kenntnisse, die man bei der Fertigung von Schmierpumpen gesammelt hatte, eingesetzt werden. Dennoch war dies für Bosch ein großes Wagnis, da es viele Aufgaben zu lösen gab.
1927 wurden die ersten Einspritzpumpen in Serie hergestellt. Die Präzision dieser Pumpen war damals einmalig. Sie waren klein, leicht und ermöglichten höhere Drehzahlen des Dieselmotors. Diese Reihenpumpen wurden in Nkw und ab 1936 auch in Pkw eingesetzt. Die P-Pumpe, die ihren Einstand mit einem Serienanlauf im Jahr 1962 feierte, nimmt mit ihren Abwandlungen bis zum heutigen Tag eine vorherrschende Stellung bei extremen Einsatzbedingungen ein. Die Weiterentwicklung des Dieselmotors und der Einspritzanlagen ging seither unaufhörlich weiter. Im Jahr 1976 gab die von Bosch entwickelte Verteilereinspritzpumpe mit automatischem Spritzversteller dem Dieselmotor neuen Auftrieb. Ein Jahrzehnt später folgte die von Bosch in langer Forschungsarbeit zur Serienreife gebrachte elektronische Regelung der Dieseleinspritzung.
Die immer genauere Dosierung kleinster Kraftstoffmengen zum exakt richtigen Zeitpunkt ist eine ständige Herausforderung für die Entwickler. Dies führte zu vielen neuen Innovationen bei den Einspritzsystemen. 1993 erschien die von der bekannten P-Pumpe abgeleitete Hubschieberpumpe für schwere Nutzfahrzeuge, im darauf folgenden

Jahr lief das magnetventilgesteuerte Unit Injector System für schwere Nutzfahrzeuge vom Band. Nur ein Jahr später folgte das mit dem UIS eng verwandte Unit Pump System. 1996 startete die Produktion der VP44, eine magnetventilgesteuerte Radialkolben-Verteilerpumpe. Die neueste Entwicklung in der Dieseleinspritztechnik für schwere Nutzfahrzeuge ist das Speichereinspritzsystem Common Rail. Auf diesem Konzept basierende Systeme für Pkw erschienen schon Mitte 1997.
In Verbrauch und Ausnutzung des Kraftstoffs ist der Selbstzünder nach wie vor Spitze. Neue Einspritzsysteme konnten dieses Potenzial noch weiter ausnutzen. Zusätzlich wurden die Motoren ständig leistungsfähiger, während die Geräusch- und Schadstoffemissionen weiter abnahmen.

Abgasvorschriften

In den verschiedenen Regionalmärkten für Nfz-Dieselmotoren trifft man auf die unterschiedlichsten Emissionsvorschriften. **Bild 1** zeigt die für mit Dieselmotoren ausgestatteten schweren Nutzfahrzeuge geltenden Partikel- und NO_x-Vorschriften in einigen Industriestaaten nach heutigem Kenntnisstand. Künftig werden die jeweiligen Regelwerke strenger sein, während die einzelnen regionalen Unterschiede gleichzeitig abnehmen werden. So haben sich beispielsweise die vom Gesetzgeber definierten Grenzwerte für schwere Motoren in Europa und den USA seit 1994 stark angenähert. Auch die für die Zukunft angestrebten Werte unterscheiden sich nur noch unwesentlich voneinander.
Zusammenfassend lässt sich feststellen, dass die Abgasvorschriften der Vergangenheit und der Gegenwart eine der treibenden Kräfte in der

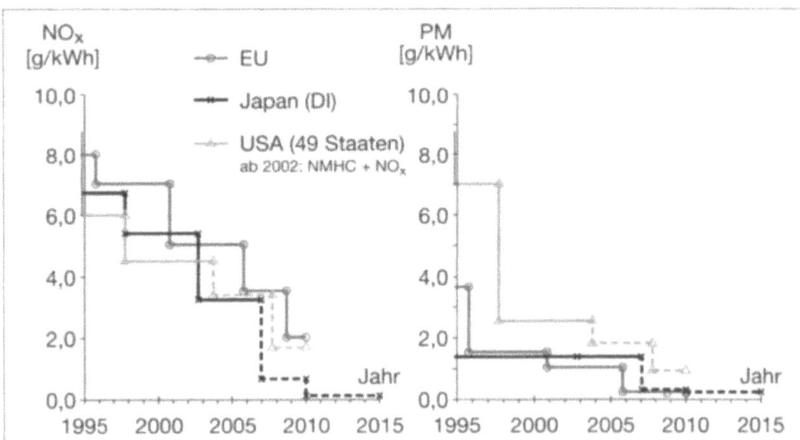

Bild 1
Vergleich der Emissionsgesetzgebung (Diesel-Nfz) Industrieländer

Entwicklung der Diesel-Einspritztechnik sind und damit einen wichtigen Faktor in der weltweiten Einführung von neuen und ausgereifteren Diesel-Einspritzsystemen darstellen.

Einspritzsysteme für mittelschwere und schwere Motoren

Die immer strenger werdenden Abgasvorschriften stellen hohe Aufforderungen an Diesel-Einspritzsysteme und erfordern die Entwicklung neuer Hochdruckeinspritzsysteme (**Bild 2**).
Früher kamen vor allem kantengesteuerte Reihenpumpen mit mechanischen Drehzahlreglern oder elektronischen Stellgliedern zum Einsatz. Alle neueren Einspritzaggregate basieren auf Zeitsteuerung mit schnellstschaltenden Magnetventilen. Diese Strategie gewährt eine flexiblere und präzisere Beherrschung aller Einspritzgrößen. Ein weiteres Merkmal aktueller Einspritzsysteme bilden die hohen Einspritzdrücke im Bereich zwischen 1400 und 2000 bar.
Die neuen Einspritzsysteme von Bosch sind in der Lage, alle motorischen und fahrzeugspezifischen Forderungen zu erfüllen.

Unit Injector System

Das Unit Injector System (UIS) (**Bild 3**), auch Pumpe-Düse-System genannt, wird direkt in den Zylinderkopf eingebaut. Einspritzpumpe und Einspritzdüse bilden dabei eine Einheit. Diese wird von der Motor-

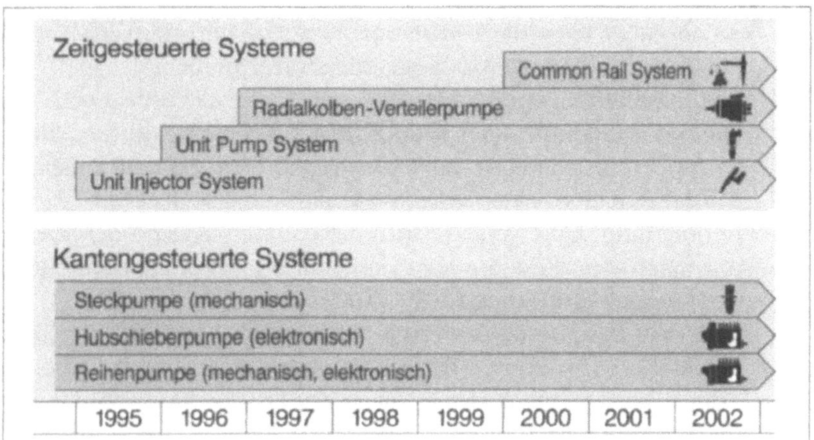

Bild 2
Einspritzsysteme für Nkw > 6 t

Bild 3
Unit Injector System (UIS) für Nkw

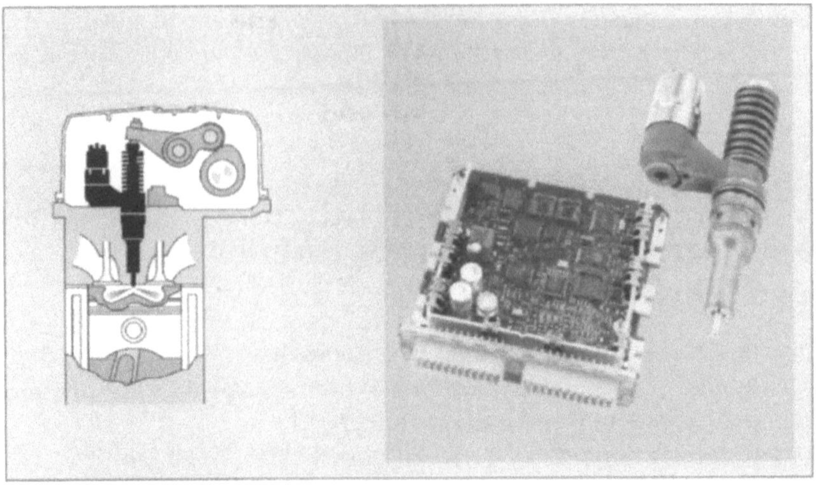

Nockenwelle angetrieben. Zu jeder Einheit gehört ein schnellschaltendes Magnetventil, das Einspritzbeginn und -ende steuert. Bei geöffnetem Magnetventil fördert die Pumpe-Düse Kraftstoff in den Rücklauf. Schließt das Magnetventil, wird der Kraftstoff in den Motorzylinder gespritzt. Der Schließzeitpunkt bestimmt den Einspritzbeginn, die Schließdauer die Einspritzmenge.
Ein elektronisches Steuergerät mit Kennfeldregelung steuert das Magnetventil an, so dass Einspritzbeginn und -ende frei programmierbar in dem von der Nockengeometrie abhängigen Förderbereich des Nockens sind.
Bei herkömmlichen Einspritzsystemen begrenzen die physikalischen Eigenschaften der Druckleitungen zwischen Einspritzpumpe und Einspritzdüse den maximalen Einspritzdruck. Da diese Druckleitungen bei der Pumpe-Düse entfallen, sind Einspritzdrücke bis 2000 bar möglich.
Die aktuellen Entwicklungen am Unit Injector System haben zum Ziel, Abgasverhalten, Geräuschentwicklung und Verbrauch weiter zu verbessern. Dabei spielt die Voreinspritzung eine entscheidende Rolle, die in erster Linie die Verbrennungsgeräusche optimiert. Gleichzeitig unterstützt sie die Senkung des Kraftstoffverbrauchs.
Optimale Ergebnisse können mit der Voreinspritzung erzielt werden, wenn die voreingespritze Menge und der zeitliche Abstand zur Haupteinspritzung flexibel gewählt werden können. So bietet die Einspritzverlaufsregelung eine weitere Möglichkeit im Blick auf Verbrauchsoptimierung. Eine variable Druckhaltephase während der Einspritzung charakterisiert diese Funktion, die mittels eines kontrollierten Hubes des Magnetventils dargestellt wird.
Das magnetgesteuerte Ventil von heute wird in der nächsten Generation von Pumpe-Düse-Einspritzeinheiten durch Stellglieder ersetzt, die noch mehr Flexibilität in der Erfüllung der oben genannten Bedingungen bieten.

Unit Pump System

Das Unit Pump System (UPS) (**Bild 4**), auch Pumpe-Leitung-Düse genannt, ist mit dem Unit Injector System eng verwandt. Wie das UIS verfügt es über eine Einspritzpumpe je Motorzylinder, die von der Nockenwelle des Motors über einen zusätzlich angebrachten Einspritznocken angetrieben wird. Mit einem elektronisch angesteuerten, schnellschaltenden Magnetventil werden Einspritzzeitpunkt und -menge für jeden Zylinder exakt zugemessen, also die Kraftstoffförderung zur Düse, eine Unterbrechung der Förderung sowie eine Rückförderung zum Kraftstoffbehälter ermöglicht.
Auch dieses System setzt wie das UIS – mit vergleichbarer Erfassung der maßgebenden Motor- und Umgebungsbedingungen – die aufgenommenen Größen in einen jeweils optimalen Einspritzbeginn und die exakte Einspritzmenge um.
Zu den Bausteinen des Einspritzsystems gehören neben der Hochdruckpumpe mit Magnetventil auch eine kurze Hochdruckleitung sowie die Düsenhalterkombination.
Mit dem UPS sind derzeit Spitzendrücke von 1800 bar möglich.

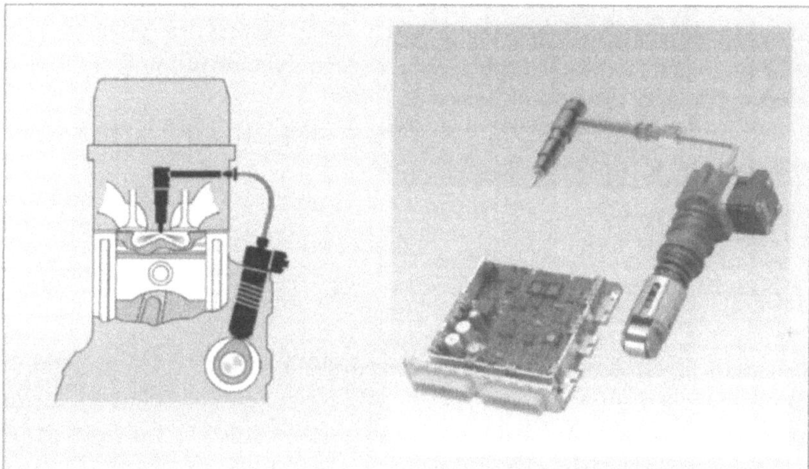

Bild 4
Magnetventilgesteuertes Einzelpumpen-System/UPS für Nutzfahrzeuge

Hochdruck-Verteilerpumpe VP44

Die Radialkolbenpumpe VP44 (**Bild 5**) erreicht Einspritzdrücke von bis zu 1100 bar auf der Pumpenseite, was bei einem mittelschweren Motor einem Druck von 1500 bar an der Düse entspricht. Eine auf der Oberseite der Pumpe montierte Regelungseinheit (PCU = Pump Control Unit) dient als Zusatz zur elektronischen Steuerungseinheit (ECU

Bild 5
Magnetventilgesteuerte Radialkolben-Verteilerpumpe

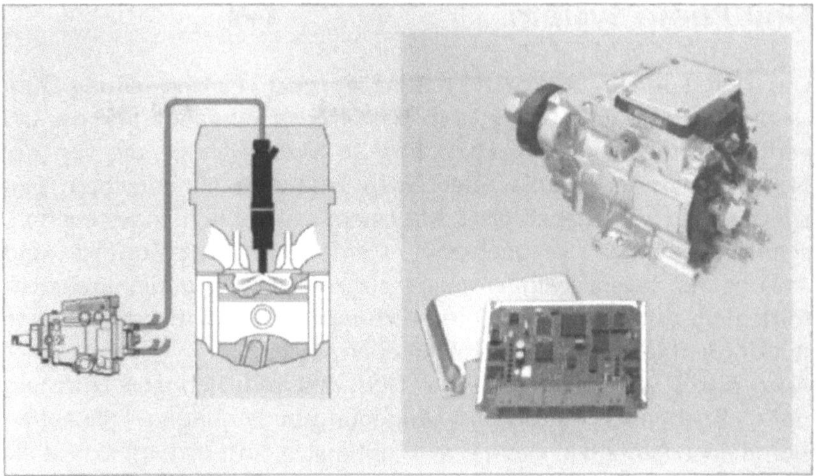

= Electronic Control Unit). Diese PCU verwaltet die Einspritzgrößen und erleichtert die genaue Einstellung der Pumpe auf dem Teststand. Zwei verschiedene Magnetventile regeln Einspritzmenge und -beginn: ein hochdruckschaltendes MV steuert die Einspritzmenge, ein Niederdruck-MV steuert den Einspritzbeginn.
Das technische Konzept eignet sich zum Einsatz in leichten und mittelschweren Anwendungen von bis zu 6 Zylindern mit spezifischen Leistungen von bis zu 45 kW pro Zylinder.
Die Vorteile der VP44 liegen vor allem in ihrer hohen Flexibilität sowie den äußerst kompakten Abmessungen.

Common Rail System

Mit dem Speichereinspritzsystem Common Rail (**Bild 6**) sind erstmals Druckerzeugung und Einspritzung vollkommen entkoppelt. Eine direkt vom Motor angetriebene, kontinuierlich arbeitende Hochdruckpumpe baut den im Kennfeld der Motorsteuerung festgelegten Einspritzdruck in der Speicherleitung Common Rail auf. Aus diesem Speicher wird der Kraftstoff über Injektoren mit schnellschaltenden Magnetventilen direkt in den Brennraum eingespritzt.
Zeitpunkt sowie Dauer und damit Menge der Einspritzung lassen sich auf diese Weise mit einer bislang nicht erreichbaren Genauigkeit einhalten. Ein weiterer Vorteil: Der Motorenentwickler kann den Einspritzverlauf – inklusive Vor- und Nacheinspritzung – frei gestalten, um damit den Verbrennungsprozess zu optimieren. Verbrauchs-, Abgas- und Geräuschverhalten verbessern sich dadurch erheblich. Die Nacheinspritzung eröffnet in Verbindung mit Denox-Katalysatoren neue Möglichkeiten für eine Reduzierung der Stickoxide.

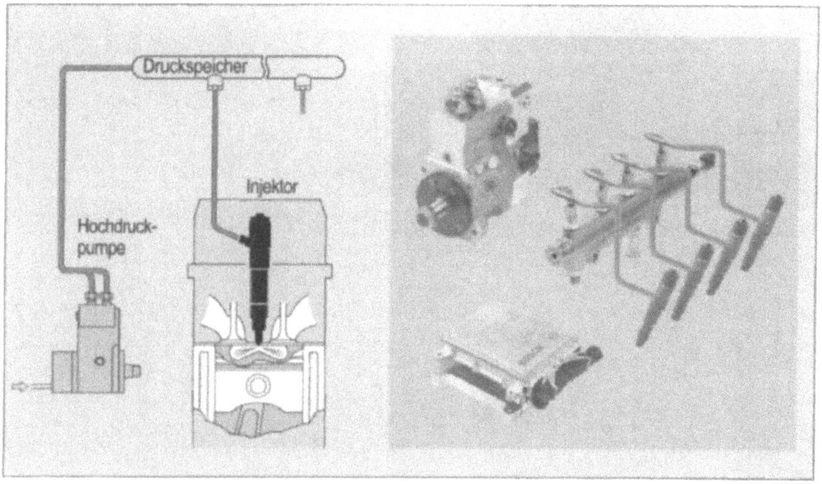

Bild 6
Common Rail Einspritz-system für Nkw

Eine für die Applikation in Lastwagen bestimmte Serienfertigung ist 1999 mit einem System mit Drücken von rund 1400 bar angelaufen. Die zweite Generation des Common Rail Systems wird aufgrund optimierter Einspritzventile und einer verbesserten Hochdruckpumpe Drücke von bis zu 1600 bar erreichen. Dank eines weiterentwickelten Ansteuerungsmechanismus können mit der dritten Generation nicht nur Drücke von bis zu 1800 bar erreicht, sondern auch mehrfache Haupt- und Nacheinspritzungen realisiert werden.

Zusammenfassung

Noch sparsamer, sauberer und leiser – das sind die wichtigsten Ziele bei der Weiterentwicklung von Direkteinspritzer-Dieselmotoren. Wesentliche Voraussetzungen dafür sind hohe Einspritzdrücke bis zu 2000 bar, eine äußerst exakte Mengenzumessung sowie frei formbare Einspritzverläufe mit der Möglichkeit der Voreinspritzung. Zum Erreichen dieser Entwicklungsziele hat Bosch, Pionier bei Diesel-Direkteinspritzsystemen, gleich mehrere Trümpfe zu bieten, um den unterschiedlichsten Anforderungen Rechnung zu tragen.

Brennstoffzellen-Technologie
Antrieb der Zukunft

Die Brennstoffzelle hat im Omnibus eine hohe technische Reife erreicht

Nur sechs Jahre nach der Präsentation des weltweit ersten Fahrzeugs mit einem Antrieb auf Basis der Brennstoffzellen-Technologie durch die damalige Daimler-Benz AG – dies war im April 1994 – hat die DaimlerChrysler AG und deren europäische Omnibussparte, EvoBus GmbH, im Frühjahr 2000 das Versuchsprojekt NEFLEET (New Electric FLEET) mit einer Kleinserie von ca. 30 Brennstoffzellen-Omnibussen gestartet. Seit vielen Jahren sind Forschungsprojekte zur Brennstoffzelle, die unter Umweltaspekten und Fragen zur technologischen Weiterentwicklung in Europa einen sehr hohen Stellenwert haben, fest in der europäischen Förderungspolitik verankert. Als erster Nutzfahrzeughersteller der Welt führt die DaimlerChrysler AG einen Flottenversuch mit Brennstoffzellen-Omnibussen der Marke Mercedes-Benz durch, an dem die Verkehrsbetriebe verschiedener europäischer Großstädte beteiligt sind. Mit dem Einsatz umweltfreundlicher Technologien fördert dieses Projekt auch die nachhaltige Akzeptanz des öffentlichen Personennahverkehrs (ÖPNV).

Eine zentrale Herausforderung

Die Erforschung und Anwendung alternativer Antriebsquellen gehört zu den zentralen Herausforderungen im Fahrzeugbau, die bei der DaimlerChrysler AG schon vor der Thematisierung in der breiten Öffentlichkeit angegangen worden sind. Eines der wichtigsten Kriterien, das bei den vielfältigen Forschungs- und Entwicklungsaufgaben für alternative Antriebssysteme und Kraftstoffe im Konzern seit Beginn dieser Arbeiten höchste Beachtung hat, ist die industrielle Umsetzung der erzielten Schritte und Ergebnisse. In allen Phasen werden deshalb immer die „technische Eignung", „Verfügbarkeit und Wirtschaftlichkeit", „politische Aspekte" und der „Umweltschutz" mit einbezogen und geprüft. Bei der „technischen Eignung" zählen vor allem die Kosten für die Fahrzeugumstellung oder wie beim Brennstoffzellen-Omnibus die komplette Neuentwicklung. Die „Verfügbarkeit und Wirtschaftlichkeit" wird geprägt von gegenwärtigen und zukünftigen Kraftstoffkosten, der Verteilungsinfrastruktur und dem dazugehörenden Aufwand für Transport und Lagerung. Bei den „politischen Aspekten" stellen sich die Fragen nach der wirklichen Minderung von Abhängigkeit gegenüber dem Energielieferanten und das sozialpolitische Kriterium nach Akzeptanz in der Gesellschaft. Der Punkt „Umweltschutz" schließlich erfordert die grundsätzliche Betrachtung der Emissionen von Schadstoffen, der Geräuschemissionen, die biologische Abbaubarkeit alternativer Kraftstoffe unter dem Gesichtspunkt Gewässerschutz und Bodenkontamination. Ganz wesentlich aber ist die CO_2-Bilanz des Gesamtsystems und aufgrund der Klimarelevanz (Treibhauseffekt) ist bei Verwendung alternativer Kraftstoffe auch die Entstehung anderer Gase zu prüfen.

Diese komprimierte Auflistung des realen Umfelds für die Entwicklungen alternativer Antriebssysteme zeigt auf, wie vielschichtig und komplex das Thema der Suche nach neuen Antriebsformen ist – unabhängig von der technischen Machbarkeit. Die Anwendungschancen neuer Antriebe auf Basis alternativer Energieträger, insbesondere Elektro- oder Wasserstoffantriebe, liegen vor allem in der emissionsseitigen Entlastung der Ballungsräume. Die zentralen Probleme liegen heute zum einen noch in der großtechnischen Bereitstellung der entsprechenden „sauberen Primärenergie" (aus Wasserkraft, Wind oder Sonnenenergie) zu akzeptablen Preisen und in ausreichenden Mengen sowie zum anderen in den immensen Kosten der Speichertechnik. Alternative Antriebssysteme und Kraftstoffe sind allerdings ohne staatliche Subventionierung heute noch nicht wettbewerbsfähig. Nach dem heutigen Stand sind sie noch immer teurer als der herkömmliche Dieselmotor.

Umweltsensibilität berücksichtigen

Seit nahezu vierzig Jahren sind Automobilingenieure der bedeutendsten Fahrzeugbau-Nationen dabei, intensiv nach einer technisch und wirtschaftlich brauchbaren Alternative für die Energieträger Benzin und Dieselkraftstoff in Verbrennungsmotoren zu suchen. Intensiviert wurden diese Bemühungen durch die Ölkrise des Jahres 1973, die offenkundig gemacht hat, dass die Industrieländer volkswirtschaftlich vom Erdöl abhängig sind. Die Bereitstellung verbesserter und alternativer Energien und Antriebstechniken soll aber nicht mehr nur die wirtschaftliche Unabhängigkeit von der politischen Stabilität einiger erdölfördernder Weltregionen sichern. Es gilt heute vor allem die ausgeprägte Umweltsensibilität in aller Welt zu berücksichtigen. Außerdem soll der Ressourcenverknappung entgegengewirkt und der durch die Anwendung fossiler Brennstoffe entstehende Kohlendioxidausstoß sowie dessen Umweltproblematik reduziert werden. Das Forschen nach umweltverträglichen und alternativen Antrieben hat den Fokus mehr und mehr auf zwei strategische Entwicklungsziele ausgerichtet:

1. Auf neue technische Lösungen wie beispielsweise Erdgas- oder Elektromotoren und
2. auf eine optimierte Motorentechnik sowie einen neuzeitlich ausgerichteten Motorenbau. Die beiden letztgenannten Faktoren haben weiterentwickelte Dieselmotoren hervorgebracht, deren Verbrauchswerte und Umweltbelastung hinsichtlich Abgase und Geräusch erheblich reduziert werden konnten. Moderne Brennraumgestaltung, Mehrventiltechnik, elektronische Kraftstoffeinspritzung sowie verbesserte Systeme zur Abgasbehandlung haben zu einer deutlichen Verringerung von Kohlenwasserstoffen, Stickoxiden und Rußpartikeln geführt.

Über 300 Prototypen erprobt

Die über 250-jährige Geschichte der Kraftmaschinen ist geprägt von einer Vielzahl von Energiewandelprinzipien und Maschinen verschiedenster Ausprägung. Allein die Forscher und Ingenieure des DaimlerChrysler-Konzerns haben in den letzten Jahrzehnten mit nahezu 300 Prototypen alternative Antriebskonzepte und neue Energieträger erprobt. Auf der Suche nach dem Auto der Zukunft haben sie von teilweise nur leicht veränderten Motoren bis hin zu so wegweisenden Technologien wie der Brennstoffzelle alles untersucht und getestet. Das Ziel war immer vorgegeben: Weniger Energie, weniger

Emissionen und größtmögliche Reichweite. Aber fast immer standen alle Versuche und Wege und deren Ergebnisse, die technisch gegangen worden sind, im Zusammenhang mit einer anderen, weiterführenden Entwicklung. So war es auch beispielsweise bei der Wasserstofftechnologie für den Fahrzeugantrieb. Mit den damals gewonnenen Erfahrungen und dem Wissen um die Handhabung dieser Technik kann heute den Ingenieuren der Brennstoffzellen-Technologie wichtiges Basiswissen an die Hand gegeben werden.
In der Wasserstofftechnologie für den Fahrzeugantrieb hat der DaimlerChrysler-Konzern Pionierarbeit geleistet. Nach ersten Grundlagenuntersuchungen zu Motor und Speicher fuhr 1975 als erstes Fahrzeug der Welt ein Mercedes-Benz Transporter mit Wasserstoff-Hydridspeicher. Die Konzernforscher können sich mittlerweile auf die Erfahrung aus nahezu einer Million Kilometer Fahrpraxis stützen. Soviel ist heute als gesicherte Erkenntnis zu werten: Der Wasserstoffverbrennungsmotor bietet keine Grundlage zum Zero-Emission-Vehicle, da Luft stets einen Anteil von 78 Prozent N_2 enthält und somit bei der Verbrennung von Wasserstoff mit Luft immer Stickoxide (NO_x) entstehen. Generell hat der Wasserstoff-Verbrennungsmotor einen schlechteren Wirkungsgrad und einen höheren Kraftstoffverbrauch als ein moderner Dieselmotor. Letztendlich hat die Frage nach dem Wirkungsgrad in Verbindung mit dem Null-Emissionsverhalten der Brennstoffzelle zur Entscheidung des DaimlerChrysler-Konzerns geführt, das Projekt Brennstoffzelle weiter zu favorisieren.
Auch bei der Entwicklung von Elektrofahrzeugen, der anderen wichtigen Basistechnologie für die Handhabung des Brennstoffzellenbusses, kann DaimlerChrysler eine lange Erfahrung aufweisen. Bereits im Jahr 1900 war im Berliner Stadtverkehr ein Elektrobus für

neun Personen im Einsatz, der damals im heutigen DaimlerChrysler-Werk in Berlin-Marienfelde gebaut worden war. Elektrofahrzeuge hatten zu dieser Zeit dank ihrer ausreichenden Energiespeicherfähigkeit für den Stadtbetrieb und ihrem guten Anfahrverhalten berechtigte Chancen für einen Durchbruch am Markt. Dennoch nahm ihre Bedeutung rasch ab, weil die stürmische Entwicklung der Verbrennungsmotoren mit ihrer leichten Energiespeicherung bessere Bedingungen für den räumlich weniger begrenzten Betrieb und für höhere Fahrgeschwindigkeiten bot. Doch 1969, etwa 70 Jahre nach dem ersten Elektrobus aus Berlin-Marienfelde, konzipierte Mercedes-Benz den elektrisch betriebenen Stadtomnibus OE 302. Es war der weltweit erste Elektro-Hybrid-Bus, dessen Elektromotor in Innenstadtbereichen von einer Batterie mit Strom versorgt wurde und in weniger emissionsbelasteten Außenbezirken von einem Generator angetrieben wurde, den ein Dieselmotor mit Energie versorgte. Insgesamt 25 Fahrzeuge wurden im regulären Linieneinsatz erprobt. Dabei sind die Antriebs- und Versorgungskomponenten Dieselmotor, Oberleitungs- und Batteriebetrieb miteinander kombiniert worden. Bei all diesen Einsätzen stellte sich heraus: Jede hybride Antriebsvariante wie auch der reine Batteriebus haben bei gleicher Transportleistung einen um 13 bis 56 Prozent höheren Bedarf an Primärenergie als der herkömmliche Omnibus mit Dieselmotor. Alle betrachteten alternativen Busantriebe auf elektrischer Basis, einschließlich des Trolleybusses, lassen um 18 bis 48 Prozent höhere Betriebskosten gegenüber dem reinen Dieselbetrieb erwarten. Diese Kosten sind durch höhere Anschaffungspreise und die zusätzlich notwendige Infrastruktur bedingt.

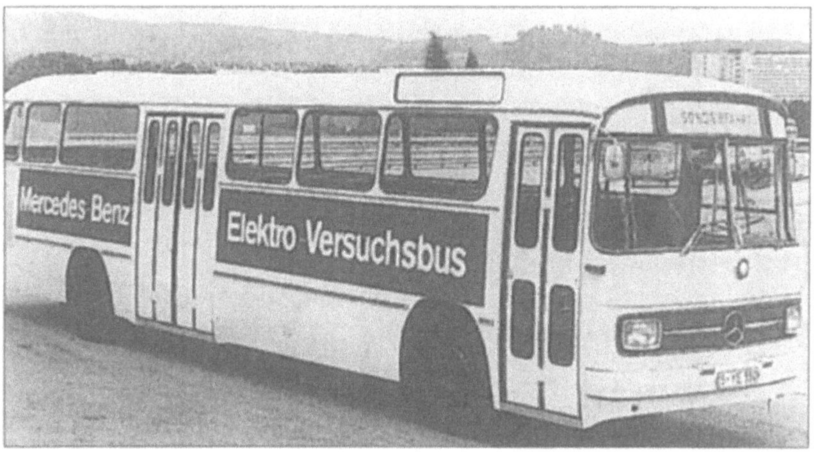

Hoher Wirkungsgrad

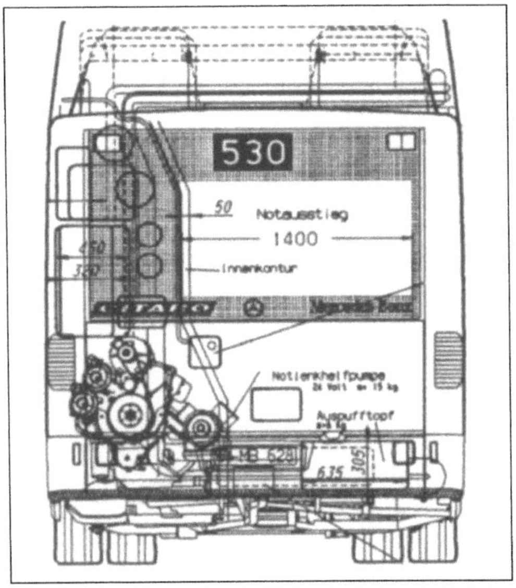

Der Mercedes-Benz Stadtlinienomnibus Citaro in Niederflurbauweise und mit Brennstoffzellen-Technologie hat im Heck hinten links ein abgeschlossenes Compartment für die heute noch notwendigen Komponenten wie Elektromotor, Getriebe, Gelenkwelle und mechanische Hinterachse. Die Energiebereitstellung über die Brennstoffzelle wird durch die chemische Reaktion von Wasserstoff und Sauerstoff möglich, bei der elektrische Energie, Wasser und Wärme entsteht. Es werden dabei keine Schadstoffe freigesetzt und der Reaktionsvorgang ist grundsätzlich geräuscharm. Die Brennstoffzelle verfügt über einen sehr hohen Wirkungsgrad und ermöglicht eine Reduzierung der bewegten und damit verschleißanfälligen Teile im Antriebsbereich.

Die Weiterentwicklung auf dem Gebiet der Antriebstechnologie gilt dem künftigen Einsatz von Radnabenmotoren. Statt über mechanische Triebstränge erfolgt die Kraftübertragung beim Radnabenantrieb durch eine elektrische Leistungsübertragung direkt auf die einzelnen Räder. Die Hauptkomponenten sind hierbei Hochleistungs-Elektromotoren, die direkt in der Radnabe untergebracht sind. Mit dieser Antriebsart wird die konsequente Realisierung des Niederflurkonzepts, ohne Einschränkung der Fahrgastkapazität, im Omnibusbau ermöglicht. Durch die rein elektrische

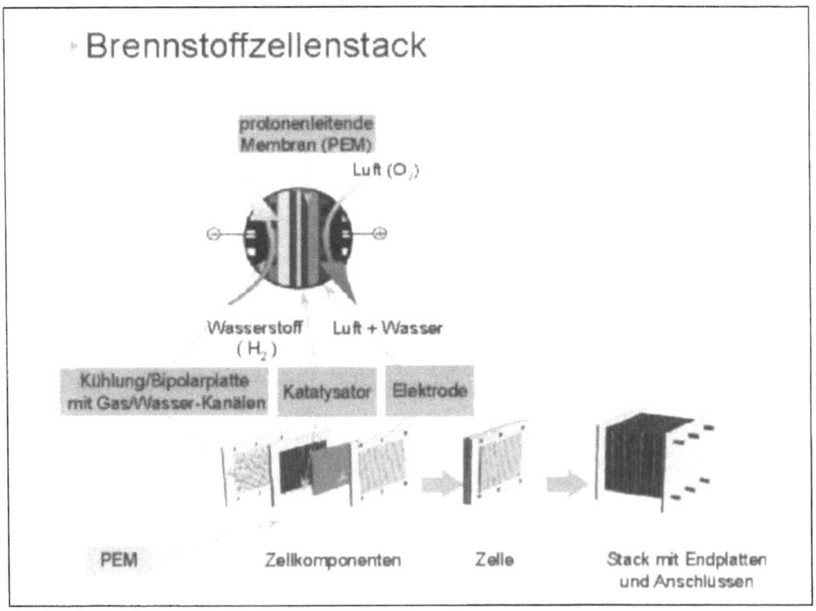

Kraftübertragung entfallen die Schaltvorgänge, wodurch ein ruckfreies Fahren gewährleistet wird. Auch hinsichtlich der Energiebereitstellung ergeben sich weitere Pluspunkte. Der Bus kann aus den verschiedensten Primärenergiewandlern, wie z. B. Hochenergiespeichern oder der Brennstoffzelle selbst, direkt mit elektrischer Energie versorgt werden.
Das Konzept des Citaro mit Brennstoffzelle sieht vor, dass die Brennstoffzelle selbst und der komprimierte Wasserstoff in Druckgasflaschen auf dem Dach angebracht werden. Die Antriebsleistung, die über Brennstoffzelle und Zentralmotor bereitgestellt wird, ermöglicht einen mit dem heutigen Dieselmotor vergleichbaren Vortrieb. Je nach Hinterachsübersetzung erreicht der Brennstoffzellen-Citaro Höchstgeschwindigkeiten von etwa 80 km/h. Die auf dem Dach gespeicherte Wasserstoffmenge von 25 kg verleiht dem Fahrzeug eine Reichweite je nach Belastung und Topographie von 200 bis 300 km. Geeignete Tankstellen vorausgesetzt, ist der Betankungsvorgang in wenigen Minuten abgeschlossen. Drei Türen und die Niederflurigkeit bilden die Basis für einen reibungslosen Fahrgastwechsel an den Haltepunkten.

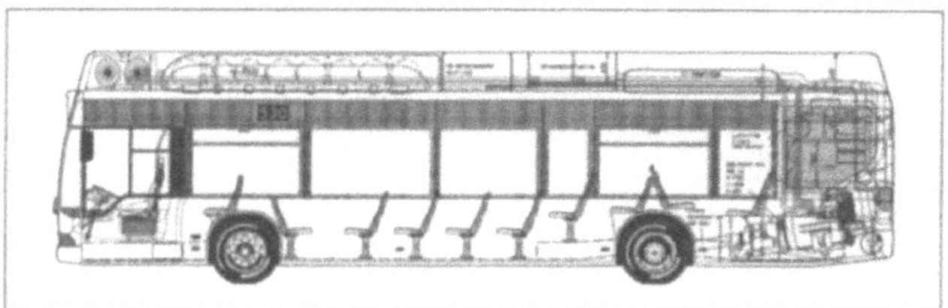

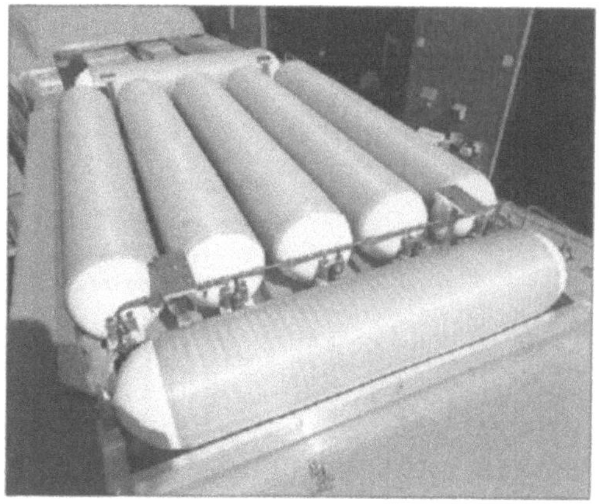

Überzeugende Gesamtemissionsbilanz

Die Gesamtemissionsbilanz, auch im Hinblick auf den Treibhauseffekt, spricht klar für die Brennstoffzelle. Betrachtet man die Herstellung der Energieträger und die Nutzung des Omnibusses, so sind klare Vorteile für die Brennstoffzelle auszumachen. Die Gesamtemission von Stickoxiden (NO_x) auf 100 km Busbetrieb inklusive der Kraftstoffherstellung und Betankung liegt bei Brennstoffzellen mit Wasserstoff aus Erdgas unter 50 g. Im Vergleich dazu: Ein im Jahr 1990 zugelassener Diesel-Omnibus emittierte unter diesen Bedingungen ca. 2000 g Stickoxide (NO_x).

Die heutige Infrastruktur ist vollständig auf den Einsatz und die Verwendung von Erdöl ausgerichtet. Für die Bereitstellung des Energieträgers Wasserstoff gibt es zwei Möglichkeiten: die Produktion aus Wasser durch Elektrolyse oder aus Erdgas. In jedem Fall aber ist eine funktionsfähige Infrastruktur Voraussetzung für die Erzeugung und Bereitstellung von Wasserstoff. Die weltweiten Produktionskapazitäten belaufen sich auf viele Millionen Tonnen. Voraussetzungen für die ausreichende Verfügbarkeit sind also in vielen Ländern bereits heute gegeben. Langfristig ermöglicht Wasserstoff eine auf regenerativen Energieträgern beruhende Infrastruktur und damit eine völlige Abkehr von Erdöl und Erdgas. Die Entwicklung von Wasserstoff-Tankstellen erfordert allerdings noch weitere technologische Schritte, doch zeigt sich heute schon, dass sowohl die Sicherheitsanforderungen als auch das Handling gut darstellbar sind. Für die Verkehrsbetriebe als Betreiber von Brennstoffzellen-Omnibussen stellt sich dabei die Frage, ob der Wasserstoff gekauft oder in Eigenproduktion hergestellt werden soll. Bei der Errichtung der Infrastruktur wird DaimlerChrysler die Verkehrsbetriebe intensiv beraten und die vorhandenen Erfahrungen einbringen.

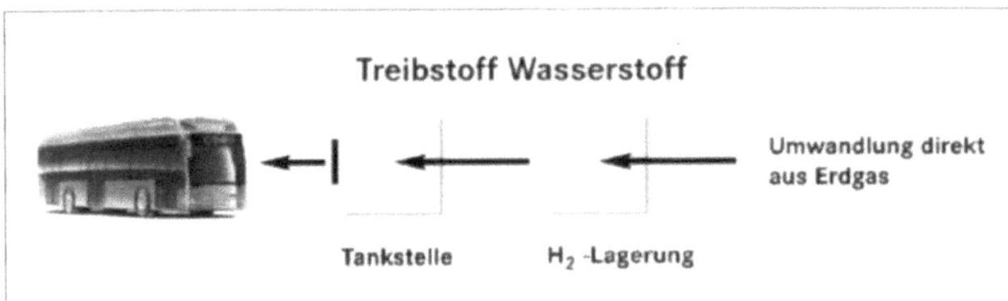

Der Weg zum Erfolg

Die Fortschritte, die DaimlerChrysler bei der Entwicklung der Brennstoffzelle erreicht hat, haben zu einem hohen Grad an technischer Reife und Erfahrung geführt. Als erster Automobilhersteller der Welt kann das Unternehmen sowohl den wasserstoffbetriebenen als auch den methanolbetriebenen Brennstoffzellenantrieb einsetzen. Seit der Vorstellung von NECAR 1 (New Electric Car), im April des Jahres 1994, dem ersten Brennstoffzellenfahrzeug weltweit, haben die DaimlerChrysler-Ingenieure in einem Zeitraum von nur sechs Jahren für die schwierigsten technischen Probleme Lösungen erarbeitet:

- Das Volumen der Aggregate konnte auf ein Fünftel reduziert werden.
- Während das Gewicht um die Hälfte vermindert wurde, hat sich die Leistung des Brennstoffzellenantriebs verdoppelt.
- Die Größe des Methanolreformers wurde auf die Platzverhältnisse in einem Pkw angepasst.
- Die Reichweite des neuesten Pkw mit Brennstoffzelle, NECAR 4, ist viermal größer als die des ersten Erprobungsfahrzeugs und im Vergleich zu einem Batterie-Elektroauto um den Faktor drei besser.

Diese Erfolgsgeschichte der Brennstoffzellenfahrzeuge wäre ohne das funktionierende Technologiemanagement bei DaimlerChrysler nicht möglich gewesen. Der Brennstoffzellenantrieb ist für den Konzern ein wichtiger Meilenstein zur Sicherung der „nachhaltigen Mobilität" durch effizientere Ausnutzung der Ressourcen und umweltverträglichen Verkehr. Diese neue Technologie ist aber auch ein echter Wettbewerbsfaktor, der über High-Tech-Arbeitsplätze, wirtschaftlichen Erfolg und die Mobilität der Zukunft entscheiden wird.

Meilenstein für den öffentlichen Verkehr

Mit diesem Konzept des Zero-Emission-Citaros ist DaimlerChrysler davon überzeugt, die wesentlichen Voraussetzungen für einen erfolgreichen Flottenversuch geschaffen zu haben. Mercedes-Benz ist der erste Anbieter, der die Brennstoffzellen-Technologie für Kunden verfügbar macht. Dies hat den Vorteil, dass die Kunden bereits frühzeitig an die neue Technologie herangeführt werden, die im Stadtverkehr enorme Vorteile bringt. Dieser Weg ist gerade für den öffentlichen Verkehr ein Meilenstein, denn auch der Personennahverkehr des 21. Jahrhunderts wird zeigen müssen, dass er eine wirkliche Dienstleistungsqualität besitzt und sich durch Umweltfreundlichkeit und Innovation auszeichnet. Der Omnibus ist heute schon ein ausgeprägt wirtschaftliches und flexibles Verkehrsmittel. Wenn es gelingt, diese Systemvorteile sukzessive auszubauen und mit neuen Technologien zu kombinieren, ist der Omnibus auch für die Zukunft bestens gerüstet.

Stadtlinienomnibusse mit elektrischem Antriebssystem

Einführung

Für vielteilige Lastzüge für Kolonialgebiete und für militärische Zwecke wurden elektrische Übertragung zwischen einem Verbrennungsmotor und den Antriebsrädern im Zugwagen und in den Anhängern schon vor dem ersten Weltkrieg entwickelt. Die elektrische Energie wurde von einem Gleichstromgenerator geliefert. Bestechend war die stufenlose Regelung und die Möglichkeit des freizügigen Einbaus des Generatoraggregats, ohne auf einen mechanischen Antriebsstrang Rücksicht nehmen zu müssen, doch hatte diese Antriebsart wegen des hohen Gewichts und dem Verschleiß des Kollektors und Bürstenapparats der Gleichstrommaschinen keine Zukunft. Das Aufkommen der Drehstromtechnik im Bahnwesen führte in den achtziger Jahren zu einer Renaissance des elektrischen Antriebes, da wartungsfreie Drehstrommotoren zum Einzelrad- oder Achsantrieb von Straßenfahrzeugen verwendet werden konnten. Die Weiterentwicklung der Antriebe und Fahrzeuge, die den Strom aus der Oberleitung bezogen, Obus oder Trolleybus genannt, führte dennoch nicht zu einem Durchbruch dieser Fahrzeuggattung. Der dieselelektrische Antrieb gewinnt dagegen an Aktualität.
Die Brennstoffzelle, die aus Wasserstoff elektrische Energie gewinnt, bildet ein Forschungsobjekt, das in den letzten Jahren sehr weit bis zur Anwendung im Mercedes-Benz Nebus (New Electric Bus) nach **Bild 1**

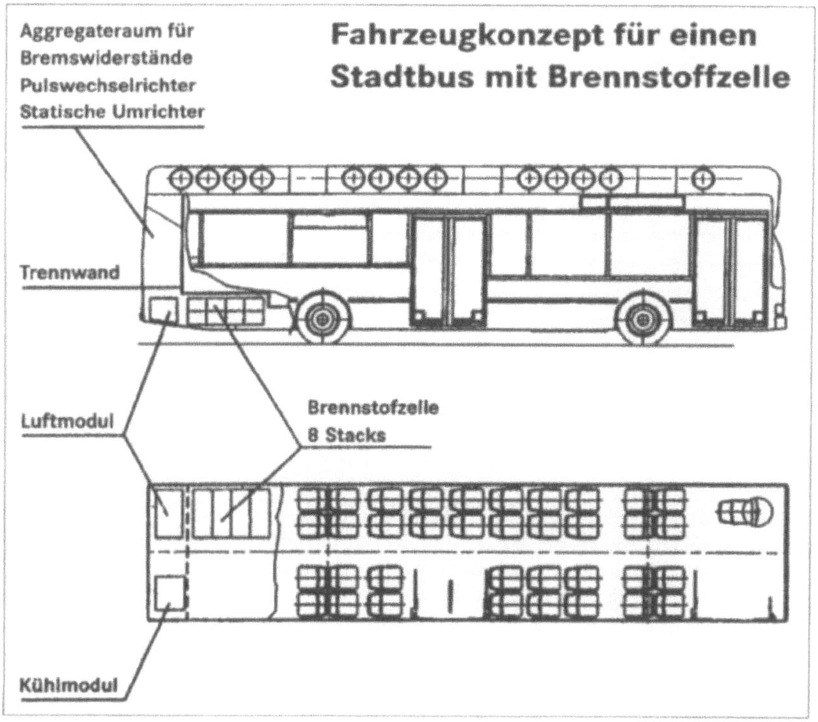

Bild 1
Anordnung der Aggregate im Mercedes-Benz O 405 (Nebus) mit Brennstoffzelle als Energiequelle

vorangetrieben wurde. Der Weg zum Zero Emission Vehicle ist damit vorgegeben.

Der Oberleitungsomnibus

Omnibusse mit rein elektrischem Antrieb und Einspeisung aus einer Oberleitung, so genannte Obusse, O-Busse oder Trolleybusse, entstanden bereits um 1900. Sie haben in Deutschland geringen Anteil am ÖPNV. In der Schweiz stehen O-Busse in einigen Städten im Betrieb, da im Gegensatz zu anderen europäischen Ländern ein wesentlicher Teil der Erzeugung elektrischer Energie auf Wasserkraftwerke entfällt. Einen Schritt in die O-Bus-Zukunft machte das Herstellerkonsortium Hess-Siemens-EvoBus (NAW) mit O-Bussen für La Chaux-de-Fonds mit zwei Drehstrom-Asynchronmotoren, IGBT-Umrichtertechnik, Bremsenergierückgewinnung und Batteriehilfsantrieb für kurzen autarken Betrieb. Die Busse basieren auf dem Swiss-Trolley nach **Bild 2** in Leichtmetallkonstruktion nach dem Co-Bolt-Verfahren, der 1991 von dem Konsortium Mercedes-Benz (Schweiz), Hess und ABB als erster Niederflur-Trolleybus vorgestellt wurde. Das Fahrgestell wurde von der Daimler Chrysler-Tochter NAW in der Schweiz geliefert.

Bild 2
Erster Niederflur-Obus, genannt Swiss-Trolley

G. Auwärter/Neoplan und die Magnet-Motor GmbH (MM) sind die Pioniere in der Entwicklung und Anwendung neuartiger elektrischer Antriebe in Drehstromtechnik für Stadtlinienbusse. Der 1990 entwickelte 100 %-Niederflur-Gelenk-Trolleybus für die Basler

Bild 3
Neoplan-Trolley-Bus für Basel in 100 % Niederflurbauweise

Verkehrsbetriebe (BVB) hat sechs einfachbereifte und einzeln aufgehängte Räder, von denen vier mit Radmotoren angetrieben werden (**Bild 3**).
Neuartig ist auch die Speicherung der Bremsenergie in einem rotierenden magnetdynamischen Speicher, der vorne im Fahrzeug kardanisch gelagert ist (**Bild 4**). Diese Art der Energiespeicherung ist wirksamer als eine Rückspeisung ins Netz; außerdem liefert der Speicher genügend Energie für einen kurzen Notbetrieb. Das völlig neue Konzept ohne starre Achsen und ohne mechanische Kraftübertragung und ein neuartiges Drehgelenk zwischen Vorder- und Hinterwagen ließ einen durchgehend ebenen Wagenboden zu.

Bild 4
Magnetdynamischer Speicher zur Gewinnung der Bremsenergie

Die elektrische Kraftübertragung

Der motorelektrische Antrieb von Straßenfahrzeugen mit Ottomotoren geht auf die zwanziger Jahre zurück. Bei den von Faun in Deutschland bis in die dreißiger Jahre gebauten Kommunalfahrzeugen und Omnibussen wurden zwei Räder einer Achse von Gleichstrom-Radnabenmotoren angetrieben. Der heutige Dieselmotor arbeitet wirtschaftlicher und zuverlässiger und kann dank elektronischen Motormanagements im günstigsten Kennfeldbereich betrieben werden; hinderlich ist der noch relativ schlechte Gesamtwirkungsgrad der Übertragung und das relativ hohe Gewicht der Leistungselektronik.
Auch auf dem Gebiet dieselelektrischer Antriebe leisteten Neoplan und MM 1996 mit dem ersten dieselelektrisch getriebenen Niederflur-Ge-

lenkomnibus N 4121 DES nach **Bild 5** für die Bremer Verkehrsbetriebe Pionierarbeit. Radaufhängung und -antrieb entsprechen im Prinzip des elektrischen Teils dem Trolleybus Basel. Der MAN-Dieselmotor mit einer Leistung von 205 kW mit MM-Tandemgenerator ist im Heck des Zuges eingebaut. Radmotor und Generator haben einen Außenläufer mit permanenter Erregung und einen flüssigkeitsgekühlten Innenstator, **Bild 6**.

Bild 5
Dieselelektrischer Neoplan-Gelenkbus der Bremer Verkehrsbetriebe

Bild 6 *Einbausituation des Schaltbau-Radantriebes, System MM*

Angesteuert werden die Motoren mit flüssigkeitsgekühlten Wechselrichtern in IGBT-Technik, zur Regelung dienen volldigitalisierte Mikroprozessoren. Das elektronische Fahrmanagement synchronisiert die vier Fahrmotoren. Die dritte Achse ist gelenkt, kann aber durch die elektronische Ansteuerung beim Verlassen der Haltebucht zunächst am Einschlagen gehindert werden. Zum Bremsen arbeiten die Radmotoren generatorisch und speisen den magnetdynamischen Hochleistungsspeicher nach **Bild 4**, dessen Energie zum Anfahren mit genutzt wird.
Der MEV-Midibus N 8012 BE von Neoplan entstand 1994 und arbeitet mit Mehrfach-Energieversorgung durch Batterie oder Dieselmotor. Eine leistungsfähige Batterie von Varta bedeutete eine attraktive Systemerweiterung, da sie auch Bremsstrom aufzunehmen vermag. Neu im Linienbusprogramm ist 1996 der Neoplan N 4007 CNG mit Cummins-Gasmotor und elektrischer Übertragung. Der Metroliner in Carbondesign MIC N 8008 hat in Hybridausführung einen Dieselgenerator und Varta-Batterien mit Blei-Säure-Zellen. Zwei Räder haben MM-Einzelradantrieb. Als Antriebsmotor dient ein vollgekapselter Vierzylinder-Dieselmotor VW 1,9-l-TDI mit einer Leistung von 40

kW. Für innerstädtischen Verkehr entstanden Neoplan Klein- und Midibusse in selbsttragender Kunststoffbauweise mit Batterieantrieb und speziell dafür entwickelten Lade- und Batteriewechselstationen.
Der dieselelektrisch angetriebene Bus N 4014 DE Metroshuttle für Hagen weist nach **Bild 7** eine völlig neuartige Gestaltung durch die weit nach hinten versetzte und einfachbereifte Hinterachse auf. Die einfache Bereifung aller vier Räder wurde durch die kompakte Zusammenfassung des ganzen Antriebsaggregates über der Hinterachse möglich. Da die hinteren Radkästen im Passagierraum entfallen, ist wieder eine durchgehend ebene Bodenfläche verwirklicht. Das Dieselgeneratoraggregat ist im Heck über der Hinterachse eingebaut und treibt die gelenkten Hinterräder einzeln mit Schaltbau-Radmotoren an. Die Diagonallenkung erlaubt das parallele Wegfahren aus Haltebuchten. Die neuere Variante N 4114 DE von 1997 für Stuttgart weist ebenfalls ein elektronisch gesteuertes Allrad-Lenkprogramm auf,

Bild 7
Dieselelektrischer Neoplan-Omnibus für Hagen in ganz neuartiger Gestaltung

Bild 8
Hybrid-Gelenkbus von Neoplan für Lausanne

was die Manövrierfähigkeit verbessert. Die Niederflurigkeit wurde auch hier zu 100 % verwirklicht. Die Sitze sind an der Wand aufgehängt und der Innenraum ist klimatisiert.

Einer der technisch interessantesten Omnibusse auf der IAA 1998 war der Hybrid-Gelenkbus oder Duo-Bus Neoplan N6121, der in Zusammenarbeit mit den Verkehrsbetrieben Lausanne entwickelt wurde (**Bild 8**) und dort Dual-Mode-Trolleybus genannt wird. Der erste von 25 bestellten Bussen wurde auch in Stuttgart wegen der vergleichbaren Topographie erprobt. Vier der sechs einfach bereiften Räder werden mit MM-Radantrieben angetrieben. Der Hybridbus ist eine Weiterentwicklung des schon erwähnten dieselelektrisch getriebenen Busses für Bremen. Die Energie wird aus der Oberleitung oder außerhalb des Innenstadtbereichs von einem dieselelektrischen Aggregat im Heck eingespeist. Als Antrieb dient dann ein Mercedes-Benz-V8-Turbodieselmotor mit 368 kW Nennleistung. Die hohe Antriebsleistung und die gelenkte dritte Achse tragen den speziellen topografischen Verhältnissen in Lausanne Rechnung. Der modern gestaltete Gelenkbus mit vier Türen nimmt bis zu 150 Personen auf. **Bild 9** zeigt am Beispiel des Hybrid-Gelenkbusses für Lausanne typische Details der elektrisch angetriebenen Neoplan-Gelenkomnibusse.

Die Bewährung des MM-Antriebssystems der Magnet-Motor GmbH in Starnberg in mehr als 50 Omnibussen bis 1996, in der Mehrzahl von Neoplan, legt die Aufnahme einer Serienfertigung außerhalb des Entwicklungsbetriebes in Starnberg nahe. Daher erwarb die Berliner Elektro 1996 die weltweiten Rechte für die Vermarktung der Magnet-Motor-Technologie für Omnibusse, Transporter und andere Fahrzeuge. Die Herstellung obliegt der Schaltbau AG.

Bild 9
Fahrwerk und Antrieb des Omnibusses nach Bild 8

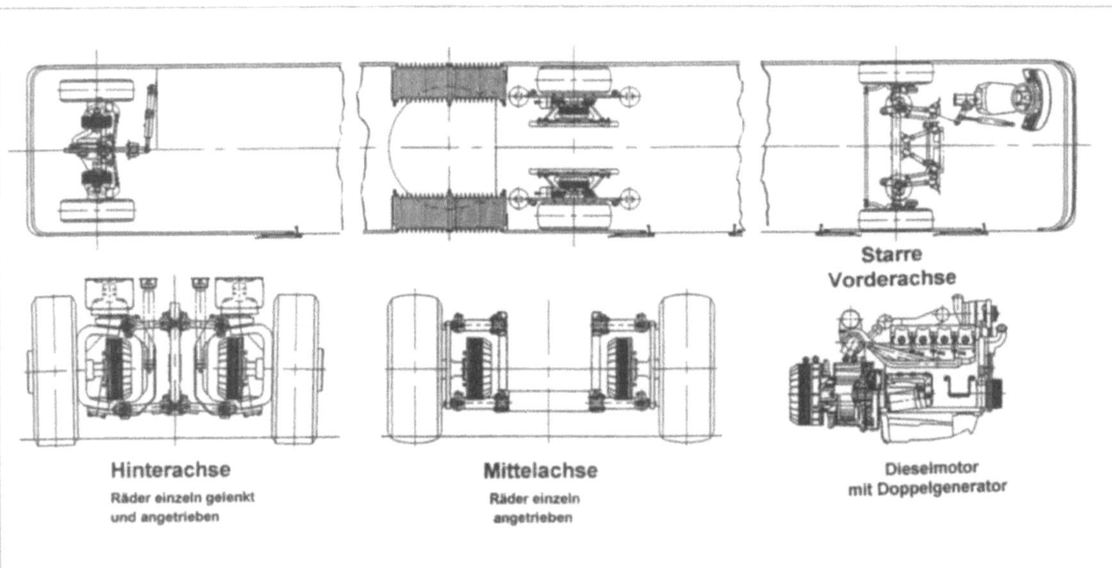

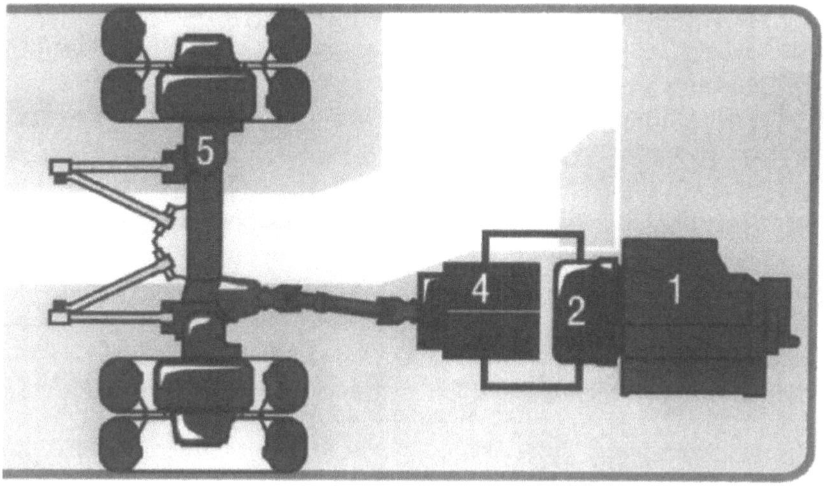

Bild 10
Zentralantrieb nach MAN und Voith (Elvo-Drive)
1 = Dieselmotor
2 = Generator
4 = Fahrmotoren mit Summiergetriebe (Zentralantrieb)
5 = Standard-Niederflurachse

MAN befasste sich mehrfach mit dem elektrischen Antrieb von Linienbussen. Der zunächst entwickelte Einzelradantrieb mit Motoren verschiedenen Systems und die Bremsenergierückgewinnung in einem magnetdynamischen Speicher wurden aber verworfen. In Fortführung erster Ansätze auf der IAA 1996 stellte MAN dann einen dieselelektrischen Modulbaukasten für Stadtomnibusse vor. Der Komfort für Fahrgäste soll im Zusammenhang mit der Niederflurbauweise erhöht werden, und ferner soll die ausgestellte Konzeptstudie als Baustein für künftige Lösungen auch mit Batterien als Energiequelle dienen. Der elektrische Teil des Systems wurde in Zusammenarbeit mit Voith (Elvo-Drive) und Siemens entwickelt. MAN hat sich für den Zentralmotor nach **Bild 10** entschieden. Damit bleibt die übliche Niederflurportalachse erhalten, die weiter über eine Gelenkwelle angetrieben wird. Der Generator der Bauart TFM von Voith wird von einem 162-

Bild 11
Dieselelektrisch getriebener Linienbus von MAN

kW-MAN-Dieselmotor angetrieben. Weitgehende Bauteilgleichheit mit den derzeitigen dieselgetriebenen Linienbussen wurde angestrebt und erreicht (**Bild 11**).

17 Mercedes-Benz-Niederflur-Gelenkbussse O 405 GNDE (**Bild 12**) wurden für den Einsatz auf einer topographisch schwierigen Linie in Stuttgart mit dieselelektrischem Antrieb ausgerüstet. Der Dieselmotor OM 447 hLA mit einer Leistung von 220 kW ist liegend im Heck eingebaut. Für emissionsarmen Betrieb sorgt ein Oxidationskatalysator. Der elektrische Antrieb besteht aus dem Generator, der elektronischen Steuerung und der zwei Niederflurachsen mit je zwei Asynchronmotoren als Radantrieb. Die Elektrik und die Elektronik stammen aus dem Modulbaukasten ZF-EE Drive. Das Zugkraftdiagramm **Bild 13** zeigt den Unterschied des Zugkraftverlaufs von elektrischer Übertragung gegenüber einem Schaltgetriebe mit Automatik. Mit vier angetriebenen Rädern fährt der Gelenkzug sicher auf Steigungen, auch bei regennasser Fahrbahn und die Gefahr des Einknickens gegenüber den Bussen mit angetriebener dritter Achse ist geringer und die verschleißlose generatorische Bremsung von vier Rädern ist effektiver.

Bild 12
Dieselelektrisch getriebener Gelenkbus Mercedes-Benz O 405 GNDE

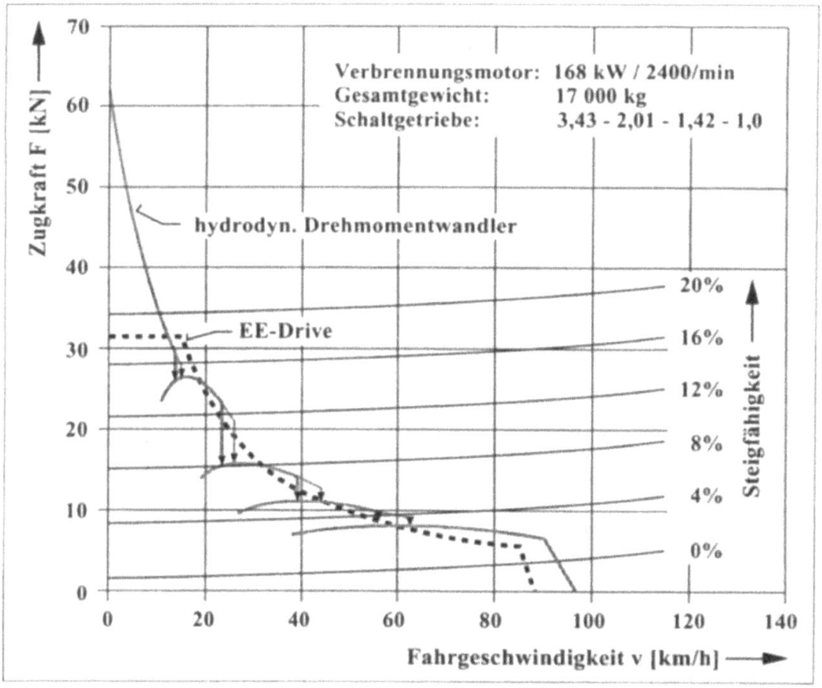

Bild 13
Zugkraftverlauf bei mechanischer und elektrischer Übertragung

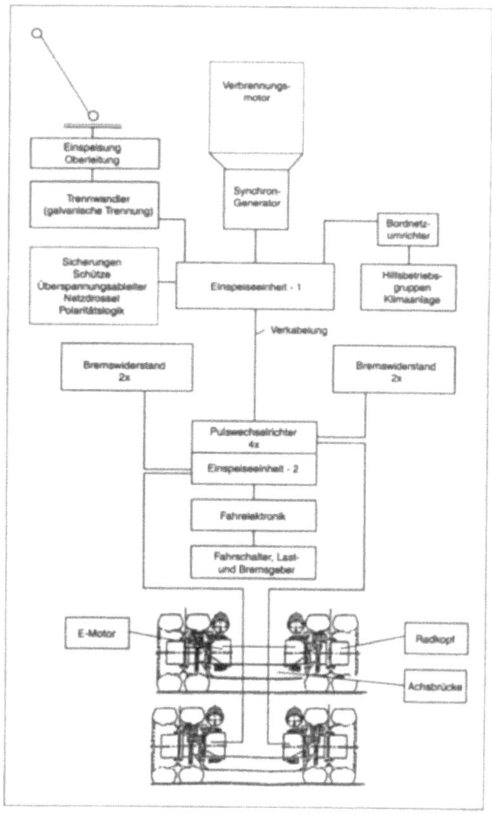

Bild 14
Vergleich zwischen dem Zugkraftverlauf bei mechanischer und stufenloser elektrischer Übertragung

Mit konventioneller mechanischer Übertragung wäre ein Antrieb von vier Rädern kaum darstellbar. Andererseits ist die Fahrelektronik für vier einzeln getriebene Räder aufwendig, wie **Bild 14** für eine Variante des O 405 G als Hybridbus zeigt. Eine Weiterentwicklung des Konzepts ist nicht vorgesehen, da der O 405 durch den Citaro mit anderem Gesamt- und Antriebskonzept abgelöst wurde.

Im bayerischen Allgäu verkehren seit 1995 zweiachsige 12-m-Hybridbusse des Typs Mercedes-Benz O 405 N2-H mit Dieselmotor, Traktionsbatterie und der Antriebsachse mit elektrischen Radnabenmotoren, die vom Duo-Gelenkbus O 405 GNDE bekannt ist. Mit den nur 800 kg schweren Batterien wird innerorts emissionsfrei gefahren. Das Schema der Kraftübertragung entspricht etwa dem **Bild 14**, jedoch hat der Hybridbus nur eine Antriebsachse und statt der Einspeisung aus der Oberleitung eine Traktionsbatterie. Der liegend eingebaute Dieselmotor mit elektronischer Motorregelung als Teil der ZF Fahrelektronik leistet 184 kW. Die ZF-Radnabenmotoren leisten je 50 kW dauernd. Die im **Bild 15** dargestellte Antriebsachse mit zwei luftgekühlten Radmotoren (ZF EE-Drive) entspricht der Ausführung für alle Omnibusse des Typs O 405 mit elektrischer Übertragung. Die beiden Asynchronmotoren arbeiten im Bremsbetrieb generatorisch und übernehmen die Funktion der Dauerbremse. Die gewonnene Bremsenergie wird in die Traktionsbatterie gespeist; erst wenn deren Aufnahmefähigkeit erschöpft ist, werden die Bremswiderstände zugeschaltet. Die Höchstgeschwindigkeit mit Dieselmotor beträgt ca. 75 km/h, mit Batterie ca. 60 km/h, da im innerstädtischen Bereich keine höhere Geschwindigkeit notwendig ist.

Der Cito, ein dieselelektrisch angetriebener Midibus von Mercedes-Benz, unterscheidet sich in Design und Antriebstechnik deutlich von herkömmlichen Omnibussen (**Bild 16**). Durch seine Bauweise mit Aluminiumelementen nach dem Co-Bolt-Verfahren der Alusuisse ist er in drei Längen mit 8 m, 9 m und 9,6 m darstellbar und kann 45–65

Bild 15
Antriebsachse der Mercedes-Benz-Omnibusse mit Radantrieb

Bild 16
Mercedes-Benz Cito mit neuem dieselelektrischem Antrieb

Personen aufnehmen. Das Gesamtgewicht beträgt 11,1 t, 11,8 t und 12 t. Eine wannenförmige Bodenplatte des freitragenden Aufbaus übernimmt die Funktion als Seitenaufprallschutz.
Das Antriebsaggregat, bestehend aus Dieselmotor mit angeflanschtem permanent erregtem Synchrongenerator, ist quer über der Hinterachse eingebaut; die Achse wird von einem 85 kW leistenden Asynchronmotor über ein Untersetzungsgetriebe nach **Bild 17** angetrieben. Die vom Generator erzeugte Energie wird in nachgeschalteten Umrichtern in Drehstrom umgewandelt. Der Dieselmotor OM 904 LA leistet 125 kW. Der E-Motor arbeitet zum Bremsen generatorisch und gibt die Energie an Bremswiderstände ab. Die flexibel programmierte Steuerung aller Funktionen (FPS) setzt sich aus mehreren Modulen zusammen, die dezentral im Fahrzeug angebracht sind. Das Motormanagement ist über den IES-Datenbus mit der FPS verbunden. Das System wurde voll vom Citaro übernommen. Die Einbausituation der Aggregate im Heck lässt die Verwendung anderer Energiequellen zu.
Eine weitere Antriebslösung bieten Renault V.I., GEC-Alsthom und Michelin mit einem gemeinsam entwickelten und besonders raumsparenden System mit Radantrieb über ein Planetengetriebe (**Bild 18**). Die Scheibenbremse wirkt auf dessen Welle mit mittlerer Drehzahl. Die Asynchron-Radmotoren werden von einem mit dem Dieselmotor verbundenen Synchrongenerator gespeist. Die beiden Radaggregate sind durch eine leichte Achsbrücke verbunden. Neuartig sind die hierfür entwickelten Reifen Super Single von Michelin. Das Platz sparende Gesamtkonzept kommt einem breiteren Mittelgang in Niederflurfahrzeugen zugute. Mit einer Hochspannungsstufe kann der Antrieb aus der Oberleitung gespeist werden.

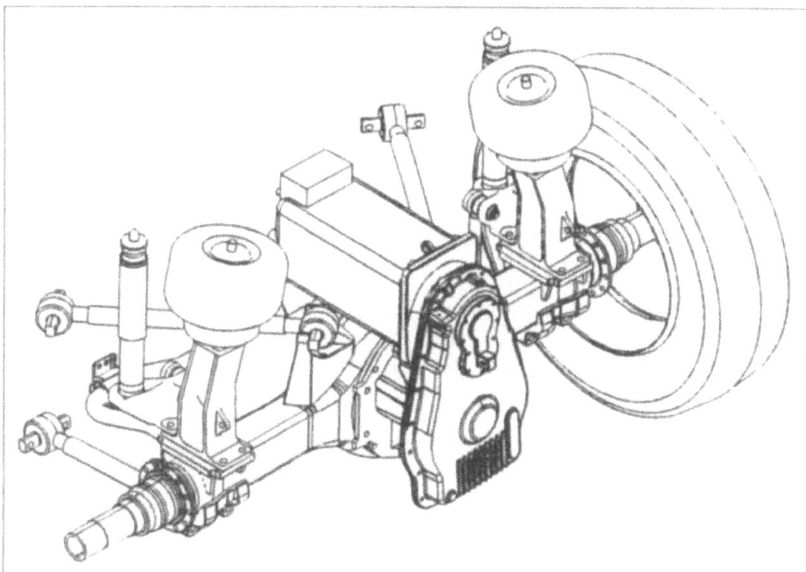

Bild 17
Achse des Cito mit aufgebautem Elektromotor

Bild 18
Elektrischer Radnabenantrieb von Renault V.I., GEC Alstom und Michelin

Ungewöhnliches Design und ungewöhnliche Bauweise sind die Merkmale des Prototyps X97 von Den Oudsten. Der Niederflurbus in Leichtbauweise hat einen Hybridantrieb mit Dieselmotor oder Traktionsbatterie. Die Karosserie wurde mit Hilfe der im Flugzeugbau erfahrenen Fokker Special Products aus Modulen in geschäumter Aluminium-Sandwichbauweise hergestellt.

Der Midi-Hybridbus A308 von Van Hool fährt in der City mit Batterieantrieb und außerhalb mit Dieselgenerator (1997). Die Hinterachse wird von einem Asynchron-Elektromotor angetrieben. Dieses System erlaubt eine Nachladung der Batterien, sobald mit Dieselmotor gefahren wird. Zum Bremsen wird der E-Motor als Generator umgeschaltet und trägt dabei auch zum Laden der Batterien bei. Die Leistung des Dieselmotors beträgt 101 kW, die des E-Motors 53 kW im Dauerbetrieb.

Der als Prototyp von Volvo vorgestellte futuristische City- und Regionalbus mit Gasturbinenantrieb und elektrischer Kraftübertragung wird so nicht in Serie gehen. Bemerkenswert ist der direkt mit der Gasturbine gekuppelte Hochgeschwindigkeitsgenerator. Der Elektromotor treibt die Hinterachse an.

In Frankreich finden sich zunehmend Omnibusse, die eher einer Straßenbahn gleichen, aber auf Luftreifen fahren und zwangsgeführt werden. Die mechanische Spurführung kann entkoppelt werden, um auch einen autarken Betrieb zu ermöglichen. Derartige mehrteilige Gelenkzüge mit Energiezufuhr über die Oberleitung und Stromrückführung über Führungsrollen in der Leitschiene werden von Bombardier und Translohr (Lohr Industries) angeboten. Renault V. I. schlägt mit „Civis" ein Verkehrssystem mit eigener Fahrspur vor, in dem

Niederflur-Gelenkbusse mit dem erwähnten elektrischen Radnabenantrieb mit dieselelektrischem Aggregat oder für Betrieb mit Oberleitung im Mittelpunkt stehen. In Frankreich besteht keine Einschränkung für den Betrieb mehrteiliger Gelenkbusse.
Dieses heute noch als Spezialgebiet zu betrachtende Anwendungsfeld elektrisch, speziell dieselelektrisch, angetriebener Linienomnibusse ist vielfältig, die Entwicklung ist in vollem Gang. Die zu erwartende Brennstoffzelle bedeutet eine Revolution der Antriebstechnik und wird zu gegebener Zeit den Obus mit der notwendigen Fahrleitung (Oberleitung) und einer verlustbehafteten Energieübertragung vom Kraftwerk über Unterstationen bis zum Antriebsmotor verdrängen, ebenso den hochentwickelten Dieselmotor als Hauptantrieb. Die allgemein wachsende Bedeutung der Elektronik und Elektrik bedeutet für Werkstätten im kommunalen Bereich ein Umdenken und Umrüsten, denn Wartung und Reparatur werden sich mit zunehmender Elektrik und Elektronik mehr den Einrichtungen und Abläufen in den Straßenbahnwerkstätten angleichen.

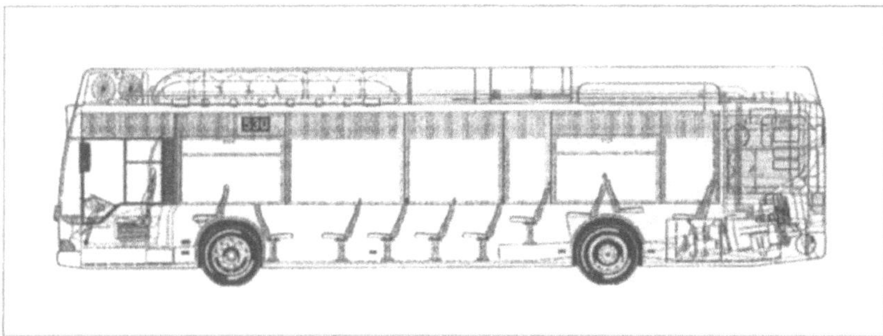

Bild 19
Mercedes-Benz Citaro mit Brennstoffzelle als Energielieferant

Omnibusse mit Brennstoffzelle als Energiequelle

Die Schilderung ausgeführter Fahrzeuge soll noch durch die Beschreibung einer im Bau befindlichen Vorserie des Mercedes-Benz Citaro mit einer Brennstoffzelle als Energiequelle ergänzt werden. Daimler Chrysler baut auf den Erfahrungen mit dem Nebus (**Bild 1**) und den anderen erwähnten Ausführungen 30 Citaro, die zur Großflottenerprobung der neuen Technologie bis spätestens 2002 an 10 Kunden in aller Welt verkauft werden (**Bild 19**). Damit wird in einem von der EU geförderten Projekt das Verhalten der Brennstoffzelle in verschiedenen Klimazonen und verschiedener Topographie erforscht und optimiert werden. Ferner wird damit die Möglichkeit der preiswerten Gewinnung von Wasserstoff (H_2) mit geringem Energieaufwand, des Aufbaus einer Infrastruktur zur Verteilung und des Trans-

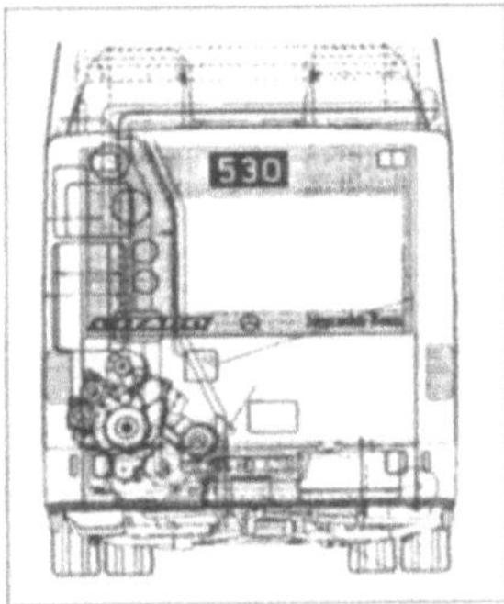

Bild 20
Rückansicht des Citaro nach Bild 19

ports untersucht. Entgegen der bisherigen Antriebstechnik der Omnibusse auf Basis des O 405 mit Einzelradantrieb wird eine konventionelle Niederflurachse von einem Elektromotor als Zentralmotor über ein Automatikgetriebe angetrieben. Der Zentralmotor ist nach **Bild 20** links im Heck an Stelle des bei einer Citaro-Variante stehend eingebauten Dieselmotors mit allen üblichen Nebenaggregaten eingebaut. Die Brennstoffzelle und die Gasflaschen werden auf dem Dach untergebracht. Die Niederflurigkeit mit drei Türen bleibt gewahrt. Damit wird der von Daimler Chrysler durch intensive Forschung und Entwicklung der Brennstoffzellentechnologie erreichte Fortschritt der Allgemeinheit nutzbar gemacht.

Auch MAN erprobt einen Bus mit Brennstoffzelle. Als Basis dient der Niederflurbus NL 63, der mit einer Brennstoffzelle im Heck ausgerüstet ist. Der elektrische Radantrieb entspricht dem des erwähnten dieselelektrisch angetriebenen Busses. Die Leistung der Brennstoffzelle beträgt 120 kW. Herzstück ist die von Siemens hergestellte Brennstoffzellenanlage mit PEM-Brennstoffzellen. Die Druckbehälter für das Wasserstoffgas bestehen aus Aluminium mit einem Mantel aus Kohlenstofffasern, wodurch das Gewicht extrem niedrig gehalten wird. Die Erprobung ist für den Herbst 2000 in Erlangen und Nürnberg vorgesehen. Ein weiterer Bus ist mit einem anderen Brennstoffzellensystem im Bau, er wird nach Lissabon und Kopenhagen zur Erprobung gegeben.

Wie ernst die Entwicklung der Antriebe mit Brennstoffzelle genommen wird, zeigt ein weiteres Beispiel. Auch G. Auwärter/Neoplan erprobt einen 10,6 m MIC Metroliner mit einer von Proton-Motor in Starnberg entwickelten luftgekühlten Brennstoffzelle nach dem PEM-System. Die maximale Leistung beträgt 70 kW und die Hinterräder werden in bekannter Weise einzeln mit MM-Motoren von Schaltbau angetrieben. Proton-Motor setzt auf eine Zusammenarbeit mit Volvo, 2001 soll der erste Bus in Göteborg erprobt werden.

Die Weiterentwicklung elektrischer Antriebe ist unter diesen Aspekten unverzichtbar, ebenso die Nutzung der Bremsenergie. Die Entwicklung wird zum sauber und leise fahrenden Zero-Emission Vehicle führen und die heute so sehr betonte Umweltfreundlichkeit der schienengebundenen Fahrzeuge des ÖPNV in Frage stellen, sofern eine emissionsarme Gewinnung des Wasserstoffs in absehbarer Zeit gelingt. Omnibusse und Omnibusverkehrssysteme gehen im Zuge dieser Entwicklung der Antriebssysteme mit High Tech in die Zukunft.

Literaturhinweise

Hondius, H.: Übersicht über die technische Entwicklung und die Position der Obusse und Duobusse in der westlichen Welt, Teil 1: Obus – eine Bestandsaufnahme. In: stadtverkehr 41 (1996), Nr. 5, S. 6–23. Teil 2: Entwicklung der Systeme. In: stadtverkehr 41 (1996), Nr. 6, S. 6–12

Lee, R. und *Ehrhart, P.*: Neoplan-Omnibus mit multipler Energieversorgung. In: ATZ 96 (1994), Nr. 7/8, S. 478–480

Rieck, G. und *Zelinka, R.*: Elektrische Antriebssysteme für Stadtomnibusse. In: MAN – forschen, planen, bauen (1996), S. 4–10

Hoepke, E. und 6 Mitautoren: Niederflurantriebe für Straßenbahnen und Omnibusse. Schriftenreihe Verkehr und Technik, Band 83, Bielefeld: Erich Schmidt, 1986

Hoepke, E. und 9 Mitautoren: Elektrische Rad- und Achsantriebe für Omnibusse im ÖPNV. Schriftenreihe Verkehr und Technik Band 85, Bielefeld: Erich Schmidt Verlag, 1998

Brennstoffzelle: Strom aus gezähmter Reaktion. Daimler Chrysler HighTech Report '99, S. 14–18

MAN erprobt Brennstoffzellen-Bus. In: in motion, MAN-Magazin, Nr. 3/2000, S. 36–38

Lubitz, A.: Fahrbericht: Neoplan-MIC mit Brennstoffzellenantrieb. In: lastauto omnibus, Heft 8/2000, S. 76–77

Die neue MAN-Niederflur-Midibus-Baureihe

MAN hat seit 1997 „Step by step" die 3. Niederflurgeneration eingeführt. Dabei wurden die 12 m Busse (Niederflurlinienbus-NL und Niederflurüberlandbus-NÜ) im Jahr 1997, der 18 m-Niederflurgelenkbus 1998 und die 15 m-Busse NL/NÜ 1999 zur Serienreife gebracht. Für den 12 m-NL hat MAN die in Fachkreisen hoch anerkannte Auszeichnung „Bus of the Year 99" erhalten, die wir auch als Verpflichtung für weitere Produktoffensiven verstehen.
Nachdem die Entwicklungen der Fahrzeuge über 12 m weitgehend abgeschlossen waren, gab es wirtschaftliche Überlegungen die Baureihe nach unten (Midibus) abzurunden. Marketinguntersuchungen ließen erkennen, dass es auch beim Midibus eine klare Tendenz zum 100 % Niederflurbus mit 3 stufenlosen Einstiegen gibt.
In Europa existieren hierzu bereits interessante Märkte, wie z. B. Italien, Spanien, in anderen Ländern, darunter auch Deutschland, ist eine steigende Nachfrage nach Midibussen deutlich erkennbar.
Die Einsatzvorteile liegen zum Teil darin, dass sie 12 m-Busse mit geringer Auslastung wirtschaftlich ersetzen oder bei zu hoher Auslastung ergänzen können. Insbesonders zeichnen sich diese kürzeren Linienbusse durch ihre enorme Wendigkeit und den relativ geringen Verkehrsflächenbedarf aus.
Die wesentlichen Lastenheftforderungen für den neuen MAN-Niederflur-Midibus:

- 100 %ige Niederflurigkeit
- 2- bzw. 3-stufenlose Einstiege
- Türen:
  - 1. Türe schmal oder breit
  - 2. Türe breit
  - 3. Türe schmal oder breit oder ohne
- Keine Stufen im Mittelgangbereich
- 22,5"-Reifen/Räder wegen größerer Scheibenbremse
- Neuer VDV-Fahrerarbeitsplatz und elektronisches Bremssystem (EBS)
- Motorleistung 220 bis 280 PS (Euro III)
- Automatikgetriebe und Schaltgetriebe
- Möglichst große Stehflächen in den Türenbereichen (Türe II und III)
- Mindestens 800 mm Gangbreite zwischen den Radkästen (Vorder- und Hinterachse)
- 3 verschiedene Längen abhängig vom Radstand (8,7 m bis 10,5 m)
- 2 verschiedene vordere Überhänge (wegen 2 Türbreiten)
- Optimiert hinsichtlich LCC
- Einhaltung von allen nationalen und europäischen Regelwerken und Vorschriften
- Design passend zur 3. Niederflur-Generation
- Fahrzeugbreite maximal 2,35 m
- Weitgehende Modularität zum 12 m-Bus im Komponentenbereich

- Diagnosefähigkeit
- Schneekettentauglichkeit
- Böschungswinkel 7° und 7,5° wahlweise
- Möglichkeit für Rollstuhlplatz
- Reifenaußenflanken von der Vorderachse zur Hinterachse ≤ 20 mm
- HLK – Konvektoren-gebläseunterstützt
  – Optional Klimaanlage
- Innenausstattung wie 3. Niederflur-Generation

Design

Beim Design wurden gegenüber den 12 m-, 15 m- und 18 m-Bussen nur Anpassungen bezüglich Breite und Länge des Fahrzeuges vorgenommen, woduch sich der neue Midibus optisch nahtlos in die 3. Niederflur-Generation einfügt, **Bild 1**.
Lediglich der Heckinnenraum unterscheidet sich deutlich durch den links seitlich stehend eingebauten Motor.
Die Verkleidungsformen hierzu berücksichtigen sowohl funktionale als auch ergonomische und optische Aspekte.
Der VDV-Fahrerarbeitsplatz wurde direkt (1 : 1) übernommen und bietet auch im Midibus die gewohnten und geschätzten Vorzüge.

Bild 1
NM 223.3/283-
Gesamtansicht Türseite

Grundkonzept – Innenraum

Als Midibusse bezeichnet man Fahrzeuge mit Längen zwischen 8,5 m bis max. 10,5 m bei einer Fahrzeugbreite von ca. 2,35 m und einer Kapazität zwischen 60 und 80 Personen inklusive Stehplätze.

Sie wurden bisher meist 2-türig mit Stufe im Mittelgang oder mit Schräge zum Heckbereich gebaut.

Immer mehr Bedeutung für die Stadtzentren hat wegen des schnelleren Verkehrsflusses die 3-türige Version, bei stufenlosem 3. Einstieg und 100 % Niederflurigkeit **Bild 2**.

Ausgehend von einer Grundversion mit 3 breiten Türen bei einer Gesamtlänge von 9665 mm sind durch Modulbauweise weitere interessante Längen- und Türvarianten darstellbar **Bild 3**, die individuelle Wünsche ermöglichen.

Dabei erlauben die Radstandsvarianten entweder 1 Sitzreihe mehr oder weniger zwischen den Achsen, die Überhangvarianten, vorne lang mit breiter Türe, kurz mit schmaler Türe sowie die Hecküberhangvariante ohne, breite oder schmale Türe.

Falls eine besonders hohe Sitzplatzzahl gewünscht wird, kann auch die 2. Türe (zwischen den Achsen) entfallen, wodurch 4 zusätzliche Sitze möglich sind.

Bild 2
Innenraum 3-Türer

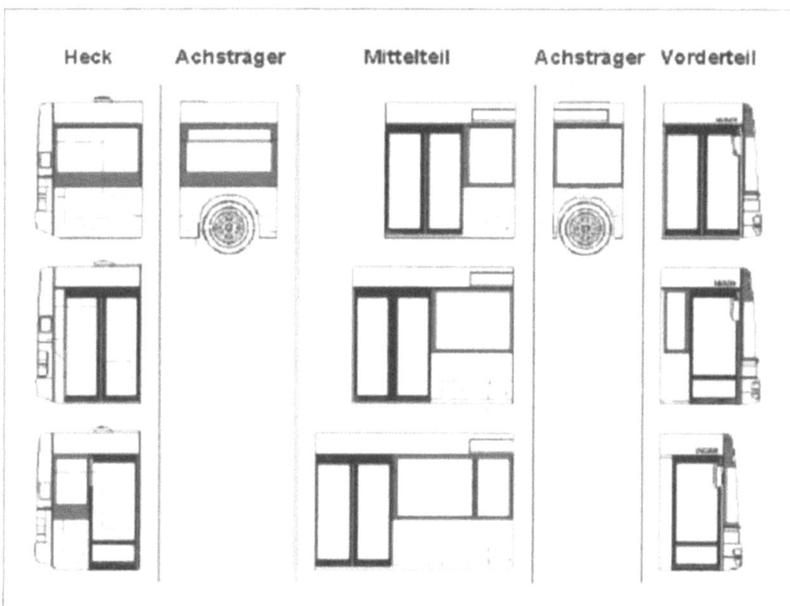

Bild 3
Modulvarianten des NM 223.3/283

Grundgedanken bei der Entwicklung waren die optimale Wirtschaftlichkeit hinsichtlich Personen-Kapazität und LCC.

Rohbaustruktur

Bild 4
Geripperohbau NM 223.3/283

Bild 5
Gussquerträger vor der Hinterachse

Bild 6
Triebwerk-Modulrahmen

Der Rohbau **Bild 4** basiert weitgehend auf erprobten und bewährten Strukturelementen der 3. Niederflurgeneration (12 m, 15 m, 18 m).

Die Radkästen sind so dimensioniert, dass eine akzeptable Innenraumgestaltung (Sitzanordnung, Podesthöhe) möglich ist, aber auch Schneeketten montiert werden können. Durch die Single-Bereifung an der Hinterachse wurde es möglich, einen 800 mm breiten Durchgang zwischen den Radkästen zu schaffen.

Wegen des breiteren Mittelganges, der größeren Luftfeder- und Lenker-Spur wurde ein neuer Gussquerträger **Bild 5** vor der Hinterachse, der Lenker- und Luftfederkräfte aufnimmt, entwickelt.

Der Heckbereich erfuhr durch den stehend links eingebauten Motor die bedeutendste Neuerung im Gerippebereich. Der Motor, mit allen funktionell dazu gehörenden Baugruppen, ist in einem Modulrahmen integriert, der dann als tragender Bestandteil des Gerippes eingeschraubt wird **Bild 6**; siehe hierzu auch Abschnitt Triebwerk.

Das Aufbaugerippe ist im Querschnitt nur bezüglich der geringeren Fahrzeugbreite gegenüber dem 12 m-Bus verändert worden, viele Einzelelemente wurden 1 : 1 übernommen. Auch alle gängigen Türvarianten IST (Innenschwenktüre), AST (Außenschwenktür) und SST (Schwenkschiebetüre) sind wie bei den längeren Bussen möglich.

Fahrwerk

Vorderachse, Lenkung und Bremse

Entscheidenden Einfluss auf die Fußbodenlandschaft hat bei Niederflurbussen immer das Fahrwerk, wofür dann entsprechende Achssysteme zu entwickeln sind.
Eine speziell an den Midibus angepasste Vorderachse **Bild 7** wurde wegen der geringeren Fahrzeugbreite (2,35 m) und der Durchgangsbreite von 800 mm zwischen den Radkästen erforderlich. Prinzipiell lehnt sich aber diese Vorderachse an der des 12 m-Busses an, mit allen Vorzügen hinsichtlich LCC wie z. B. wartungsfreie Radlager und Achsschenkelbolzenlagerungen. Auch ein Stabilisator und ein Lenkungsdämpfer für schneller ausgelegte Midibusse ist möglich.
Der kurze vordere Überhang erlaubt ein stehend angeordnetes Lenkgetriebe ohne Winkeltrieb, Lenksäule und Lenkrad sind baugleich vom 12 m-Bus übernommen.
Wie bereits beim 12 m-, 15 m-, und 18 m-Bus wird mit dieser Kombination auch für den Midibus der bekannt hohe Fahrkomfort erreicht.
Der Radeinschlag von 50° in Kombination mit den Außenabmessungen verschafft dem Fahrzeug eine ernorme Wendigkeit **Bild 8**, die jeder Busfahrer zu schätzen weiß.

Bild 7
Neue Vorderachse mit Anlenkung und Federung

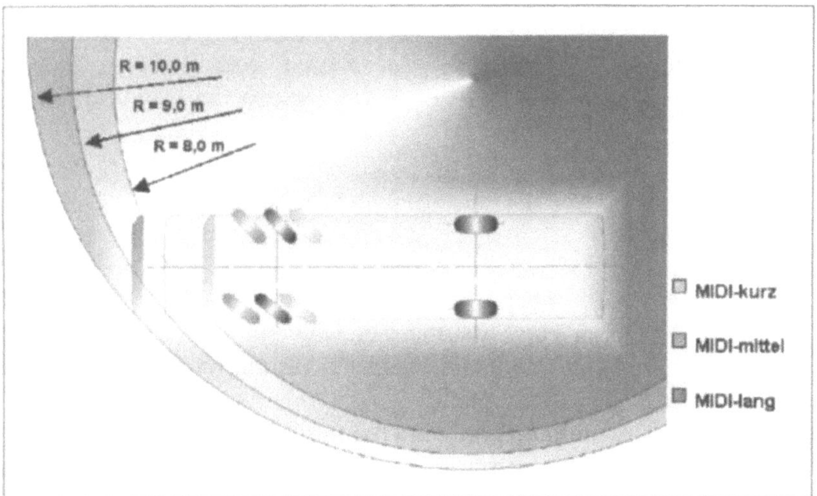

Bild 8
Kurvenlauf des NM 223.3/ 283 (kurz, mittel, lange Ausführung)

Die Reifenspur der Vorderachse wurde möglichst groß gewählt, um die Differenz der Außenflanken zum Hinterachsreifen gering zu halten und somit die Reifenflanken zu schonen.
An der Vorderachse wird der Standardreifen 275/70 R 22,5 auf der Felge 7,25 x 22,5 eingesetzt, dessen mögliche Tragfähigkeit selbst bei der längsten Midibus-Version nicht ausgeschöpft wird.

Bild 9
Bremse (EBS-Schema)

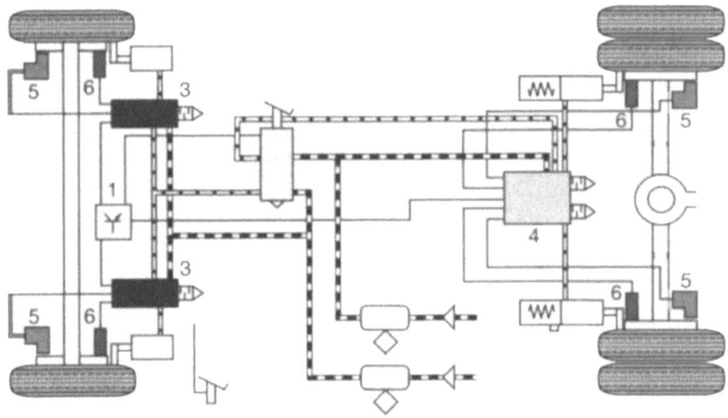

1 = Elektr. Steuergerät
2 = Bremswertgeber
3 = Druckmodul (einkanalig)
4 = Druckmodul (zweikanalig)
5 = Drehzahlsensor
6 = Verschleißsensor

Der entscheidende Grund für die Wahl der 22,5″-Räder war die dadurch mögliche größere Bremse, was bezüglich Standzeit der Bremsbeläge und der Bremsscheibe enorme LCC-Vorteile bietet.
Hinzu kommt zusätzlich, dass dieser Midibus serienmäßig mit EBS (elektr. Bremssystem) **Bild 9** ausgestattet ist, was kürzere Ansprechzeiten und Bremswege ermöglicht, eine Verschleißanzeige beinhaltet und den achsenweise gleichmäßigen Belagverschleiß garantiert.
Auch der neue Midibus kann wie der 12 m-Bus mit einem um 20 mm höherem Niveau geliefert werden. Hierzu sind lediglich andere Stoßdämpferlängen und höhere Anschlagpuffer in den Luftfedern erforderlich.

Hinterachse

Bild 10
Neue Hinterachse mit Anlenkung und Federung

Der Wunsch nach mehr Mittelgangbreite zwischen den Radkästen bei einer Außenbreite von nur 2,35 m und 22,5″-Rädern erfordert auch eine spezielle Lösung für eine Portalachse **Bild 10**.
Wegen des stehend links eingebauten Motors ist ein weit außen liegender Antrieb erforderlich. All diese Anforderungen waren nur mit einer Single-Bereifung zu erfüllen.
Da die Tragfähigkeit des Standardreifens 275/70 R 22,5 von 7,2 t im Stadtverkehr hier nicht mehr ausreicht, wurde die Reifendimension 385/55 R 22,5 (bis 9,5 t im Stadtverkehr) auf einer Spezialfelge 11.75 x 22,5 gewählt. **Bild 11** zeigt in Abhängigkeit von Radständen und üblichen Bestuhlungsvarianten die max. Achslasten und die Gesamtgewichte incl. Klimaanlage und Doppelverglasung.

	Gewichte	Räder/Reifen		Fahrgastanzahl (entsprechend Bestuhlung)		
	(Gesamtgewicht incl. Klimaanlage) [kg]	Vorderachse Reifen (Felge)	Hinterachse Reifen (Felge)	Sitz-plätze	Steh-plätze	Gesamt
Radstand: 3845						
2 Türen	12.850			15	50	65
3 Türen	13.150			12	54	66
Radstand: 4410						
2 Türen	13.450	275/70 R22,5	385/55 R22,5	17	52	69
3 Türen	13.750	(22,5 x 7,50)	(22,5 x 11,75)	14	56	70
Radstand: 5110						
2 Türen	14.250			20	55	75
3 Türen	14.550			17	59	76

Bild 11
Gewichtsbilanzen für NM 233.3/283 (kurz, mittel, lange Ausführung)

Die neue Midi-Portalachse basiert auf der bekannten MAN/ZF-Achse der 3. Niederflurgeneration, die bei gleicher Arbeitsteilung gemeinsam mit ZF gefertigt wird. Die wartungsfreien Radlager und das einfache Wechseln der Bremsscheiben wurden hierbei von vornherein berücksichtigt.
Die Achse ist für eine Traglast von deutlich über 10 t und für eine Antriebsleistung über 220 kW ausgelegt und ist somit hinsichtlich Lebensdauer optimal dimensioniert.
Die Lenkeranordnung, die Luftfederspur und die Dämpferspur wurden jeweils verbreitert, was zu einem deutlich höheren Fahrkomfort führt.

Triebstrang

Aus Gründen der Montage- und Wartungsvereinfachung wurde ein neues Triebstrangmodul **Bild 12** entwickelt.
Der stehende D0836 LOH-Euro III-Motor ist mit allen Peripherieaggregaten in einem Modulrahmen **Bild 13** vormontiert und dann nach erfolgtem Dicht- und Funktionslauf in das Heck des Fahrzeuges mittels Schraubverbindungen an 4 Stellen befestigt. Die Kühlereinheit des Antriebsmoduls ist hoch im Heck links angeordnet, in einem relativ verschmutzungsfreien Bereich, der Lüfterantrieb erfolgt hydrostatisch. Die Motorluftansaugung ist wie beim 12 m-Bus im Dachvoutenbereich, inklusive Luftfilter untergebracht
Die gute Zugängigkeit zu allen Trennstellen und Wartungspositionen erfolgt entweder innen durch gut abgedichtete Deckel oder vom Heckbereich bzw. durch die Seitenklappe links. Der 6,9 l-Euro III-Motor

Bild 12
Antriebsstrang NM 223.3/283

Bild 13
Stehender Motor D 0836 LOH im Modulrahmen

(EDC-geregelt) mit 162 kW (220 PS) und 206 kW (280 PS) sorgt für optimale Fahrleistungen bei geringstmöglichem Kraftstoffverbrauch. Die Ölwechselintervalle liegen ohne Zusatzmaßnahmen bei 60.000 km. Zur Drehmomentwandlung werden die bewährten Automatgetriebe von Voith und ZF eingesetzt und mit der wartungsfreien Gelenkwelle verschwinden bei diesem Fahrzeug die letzten Schmierstellen. Auf Wunsch kann zur weiteren Abgasnachbehandlung auch ein CRT-Filter angeboten werden.
Im Heck rechts vom Motor sind der Klimakompressor und das Vorwärmgerät gut zugänglich angeordnet.

Elektrik

Die neue MAN-Bus-Elektronikstruktur (NES) **Bild 14** ist mittlerweile in ausgereifter Qualität in allen Stadtbussen eingeführt und vom 1. Fahrzeug an auch beim NM 224/284 verfügbar. Als markantes Erkennungsmerkmal dient die durchsichtige Fahrertrennwand **Bild 15**, aber insbesondere für Fahrer und Betreiber das umfangreiche Diagnosesystem. Die wichtigsten Diagnosemöglichkeiten sind im **Bild 16** dargestellt.
Unzulässige Abweichungen in einem der vernetzten elektronischen Systeme werden auf dem Display des Fahrerarbeitsplatzes prioritätsgesteuert angezeigt. Neben der aktuellen Fehleranzeige ist auch das Auslegen der Fehlerspeicher aller dafür vorgesehenen Elektroniksysteme über einen Diagnosetaster und dem FAP-Display möglich.
Das Gesamtsystem aller elektronischen Systeme kann mit dem seit Jahren bewährten Offboard-Diagnosesystem MAN-cats diagnostiziert

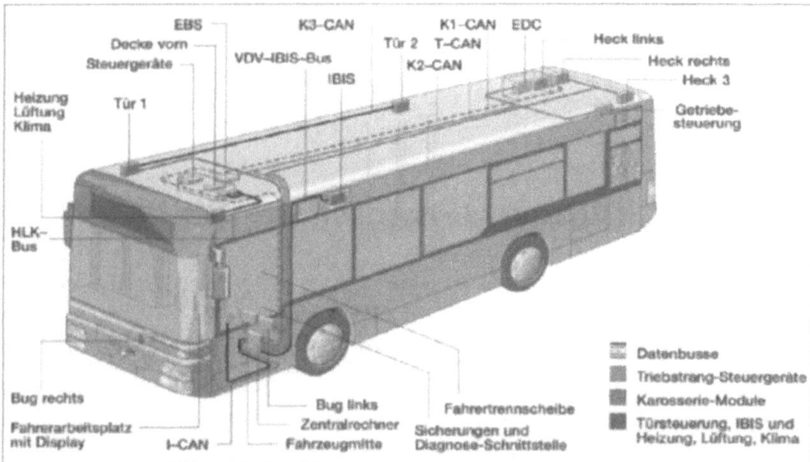

Bild 14
Neue Elektronik-Struktur

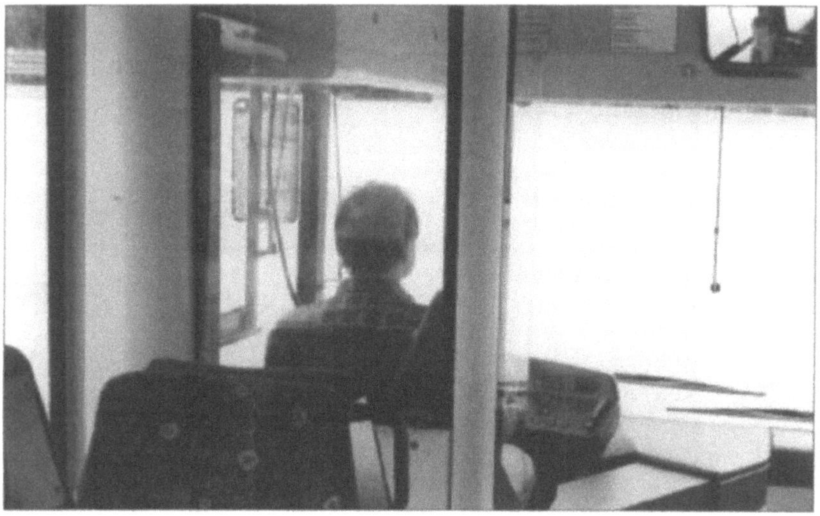

Bild 15
Fahrerarbeitsplatz mit verglaster Trennwand

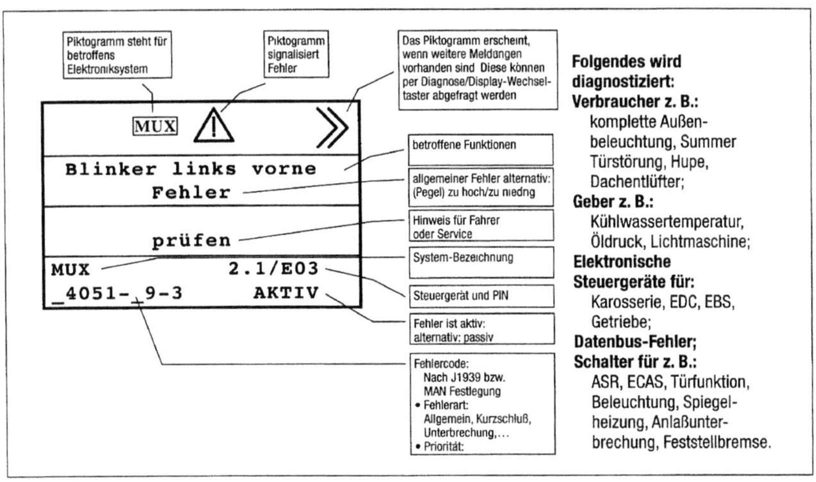

Bild 16
Diagnosesystem im NM 223.3/283

werden. Auf diese Weise wird eine tiefgreifende, menügeführte Werkstattdiagnose ermöglicht.

Heizung, Lüftung, Klimatisierung (HKL)

Der neue Midibus ist serienmäßig mit einer gebläseunterstützten Konvektorenheizung ausgestattet **Bild 17**.
Dieses System bietet neben geringer optischer Auffälligkeit eine komfortable schnelle und geräuscharme Temperierung des Fahrgastraumes. Ferner werden aus LCC-Gründen kollektorlose, langlebige Gebläsemotoren eingesetzt.

Bild 17
Heizung/Lüftung-Klimatisierung

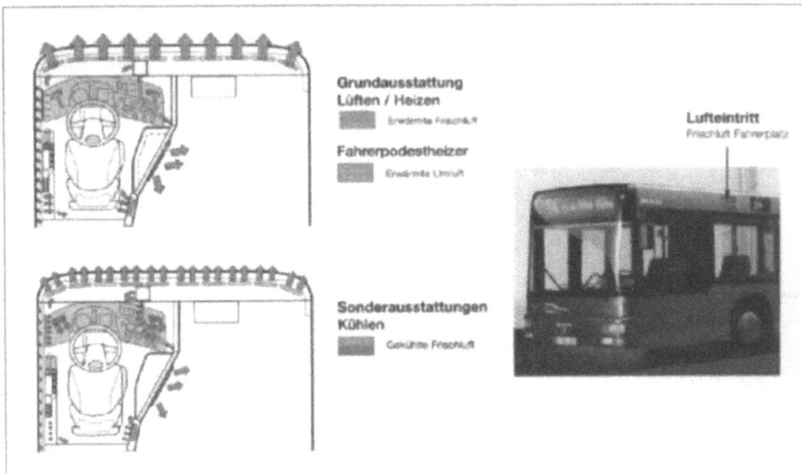

Bild 18
Heizen/Lüftung/Klimatisierung am Fahrerarbeitsplatz

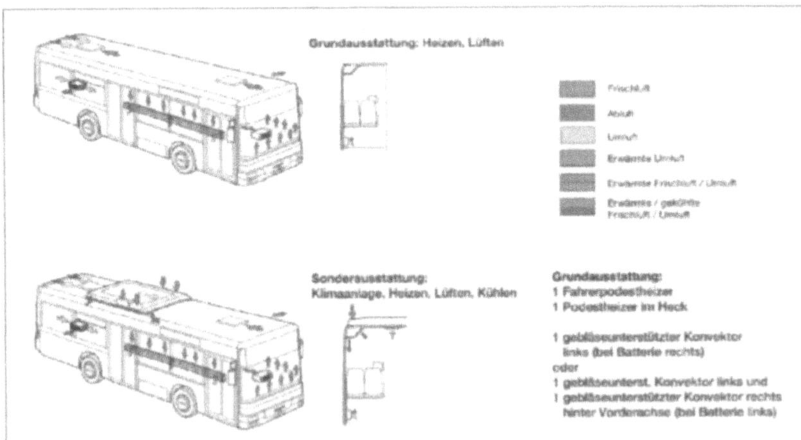

Auf Wunsch kann auch eine neue, speziell für Midibusse ausgelegte Klimaanlage zum Einsatz kommen.
Die HLK für den Fahrerarbeitsplatz ist im **Bild 18** ersichtlich, wobei hier besonders der zusätzlich serienmäßig eingebaute Fahrerpodestheizer erwähnt werden soll.

Zusammenfassung, Termine, Ausblick

Der neue MAN Niederflur-Midibus stellt für den Betreiber eine optimale Ergänzung in Richtung kleinere Personenkapazität, aber höhere Auslastung und damit höhere Wirtschaftlichkeit dar. Außerdem bietet der Midibus besonders im Innenstadtbereich erheblich mehr Wendigkeit und schnellen Verkehrsfluss bei 3 stufenlosen Einstiegen. Der Serieneinsatz für die mittlere und lange Variante wird ab Herbst 2000 erfolgen, eine kürzere Variante folgt später.
Natürlich haben wir bei diesem Midibus auch die Brennstoffzellentechnik berücksichtigt, die bei Bedarf ohne großen Aufwand integriert werden kann.

Hydrodynamik

Voith als kompetenter Anbieter in allen Fragen der Hydrodynamik

Seit 1870 befasst sich Voith mit der Umsetzung von Kräften aus beschleunigten Flüssigkeiten – der Hydrodynamik. Zuerst war die Energiegewinnung aus Wasserkraft das Ziel, wodurch Wasserturbinen unterschiedlicher Ausprägung entstanden sind. Heute beweisen Wasserkraftwerke, wie beispielsweise das weltgrößte Wasserkraftwerk im brasilianischen Itaipu mit 13.320 Megawatt, die Leistungsfähigkeit dieser Technik. Zum Vergleich: Atomkraftwerke leisten 600–1.000 Megawatt.
In den 20er Jahren setzte Voith das Prinzip hydrodynamischer Kreisläufe in praxisgerechte Antriebe für Kraftwerksanlagen und Schienenfahrzeuge um. 1961 konnten erstmals schwerste Güterzüge nahezu verschleißfrei auch auf langen Gefällestrecken sicher verzögert werden. Der Voith Retarder war geboren.
Seitdem hat Voith das nötige Know-how und die technischen Möglichkeiten kontinuierlich weiterentwickelt und ist den Problemen verschleißloser Verzögerung in aufwendigen Versuchsanlagen auf den Grund gegangen. Die in dieser Weise ausgereiften Konstruktionen werden in einem modernen Fertigungs- und Montagewerk in Retarder von gleichmäßig höchster Qualität in hohen Stückzahlen zum Vorteil der Kunden umgesetzt. Der Einsatz von Retardern bedeutet neben einem deutlichen Plus an Sicherheit ein ebenso deutliches Plus an Wirtschaftlichkeit. Diese Wirtschaftlichkeit kann heute anhand einer Amortisationsrechnung nachgewiesen werden und wird von den Kunden auch bestätigt. Die Amortisation eines Voith Retarders liegt, stark abhängig vom Einsatzprofil, zwischen eineinhalb- und drei Jahren.

Charakteristik typischer verschleißfreier Dauerbremsen

Systemunterscheidung

Es wird prinzipiell zwischen drei Systemen unterschieden:
- Thermodynamische Motorbremsen: Sind heute bereits vielfach Standard.

Bekannt sind hier insbesondere die verbesserten Motorbremssysteme, wie z. B. die MB-Konstantdrossel oder Volvo VEB. Diese erreichen einen um ca. 30 % gesteigerten Leistungswert im Vergleich zu den herkömmlichen Motorbremsen.

- Elektrodynamische Retarder: Auch Wirbelstrombremsen oder Permanentmagnetbremsen genannt. Bekannt durch Fabrikate wie Telma, Kloft, Frenelsa, etc.
- Hydrodynamische Retarder: Bekannte Hersteller sind Voith, Scania und ZF

Thermodynamische Motorbremsen (Primär-Retarder)

Bei der thermodynamischen Kompressorbremse wird die Verdichtungsarbeit der Ansaugluft zur verschleißlosen Bremsarbeit genutzt. Die in Wärme umgewandelte Bremsenergie wird zum größten Teil direkt über das ausgestoßene Gas an die Umgebungsluft abgegeben. Sie sind durch ihre Gangabhängigkeit zwar stark in ihrer Bremswirkung im Bereich niedriger Geschwindigkeiten, jedoch relativ schwach im höheren Geschwindigkeitsbereich. In der Regel ergänzen sie andere Retardersysteme.

Der Kennlinienverlauf (**Bild 1**) zeigt eine motordrehzahlabhängige Leistungshyperbel, die durch richtige Wahl der jeweiligen Getriebestufe erreicht werden kann.

Bild 1
Gangabhängige Bremskennlinie

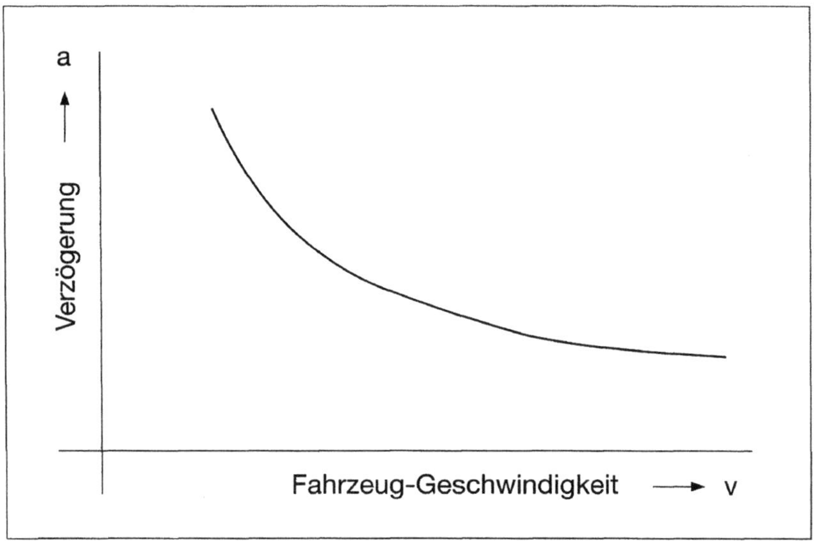

Elektrodynamische Retarder (Sekundär-Retarder)

Der Retarder ist im Antriebsstrang zwischen Getriebe und Hinterachse angeordnet. Am Stator sind mehrere Spulenpaare angeordnet, die bei geschlossenem Stromkreis ein Magnetfeld erzeugen. Bei drehender

Bewegung des ferritischen Rotors entsteht ein Kraftfeld, das der Drehbewegung entgegenwirkt.
Elektromagnetische Retarder zeigen einen Bremsmomentenverlauf, der im unteren Geschwindigkeitsbereich durch einen steilen Momentenanstieg gekennzeichnet ist.

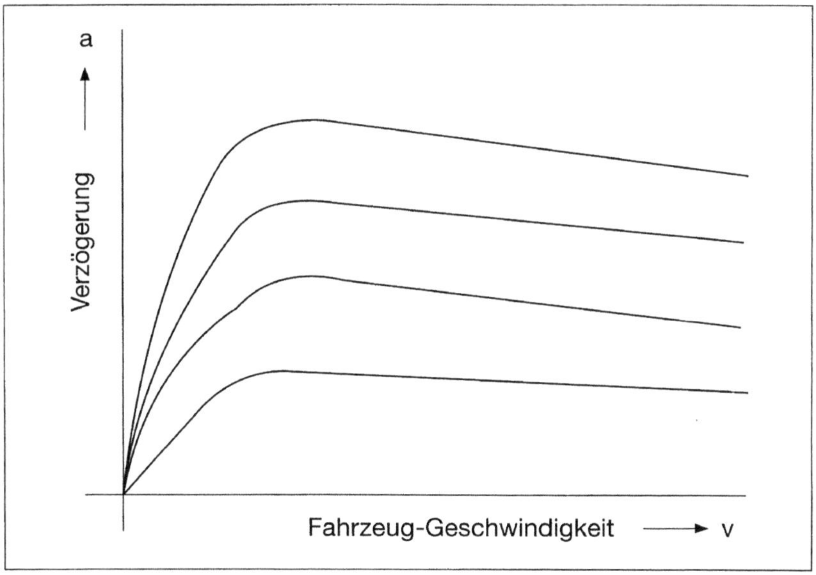

Bild 2
Typisches Kennlinienfeld eines elektrodynamischen Retarders, Bremskennfeld mit 4 Bremsstufen

Die Bremsenergie wird auch hier in Wärme umgewandelt, die zum größten Teil kapazitiv in den Rotoren gespeichert ist. Physikalisch bedingt fällt bei erhöhter Erwärmung das Bremsmoment ab. In der bremsfreien Phase findet über die als Lüfter ausgebildeten Rotoren eine Rückkühlung statt.

Hydrodynamische Retarder (Primär- und Sekundär-Retarder)

Hydrodynamische Retarder sind sowohl primärseitig, d. h. gangabhängig im Traktionsfluss gesehen, vor dem Getriebe als auch sekundärseitig hinter dem Getriebe angeordnet.
Das Prinzip entspricht dem einer Föttinger-Kupplung in der Weise, dass ein hydraulisches Arbeitsmedium vom Rotor beschleunigt und im Stator wieder verzögert wird. Kinetische Fahrzeugenergie wird so in Wärme umgesetzt und der Fahrzeugkühlanlage zugeführt.
Das Retarderbremsmoment folgt im unteren Geschwindigkeitsbereich dem quadratischen Verlauf einer Vollfüllparabel und zeigt im höheren Geschwindigkeitsbereich eine waagerechte oder fallende Kennung. Die max. unerschöpfliche Dauerbremsfähigkeit wird durch die max. Leistungsfähigkeit der Kühlanlage des Fahrzeugs vorgegeben.

Bild 3
Hydrodynamischer Retarder Voith R 115 H

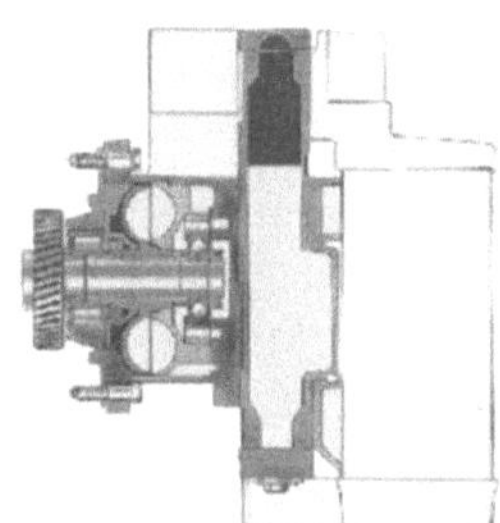

Bild 4
Typisches Kennlinienfeld eines hydrodynamischen Retarders, mit max. und min. Bremsstufe sowie fahrzeugspezifischer Leistungsgrenze

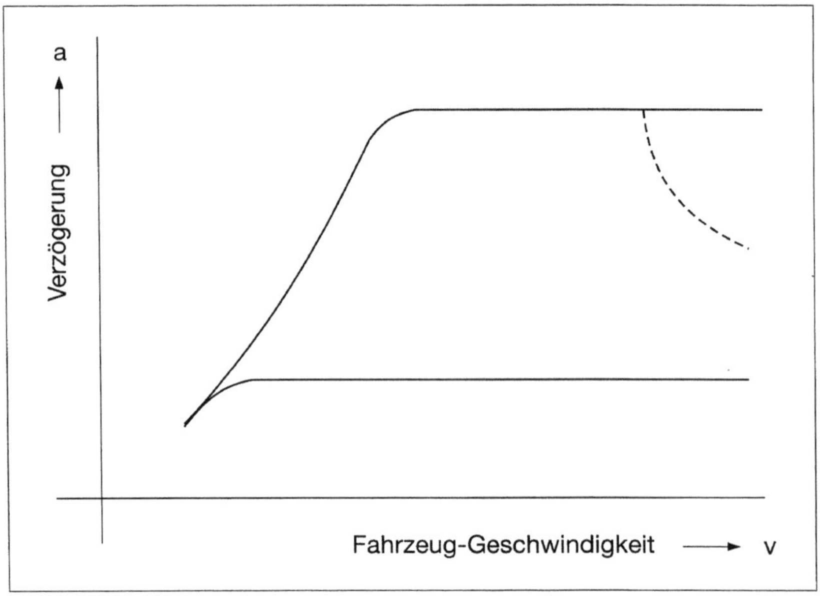

Hydrodynamischer Sekundär-Retarder

Entwicklungsgeschichte

Sehr häufig spielen ungewöhnliche Zufälle im Leben eine Rolle, so auch bei der Retarderentwicklung für Voith Straßen Retarder.
Es ist im Wesentlichen dem Engagement von Otto Kässbohrer zu verdanken, dass 1963 die Retarderentwicklung für Straßenfahrzeuge, d. h. zunächst speziell für Setra-Omnibusse, durch ihn forciert wurde.
Mit dem Ehrgeiz, Omnibusse noch sicherer zu gestalten und mit dem Wissen, dass sich verschleißlose Dauerbremsen in Form von Strömungsbremsen bei Schienenfahrzeugen bereits bewährt hatten, wurde der Wunsch geweckt, ein derartiges System auch in einem Omnibus zu verwenden.
Zwei vorrangige Systemanforderungen bestanden in folgenden Aufgaben:

- Zum einen wurde eine Talfahrt-Dauerbremse gefordert, die weitgehend thermisch unerschöpflich und ohne Zuhilfenahme der Reibbremsen arbeitet.
- Zum anderen wurde die Fähigkeit zur Hochgeschwindigkeitsbremsung erwartet, die kurzzeitig eingesetzt bei Anpassungs-

bremsungen die Bremsarbeit alleine übernimmt und somit in erheblichem Maße die Reibbremsen entlastet.

Als besonders wichtige Konstruktionsmerkmale ergaben sich damals die Vorgaben nach möglichst geringem Gewicht, z. B. 30–40 kg, und Betriebsmedium Wasser (evtl. mit Frostschutzmittel).
Aus damaliger technischer Sicht konnte ein Retarder mit Betriebsmedium Wasser noch nicht realisiert werden, deshalb wurde auf die bewährte Bahnlösung mit Betriebsmedium Öl zurückgegriffen und für die Straßenfahrzeuge weiterentwickelt.
Der Test auf der Straße bestätigte die Zielvorgaben des gemeinsamen Entwicklungsprojektes von Voith und Kässbohrer:

- Reduzierung des Bremsbelagverschleißes
- gesteigerte Talfahrtgeschwindigkeiten
- bei gleichzeitig erhöhter Sicherheit

Diese Kundenanforderungen konnten schnell in konkrete Lösungen umgesetzt werden. Heute hat Voith mit den Modellen R 120, R 133 und R 115 schon über 200.000 Retarder auf dem Markt und ist als zuverlässiger Partner bei fast allen OEMs bekannt.

Inline- oder Offline-Betrieb

Aus der Frühphase der Retarderentwicklung ist die Inline-Lösung bekannt. Hierzu wurden Konzepte parallel entwickelt und realisiert. Konzept 1 mit integrierter Zahnradstufe, bei der die beschaufelten Retarderteile auf einer schnell laufenden Welle angeordnet sind und Konzept 2, bei welchem die beschaufelten Retarderteile koaxial auf einer Welle befestigt und somit direkt inline im Antriebsstrang liegen.
Systemtypische Funktionen wie etwa stark unterschiedliche Öltemperaturen wurden dabei bewusst getrennt.
Als Offline-Lösung wird die Anbauweise bezeichnet, bei der der Retarder von der Getriebeabtriebswelle über eine Hochtriebstufe in seitlicher Lage zum Getriebe als Sekundärretarder angetrieben wird.
Beispiele für serienmäßig ausgeführte Anwendungen:

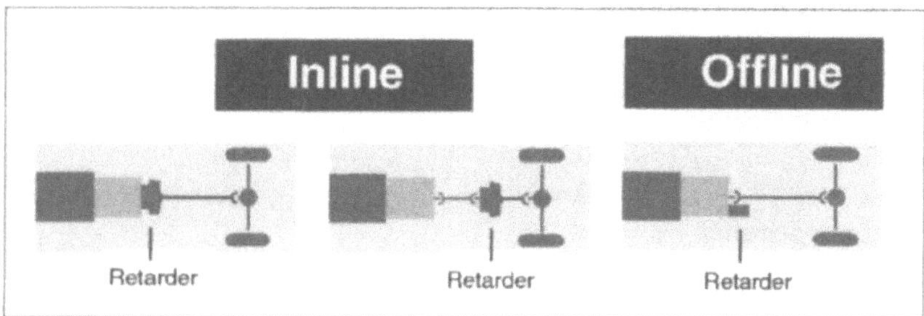

Bild 5
Anwendungsmöglichkeiten

Gegenüberstellung der Anwendung als Dauer- und als Anpassungsbremsung

Anhand von zwei aus der Praxis ausgewählten Beispielen wird der entscheidende Unterschied zwischen einer Dauer- und einer Anpassungsbremsung dargestellt. Der Unterschied besteht im Wesentlichen in der Höhe der auftretenden Bremsleistung und dem damit verbundenen Verhältnis zur verfügbaren Kühlerleistung.

Dauerbremsung

Fahrzeugmasse	=	18 t
Gefälle	=	7 %
Geschwindigkeit	=	30 km/h
Gefällelänge	=	6 km (ohne Bedeutung)
Rollwiderstand	=	1 %
Bremszeit	=	12 min.

Bild 6
Darstellung der anfallenden Bremsenergie und der verfügbaren Kühlleistung

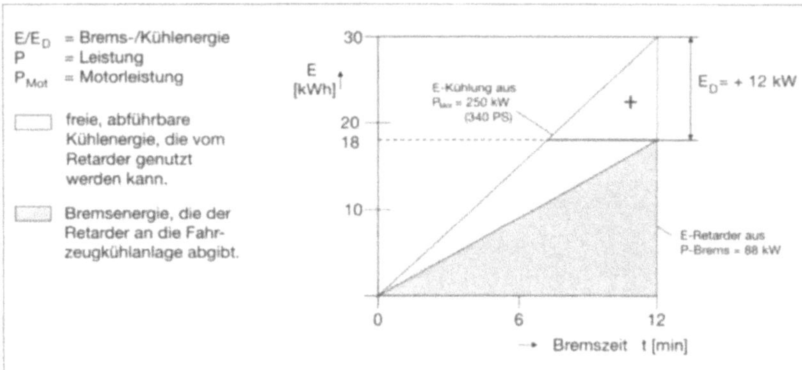

Durch das günstige Verhältnis zwischen Kühlerleistung und Retarderbremsleistung (in der Regel > 1) kann bei einer Dauerbremsung von der thermisch ausgeglichenen, zeitlich unbegrenzten Bremsart gesprochen werden, d. h., die zugeführte Retarderleistung und die abführbare Kühlerleistung stehen bei normaler Fahrzeugauslegung mindestens im Gleichgewicht.

Anpassungsbremsung

Fahrzeugmasse	=	18 t
Gefälle	=	2 %
Geschwindigkeit:		
V 1	=	100 km/h
V 2	=	70 km/h
Retarder-Stufen	=	max. 5
Motor-Bremse	=	AUS

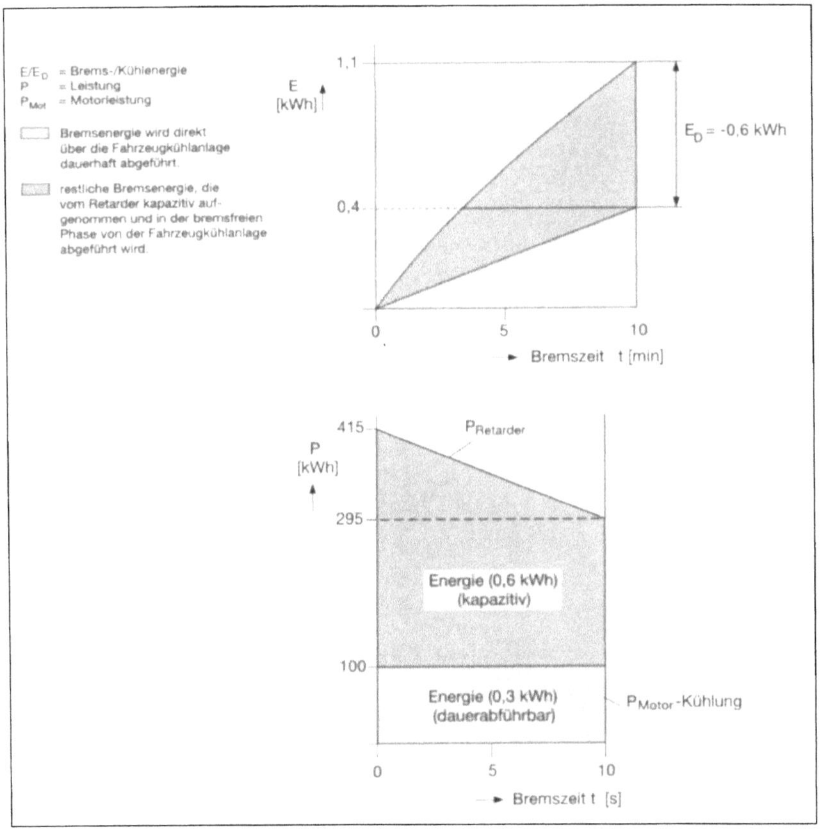

Bild 7

Energieentwicklung und Kühlerleistung bei Anpassungsbremsungen

Die Anpassungsbremsung muss als Hochgeschwindigkeits- bzw. als Hochleistungsbremsung bezeichnet werden. Ihr thermisches Gleichgewicht ist zeitlich begrenzt. Der anfallende Energiebetrag wird durch einen relativ kleinen Leistungsanteil der Kühleranlage direkt abgeführt und durch einen relativ hohen, jedoch zeitlich begrenzten Anteil kapazitiver Energieaufnahme für normal verlaufende Anpassungsbremsungen sichergestellt.

Verfügbarkeit der Bremswirkung bei niedriger Fahrgeschwindigkeit

Beeinflussende Faktoren sind im Wesentlichen durch folgenden physikalischen Zusammenhang gegeben:

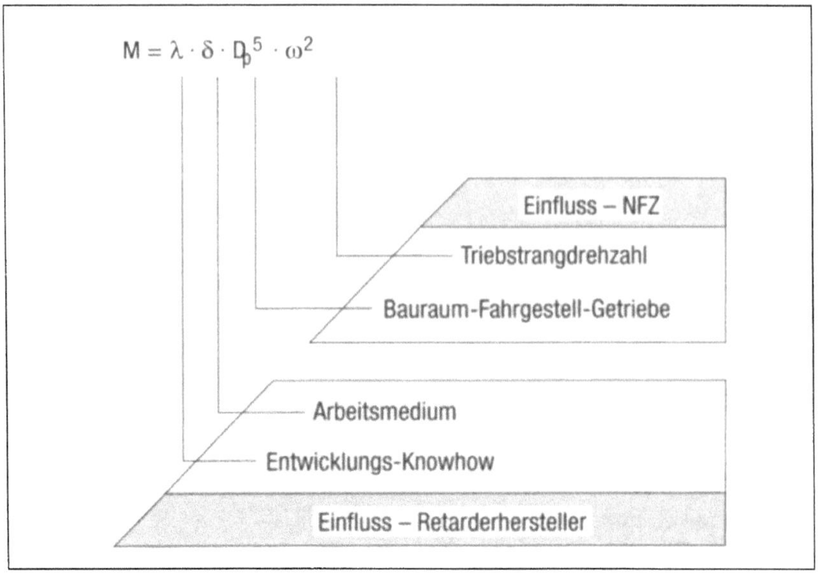

Bild 8
Physikalischer Zusammenhang der Bremswirkung bzw. Bremsleistung

Anhand von **Bild 9** ist erkennbar, dass der λ-Wert = spez. Leistungswert eines Retarders in mehr als 30 Jahren fast bis zur Festigkeitsgrenze weiterentwickelt wurde.

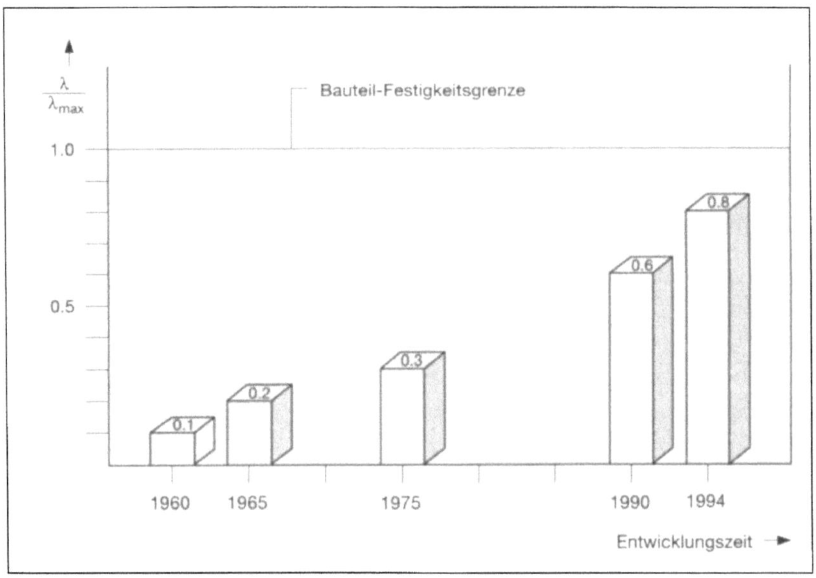

Bild 9
Entwicklung des spezifischen Leistungswertes λ

Als Ergebnis dieser Entwicklungsschritte ist eine deutliche Verbesserung im „Langsamfahrbereich" erkennbar, d. h., die Verzögerungswerte im Bereich der Vollfüllparabel werden um ca. 200 % erhöht und die Bremsbereitschaft bei kleineren Fahrgeschwindigkeiten um ca. 50 % angehoben.

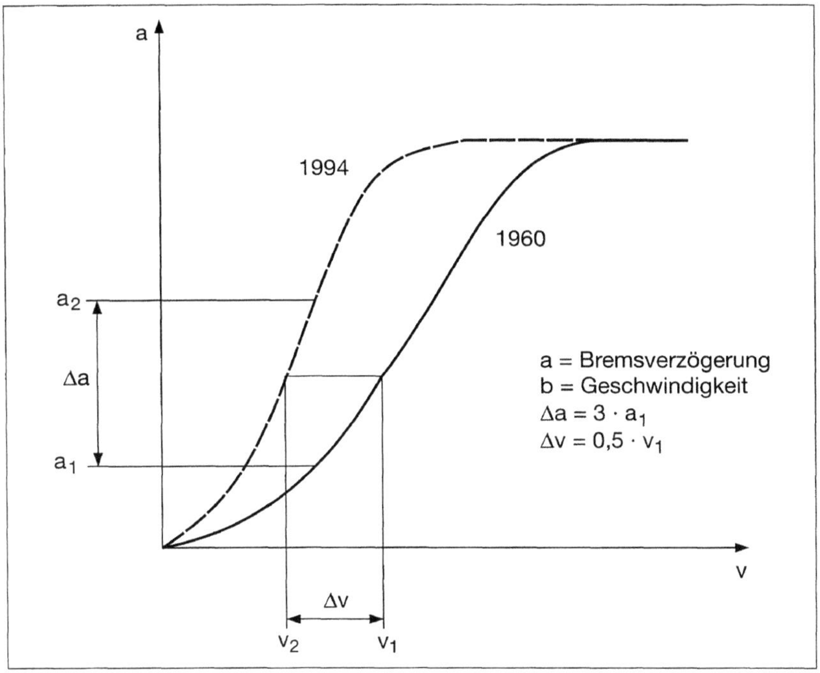

Bild 10
Verbesserung der Kennlinie über die Zeit

Gesetzliche Dauer-Bremsvorschriften und ihre Erfüllung

In diversen Vorschriften ist die Notwendigkeit und die Wirkung einer Dauerbremsanlage festgelegt, z. B. in

- EG-Richtlinie 71/320/EWG
- ECE-Regelung 13
- StVO

Dauerbremsen sind z. B. bei Omnibussen (außer Stadtomnibusse) dann Pflicht, wenn das Fahrzeug über mehr als 8 Sitzplätze verfügt und eine Gesamtmasse von 10 t übersteigt.
Das beladene Fahrzeug muss ein Gefälle von 7 % und 6 km Länge mit einer mittleren Geschwindigkeit von 30 km/h ohne Zuhilfenahme der Betriebs- oder Hilfsbremsanlage fahren können.
Gemeinsam mit dem TÜV wurde ein Berechnungsverfahren entwickelt, das die Bremswirkung und die dauerhafte Energieabfuhr nachweist. Erst die richtige Auswahl bestimmter Fahrzeug- und

Retarder-Parameter gewährleisten die vorschriftsmäßige Erfüllung gesetzlicher Vorgaben.

Sicherheitsgewinn

Dauerbremsen sind keine Stillstandsbremsen, d. h., sie können ein Fahrzeug nicht festsetzen. Ihr Sicherheitsgewinn besteht darin, dass die verschleißbehafteten Radbremsen eines Fahrzeuges sehr wesentlich durch den Retarder entlastet werden und damit im Bedarfsfall fadingfrei zur Verfügung stehen. Lange Bergabfahrten sind der typische Anwendungsfall für den Retarder. Hier wird die Bremsenergie in Wärme umgewandelt und in dauerhaft kontrollierter Weise an das Fahrzeugkühlsystem weitergegeben.
ABS-Funktionen werden von der Retarder-Elektronik bzw. vom Fahrzeugmanagement derart verarbeitet, dass die Bremskraftübertragung innerhalb der zulässigen Radschlupfgrenzen erfolgt.

Ausblick

Primär-Retarder

Zu den am häufigsten verwendeten Primär-Bremssystemen gehören die Motorbremsen. Durch ihr beschränktes Bremsleistungsvermögen bei niedrigen Drehzahlen wird weiterhin eine Zusatzbremseinrichtung benötigt werden. Eine Möglichkeit besteht in der Kombination einer motorseitigen Wasserretarderanwendung mit einem intelligenten Fahrzeugbremsenmanagement.

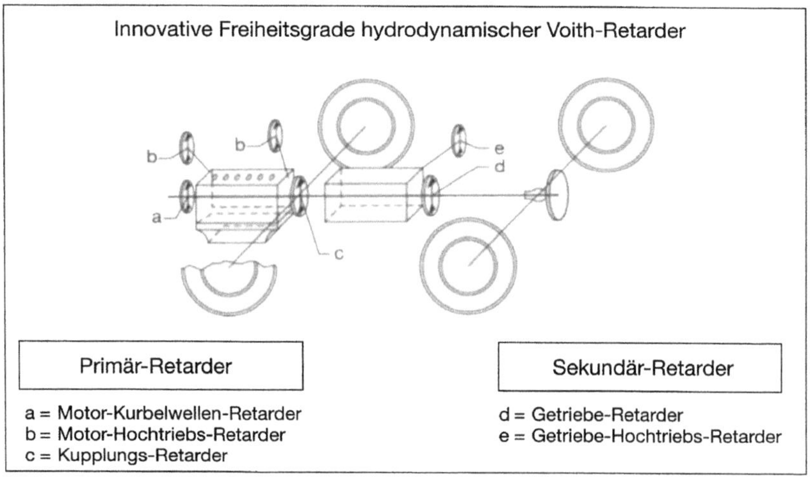

Bild 11
Innovative Freiheitsgrade

Energierückgewinnung

Trotz vieler Anstrengungen ist es bis heute nicht gelungen, die während eines Bremsvorganges anfallende Verzögerungsenergie, wenigstens zu einem großen Teil, wieder nutzbar zu machen. Lediglich der Einsatz zur Personenbeförderung ermöglicht es, gerade im winterlichen Fahrbetrieb einen kleinen Teil der Bremsenergie über das Motorkühlwasser zu Heizzwecken zurückzugewinnen.

Innovationsvergleich in der Retarderentwicklung

In der 40-jährigen Retarderhistorie wurden deutliche Fortschritte erzielt. So konnte das Leistungsgewicht bezogen auf den aktiven, d. h. bremsenden Retarder von 3 kW/kg-Retardergewicht um mehr als das 3fache auf ca. 10 kW/kg gesteigert werden.
In ähnlicher Weise verlief die Reduzierung der Verlustleistung. Bei inaktivem Retarder, d. h. im ausgeschalteten Zustand, wurde dieser Wert von 17 W/kW-Retarderleistung um mehr als die Hälfte auf ca. 8 W/kW gesenkt.
Die Technik wird sich auch in Zukunft stark damit auseinander setzen, den Energieverbrauch infolge Verlustleistung sämtlicher Fahrzeugkomponenten weiter deutlich zu senken.

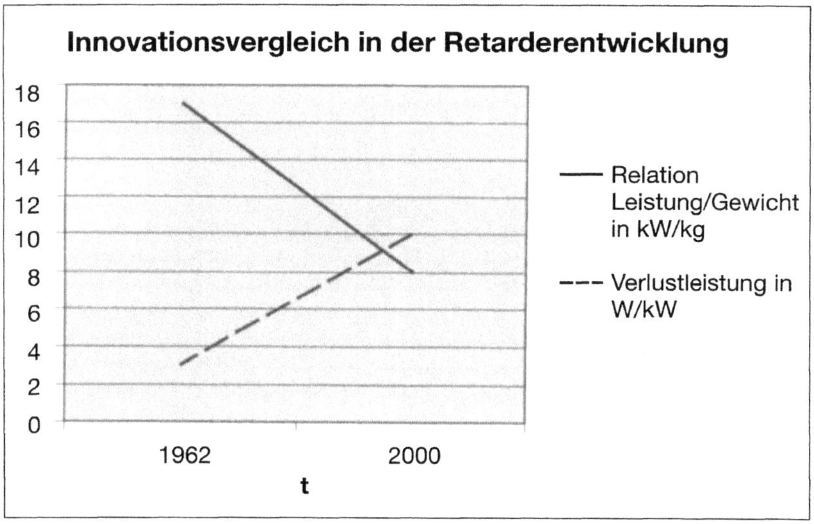

Bild 12
Vergleich in der Retarder-Entwicklung

Mittels elektronischer Regelung und Überwachung, die heute selbstverständlich zur technischen Ausstattung gehören, sind erhöhte Betriebssicherheit, Anpassung an das Fahrzeugmanagement sowie den Fahrkomfort steigernde Maßnahmen (z. B. eine Geschwindigkeitsregelung) möglich.

Automatgetriebe im Stadtbus

Automatgetriebe in Bussen des öffentlichen Nahverkehrs sind heute nahezu weltweit Standard, vor allem in den Metropolen und Großstädten unserer Erde. Auch in Ländern, bei denen die Investitionen für das „automatische Fahren" bisher ein Hinderungsgrund waren, wird mehr und mehr erkannt, dass die Entlastung des Fahrers, die Reduzierung seines Einflusses auf den Antriebsstrang und die erhöhte Sicherheit von Fahrgästen und Fahrzeug im dichten Großstadtverkehr am Ende der Betriebskostenrechnung ein deutliches Plus für das Automatgetriebe ist. Dazu kommt, dass die Niederflurtechnik im Stadtbus, die sich aus Europa heraus weltweit verbreitet, ohne Automatgetriebe nicht darstellbar ist.

Die wachsenden Forderungen des Fahrgastes und der Verkehrsbetriebe nach geringen Emissionen, Zuverlässigkeit, Komfort und niedrigen Fahrpreisen zwingt den Bushersteller und damit auch den Komponentenlieferanten in einen andauernden Optimierungs-, Rationalisierungs- und Verbesserungsprozess.

Von diesen Vorgängen ahnt der Fahrgast zunächst nichts. Doch dann benutzt er Busse, welche einen niedrigen stufenlosen Einstieg haben, Antriebsgeräusche sind angenehm gedämpft, das Fahrzeug beschleunigt (ohne Rauchfahne) und verzögert sanft, vibrationsfrei und ohne Schaltstöße.

Dahinter steckt jahrelange intensive Entwicklungsarbeit, wobei sich am Antriebskonzept, dem Verbrennungsmotor mit einem unter Last schaltenden Automatgetriebe und der angetriebenen Achse im Prinzip nichts geändert hat.

Bus-Antriebstechnologie: Jetzt und in Zukunft

In den letzten Jahren haben sich für die Zukunft der Bus-Antriebstechnologie zwei wesentliche Entwicklungsschritte herauskristallisiert.
Der erste „Step" ist gekennzeichnet durch umweltfreundlichere Motorkonzepte mit neuen (EDC)-Diesel-Motoren, welche aufgrund elektronisch geregelter Hochdruckeinspritztechnologien erhebliche Verbesserungen bei den Emissionen „bringen".
Die ebenfalls weiter verbesserten Gas-Motoren werden mit umweltfreundlichem komprimierten Erdgas betrieben (CNG = Compressed Natural Gas).
Diese Umwelt-optimierten Gasmotoren, entweder mit 3-Wege-Katalysator oder als Mager-Mix-Motor mit Oxydations-Kat, unterschreiten selbst die für Euro 3 vorgeschlagenen Grenzwerte erheblich.
Grundsätzlich ist Erdgas ein interessanter Treibstoff. Als Energieträger bis weit ins nächste Jahrtausend verfügbar, ist Erdgas über das europäische Pipelinenetz flächendeckend vorhanden.
Der „Treibstoff Erdgas" ermöglicht erst den weichen, leisen Verbrennungsablauf von Gasmotoren, welche die EG-Richtlinien bezüglich Geräuschemission deutlich unterschreiten.
Die modernen Gas-Motoren sind mit allen am Antrieb beteiligten Aggregaten und Systemen elektronisch vernetzt, man spricht von CAN-Kommunikation (CAN = Controller Area Network).
Ein elektronisches Gehirn des Busses verarbeitet eine Vielzahl von Informationen, erteilt Befehle, überwacht deren Ausführung und aktiviert Ersatzfunktionen, wenn es in den Systemen zu Störungen kommt. Dabei wird ein modernes kommunikationsfähiges Automatgetriebe vorausgesetzt.
Der zweite Schritt geht weit in die Zukunft. Die Triebfeder für diese Entwicklungen ist die Tatsache, dass unsere fossilen Kraftstoffreserven begrenzt sind und Alternativen zum heutigen Verbrennungsmotor zwingend notwendig werden. Aus heutiger Sicht könnten dies elektrische Energieerzeugungssysteme auf der Basis von Brennstoffzellen sein. Diese Systeme benötigen dann vermutlich keine Automatgetriebe heutiger Bauart mehr, sondern in die Radnaben integrierte Elektromotoren. Jedoch – die serienmäßige Verfügbarkeit ist langfristig zu sehen.
Kehren wir zurück zur Realität der vor uns liegenden Jahre. Es bleibt das Antriebskonzept für Stadtbusse beim Verbrennungsmotor (Diesel oder Gas) mit Automatgetrieben. Die schon genannten Forderungen nach Komfort und Wirtschaftlichkeit für Fahrgast und Busbetreiber führen beim Getriebehersteller zu neuen Entwicklungen.
Die dramatischen Veränderungen der „Elektronik in der Omnibuswelt" erfordern ein Getriebesystem, das sich in die Datenleitungen des Fahrzeuges einfügt und die zur Verfügung stehenden Signale zur eigenen Funktionsoptimierung ausnutzt.

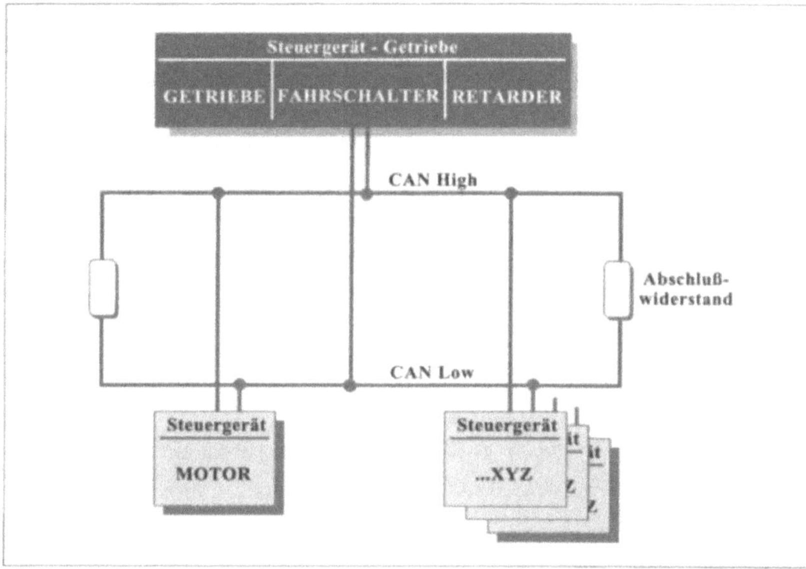

Die vernetzte Elektronik (CAN) bietet enorme Möglichkeiten an Informationen und gegenseitiger Beeinflussung der Aggregate und Systeme (Motor, Getriebe, ASR, ABS etc.).

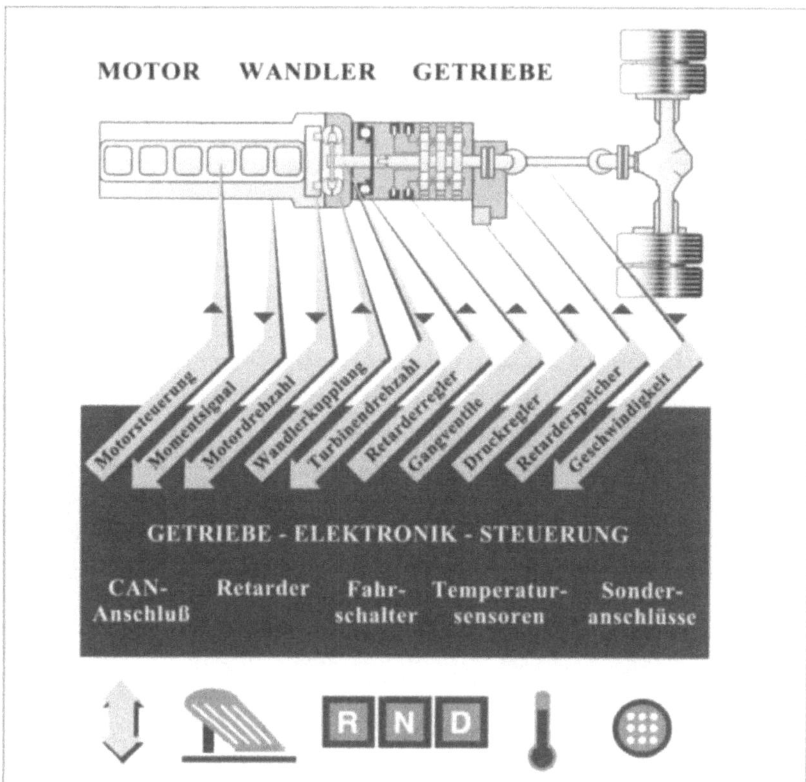

Dieser Informationsaustausch im so genannten „Datenbus" setzt jedoch voraus, dass die Schnittstellen klar definiert sind und in gemeinsamer Entwicklungsarbeit zwischen Bushersteller und Getriebelieferant akribisch realisiert werden.
Konsequenterweise verlangt dies eine vollkommen neu entwickelte Getriebeelektronik, wobei der Aufwand für die Entwicklung der Funktionen und deren Programmierung den weitaus dominierenden Entwicklungsanteil darstellt. ZF hat dabei künftig denkbare Anforderungen bereits mit vorgesehen.
Was ist nun der Nutzen all dieser Entwicklungen bezogen auf das Getriebe:

- **Getriebe – Motorkommunikation**
  Für jede Fahrsituation kann durch die CAN-Bus-Technik eine optimale Abstimmung zwischen Motor und Getriebe erfolgen. Signale des exakten augenblicklichen Lastzustandes des Motors, gefordert vom Fahrer, stehen der Getriebeelektronik zur Verfügung. Dies gilt stufenlos für den gesamten Motordrehzahlbereich von „Leerlauf" bis zu „Volllast".
  Mechanische/elektrische Bauelemente für diese Signale entfallen.

- **Interne Funktions-Diagnose – Ersatzfunktionen**
  Das gesamte Antriebssystem, verknüpft durch ein CAN-Netzwerk, überprüft sich ständig selbst. Tritt eine Störung auf, so wird in den meisten Fällen eine Ersatzfunktion aktiviert, die den weiteren Betrieb des Busses sichert.

- **Diagnose – Wartung – Fahrerinformation**
  Viele systeminterne Informationen werden gespeichert und bei der routinemäßigen Wartung des Fahrzeuges abgerufen. Sie geben Rückschlüsse auf den Zustand des Getriebes und können der Auslöser für präventive Maßnahmen sein. Gleichzeitig besteht die Möglichkeit, bei Störungen den Fahrer zu informieren (z. B. Display).

- **Intelligente Software – Schaltpunkte**
  Dass die Getriebeelektronik, eingebunden in das Antriebssystem, die Schaltvorgänge regelt und nicht steuert, ist bei ZF selbstverständlich und Stand der heutigen Technik. Dass diese Elektronik auch erkennt, ob ein hoher Beschleunigungsbedarf, also Schaltpunkte bei höheren Motordrehzahlen notwendig sind, oder ob der Fahrwiderstand gering ist und Schaltvorgänge bereits bei niedrigeren Motordrehzahlen stattfinden können, ist heute in optimierter Form bereits Realität.

Dieses CAN-Bus-System setzt ein optimal abgestimmtes Automatgetriebe voraus, das die zur Verfügung stehenden Informationen auch wirklich nutzen kann.
Für einen universellen Einsatz des Automatgetriebes reichen trotz gesteigerter installierter Leistung heute drei mechanische Gänge nicht mehr aus.
Es werden zur Anpassung an die unterschiedlichen Topographien der Städte meistens 5 mechanische Gänge benötigt (Grundidee ZF-Konzept).
Diese werden benutzt, um hohe Zugkraftanforderungen zu erfüllen und auf flachen Strecken im Teillastbereich des Motors mit niedrigem Verbrauch (niedrigen Drehzahlen) zu fahren.
Der Drehmomentwandler für den Anfahrvorgang bleibt in seiner einfachen und kostengünstigen Version bestehen. Jedoch muss die Charakteristik des Wandlers an die Leistungswerte des Gasmotors angepasst sein. Die vorhandenen mechanischen Gänge mit ihrem guten Wirkungsgrad erlauben ein schnelles Abschalten des energiezehrenden hydraulischen Wandlers. Dies hat sich in der Praxis bewährt und ermöglicht einen sehr günstigen Kraftstoffverbrauch.
Zusammengefasst hat das Automatgetriebe die Aufgabe, die installierte Motorleistung an die dynamischen Anforderungen des Stadtbusses anzupassen. Fehlende Motorleistung kann das Getriebe nicht ersetzen oder ungünstig gewählte Hinterachsen neutralisieren. Es kann aber Beschleunigungsvorgänge dynamisieren, den Einsatz des Busses an die örtlichen Gegebenheiten optimal anpassen sowie Schaltvorgänge wirtschaftlich und komfortabel ausführen. Der integrierte Retarder verzögert das Fahrzeug nahezu bis zum Stillstand. Über die CAN-Kommunikation ist das ZF-Getriebesystem perfekt integriert in den modernen gas- oder dieselbetriebenen Stadtbus.

Abgastechnik in Omnibussen

Abgasnachbehandlung von Fahrzeugen lässt sich sinnvoll in die beiden wesentlichen Teilgebiete *Dämpfung des Abgasgeräusches* und *Reinigung* (Reduzierung der Schadstoffemission) unterteilen.

Geräuschdämpfung

Lärmquellen am Omnibus

Das Gesamtgeräusch eines Omnibusses setzt sich aus den Emissionen einer Vielzahl unterschiedlicher Lärmquellen zusammen.
Hauptgeräuschquellen sind neben dem Motor mit seinen Aggregaten der Antriebsstrang, d. h. Getriebe, Gelenkwellen und Achsen, die Verbrennungsluft-Ansauganlage, das Kühlsystem mit Lüfter, die Reifen bzw. die Kombination Reifenprofil und Fahrbahndecke (Abrollgeräusche), die Karosserie (Windgeräusche) sowie die Abgasanlage (Mündungsgeräusch sowie Oberflächenabstrahlung). Je nach Lastzustand und Fahrbetrieb ändert sich der Vorrang der einzelnen Geräuschquellen.

Grenzwerte Außengeräusch

Tabelle 1 Außengeräusch-Grenzwerte für Omnibusse (92/97/EWG)

	Fahrzeuge für die Personenbeförderung mit mehr als neun Sitzplätzen (einschl. Fahrersitz) und zulässiger Gesamtmasse von			
	mehr als 3,5 t		max 2 t	über 2 bis 3,5 t
	mit einer Motorleistung von weniger als 150 kW	mit einer Motorleistung von 150 kW oder mehr		
Grenzwerte dB(A)	78	80	76	77

a) Messstrecke

Für die Prüfung der Grenzwerte ist in den EG-Ländern das Fahrgeräusch in beschleunigter Vorbeifahrt maßgebend. Die Messstrecke, deren Länge 20 m beträgt, muss eine befestigte Oberfläche aus einem Schall reflektierenden Material mindestens in einem Bereich von 10 m um den Mittelpunkt der Beschleunigungsstrecke aufweisen. Im Umkreis von 50 m um diesen Mittelpunkt dürfen keine großen schall-

Bild 1
Messstrecke

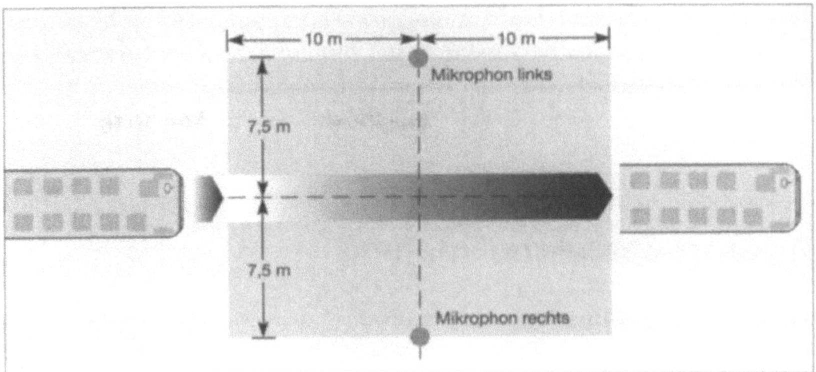

reflektierenden Gegenstände sein; außerdem darf sich in der Umgebung des in einem Abstand von 7,5 m und in einer Höhe von 1,2 m aufgestellten Messmikrophones kein Hindernis befinden, das die Messung beeinflussen kann. Genauso wenig dürfen Hindernisse zwischen Mikrophon und Schallquelle vorhanden sein.

b) Geräuschmessungen

Bei Kraftomnibussen mit *mechanischem* Getriebe werden die Fahrgeräuschmessungen in verschiedenen Gängen durchgeführt. Bezeichnet man mit „X" die Anzahl der vorhandenen Gänge, so werden die Messungen mit den Gängen ab „X : 2" aufwärts vorgenommen, z. B. bei einem 6-Ganggetriebe im 3., 4., 5. und 6. Gang. Diese Messungen erfolgen außerdem mit verschiedenen Hinterachsübersetzungen.

Durch dieses Verfahren wird in Abhängigkeit von den durchgefahrenen Gängen die Hüllkurve für die Geräuschentwicklung ermittelt, die das Maximum der Geräuschentwicklung für das Gutachten ergibt.

Kraftomnibusse mit *automatischem* Getriebe erfordern gegenüber Kraftomnibussen mit mechanischem Getriebe einen zeitlich erheblich geringeren Aufwand zur Geräuschermittlung, denn sie werden nur in der vom Fahrzeughersteller für die „normale" Fahrt empfohlenen Schaltstellung geprüft; die normale Schaltstellung ist in der Regel der schnellste Gang.

Wegen dieser Messvorgabe werden für Kraftomnibusse mit automatischem Getriebe niedrigere Geräuschwerte als für Kraftomnibusse mit mechanischem Getriebe ermittelt.[1]

---

[1] Würde man bei einem Kraftomnibus mit automatischem Getriebe, gleichem Motortyp und gleicher Auspuffanlage alle Stufen durchmessen, erhielte man mit den ermittelten Geräuschwerten eine Hüllkurve, deren Verlauf derjenigen für einen Omnibus mit mechanischem Getriebe entspricht mit einem maximalen Geräuschwert, der höher liegt als der für das automatische Getriebe ermittelte Einzelwert.

Physikalische Möglichkeiten der Schalldämpfung

Grundsätzlich sind zwei verschiedene Arten zur Schallreduzierung möglich, nämlich mit Hilfe von dissipativen Schalldämpfern (Absorptionsschalldämpfern) und durch Schalldämmung mit Hilfe von Impedanzschalldämpfern (beispielsweise Reflexion).
Diese beiden physikalischen Mechanismen sind dadurch gekennzeichnet, dass bei der

- Schalldämpfung eine Umsetzung der Schallenergie in Wärme durch Reibung in einem geeigneten Absorptionsmaterial erfolgt und dass bei der
- Schalldämmung eine Behinderung der Schallausbreitung durch reflektierende Hindernisse (Damm) und in der Regel eine Löschung bestimmter Schallfrequenzen infolge Interferenz der vor- und rücklaufenden Schallwelle erfolgt.

Wenn auch eine strenge begriffliche Trennung zwischen der Schalldämpfung (= Absorption) und der Schalldämmung (= Reflexion) gegeben werden kann, so lässt sich dies doch nicht mit gleicher Schärfe auf die Praxis übertragen. Es dürfte kaum eine der Schalldämmung dienende Maßnahme geben, bei der nicht zugleich ein gewisser Teil der auftretenden Schallenergie absorbiert wird. Ebenso wird jeder absorbierende Schalldämpfer zugleich eine mehr oder weniger hohe Reflexion aufweisen.
Der Abgasstrom beeinflusst die rein akustischen Eigenschaften der Schalldämpfer: Während bei Impedanzdämpfern insbesondere durch starke Drosselung (hoher Gegendruck) eine geringfügige Verbesserung der Schalldämpfung erreicht wird, tritt bei Absorptionsdämpfern eine Verschlechterung der Schalldämpfung infolge schlechterer akustischer Ankoppelung der Absorptionsstrecken ein.

Dämpfungselemente

Reflexion

Eine Schalldämmung wird dann erreicht, wenn im Schallleitungskanal ein „Damm" in Form eines reflektierenden Hindernisses vorhanden ist. Dort ermöglicht eine möglichst hohe Reflexion durch Interferenz der reflektierten mit der einfallenden Schallwelle die Löschung von (möglichst viel) Schallenergie.
Eine Reflexion findet bei jedem Sprung der Impedanz (Schallwellenwiderstand) statt. Die Änderung des Schallwellenwiderstandes wird erreicht durch eine Änderung der Dichte des Mediums, das der Schallwelle entgegengesetzt wird, oder aber auch lediglich durch eine

Veränderung (Erweiterung oder Verjüngung) des schallführenden Kanalquerschnittes.
Ganz allgemein wird die Dämmung (Durchgangsdämmmaß) an einem solchen Impedanzsprung bestimmt durch den Quotienten der Schallbrücke vor und hinter dem Damm

$$D_d = 20 \log \frac{p_{vor}}{p_{hinter}} \text{ [dB]}$$

Diese Größe wird üblicherweise berechnet.[2]
Bei der Auslegungen von Schalldämpfern mit einem hohen Dämmwert wird darauf geachtet, dass der über die Außenhaut abgestrahlte Körperschall so gering wie möglich ist. In der Regel werden besondere Maßnahmen ergriffen (innere Auskleidung des Mantels, Doppelblech), um eine Verschlechterung der akustischen Leistung des Schalldämpfers zu verhindern.

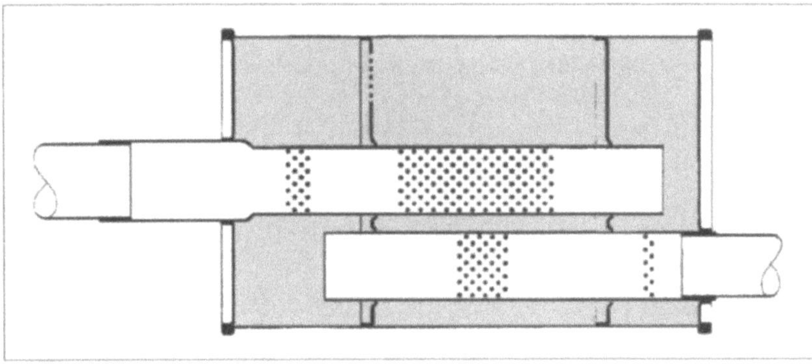

Bild 2
Aufbau Reflexions-Schalldämpfer

Gasströme und Schallwellen werden durch offene Rohre und Kammern so umgelenkt, dass sich vor- und rücklaufende Schallwellen infolge Interferenz löschen. Wirksam besonders gegen Brummtöne.

Absorption

Eine Schalldämpfung erfolgt, wenn die Schallwelle in absorbierendes Material eintritt und ihre Energie in Wärme umgewandelt wird. Eine mit Absorptionsmaterial gefüllte Kammer wird über ein perforiertes

[2] Dagegen wird das Einfügungsdämmmaß bestimmt durch die Schalldrücke ohne und mit Schalldämpfer. Im Falle der Messung dieser Größe ist die Länge des Schalldämpfers durch ein Rohr gleicher Länge zu ersetzen und sind die Mündungen gleich auszubilden. Das Einfügungsdämmmaß ergibt sich dann zu

$$D_e = 20 \log \frac{p_{ohne}}{p_{mit}} \text{ [dB]}$$

Rohr akustisch angeschlossen. Dabei ist durch eine geeignete Ausführung der Perforation das Absorptionsmaterial gegen Verlust geschützt.
Für die Größe der Absorptionsdämpfung ergab sich anhand von Betriebsmessungen ohne Berücksichtigung der Gleichströmung empirisch folgende Gleichung:

$$D_0 = 1{,}5\ \alpha U/S\ [\mathrm{dB}]$$

U = Umfang des schallführenden Kanals
S = Fläche des Kanals
α = Schallabsorptionsgrad

Eine dem Schall überlagerte Gleichströmung verschlechtert den Wirkungsgrad des Absorptionsmaterials.[3]
Während der Gasstrom relativ ungehindert durch den Dämpfer strömt, gelangen seine Schallwellen durch die Rohrperforation in das mit Absorptionswolle gefüllte Gehäuse. Hier werden vor allem die höheren Frequenzen über 500 Hz geschluckt.

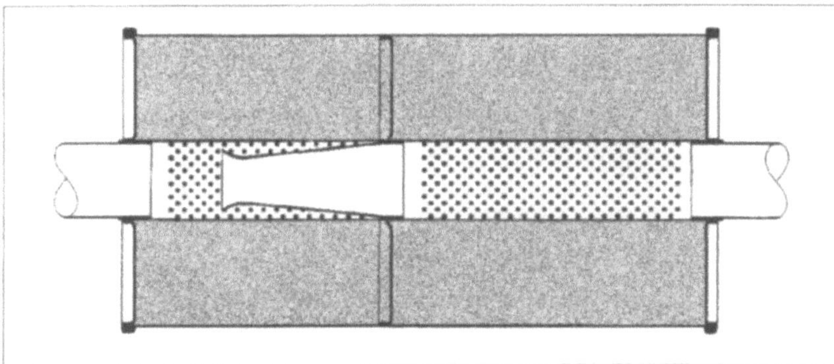

Bild 3
Aufbau Absorptions-Schalldämpfer

Wo es die räumlichen Verhältnisse zulassen, ist die Anwendung beider Grundprinzipien in einem einzigen Gehäuse möglich. Volumen und Gewicht setzen dem Kombidämpfer jedoch Grenzen.

[3] Einen Anhaltspunkt über die Verschlechterung geben folgende Gleichungen:
Für stark pulsierende Strömungen: $D_W \approx D_0\ (1 - \sqrt[3]{Ma})$
Für schwach pulsierende Strömungen: $D_W \approx D_0\ (1 - Ma)$
mit der Machzahl $Ma = w/c$, wobei w die Gleichstromgeschwindigkeit ist.

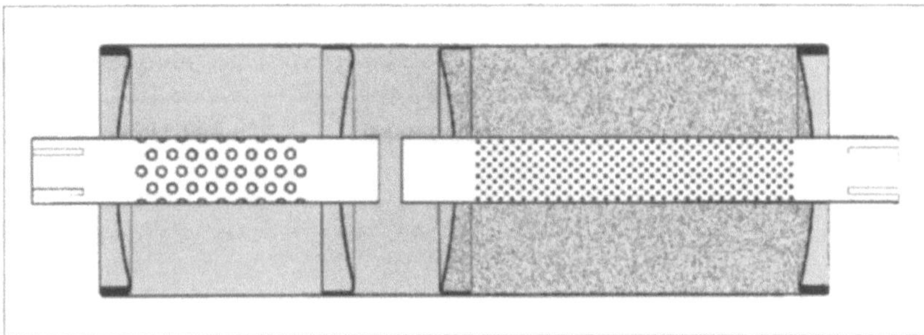

Bild 4
Aufbau Kombinierter Schalldämpfer

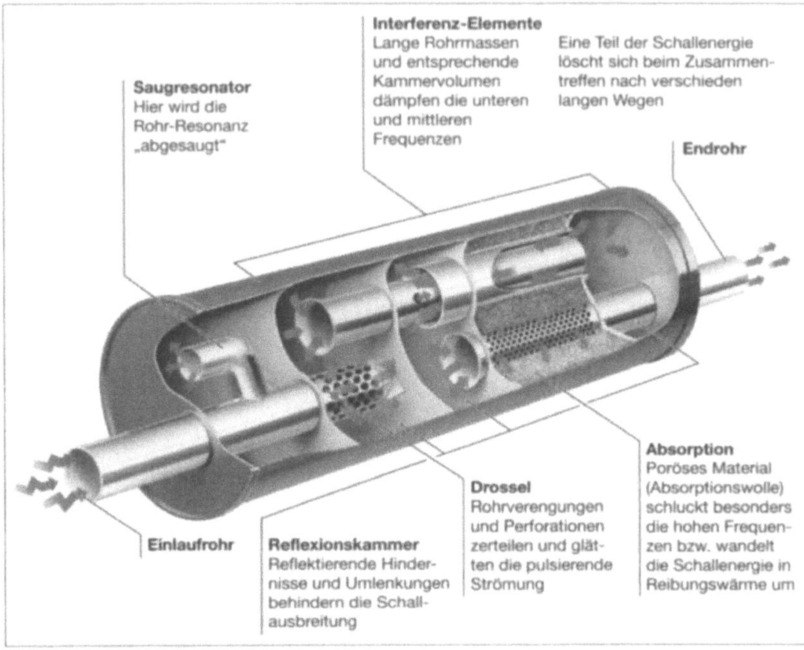

Bild 5
Klassische Maßnahmen zur Schallreduzierung

Helmholtzresonator und Pfeifendämpfer

Der *Helmholtzresonator* stellt den einfachsten Aufbau eines Schalldämpfers dar. Er besteht aus einem leeren Volumen und einem daran angeschlossenen beidseitig offenen Rohr.
Die Eigenfrequenz dieses schwingungsfähigen Systems ist:

$$D = 20 \log \left| 1 - \left(\frac{f}{f_0} \right)^2 \right|$$

Diese Beziehung gilt wegen ihrer starken Vereinfachung jedoch nur in der Nähe der Eigenfrequenz.

Lässt man beim Helmholtzresonator das Eingangsrohr mit der Länge l in das Volumen hineinragen, so erhält man den *Pfeifendämpfer*. Die Rohrlänge l ist maßgebend für die Resonanzfrequenzen.[4]
Messungen haben gezeigt, dass bei vorhandener Abgasgleichströmung die Dämpfung bei der Grundeigenfrequenz sinkt, während die Dämpfungen bei höheren Eigenfrequenzen nahezu unverändert bleiben.

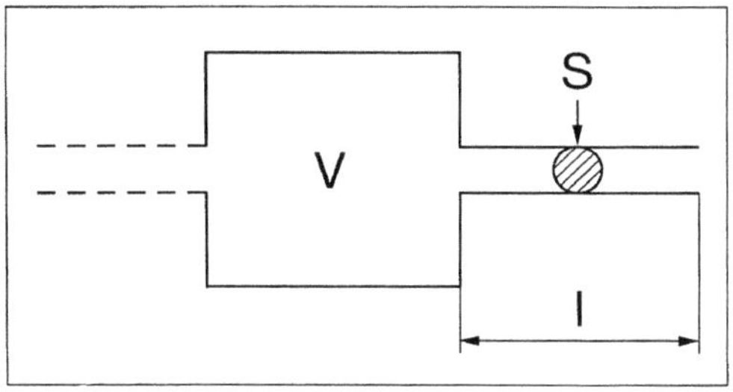

Bild 6
Aufbau Helmholtzresonator

Spezielle Auslegung für Omnibusse

Als Basis für die Entwicklung eines Omnibus-Abgassystems dient eine genaue Definition des Motors und der Einbausituation. Zusammen mit weiteren Vorgaben hinsichtlich Leistungsverhalten, Lebensdauer usw. ergibt sich das so genannte Lastenheft.
Die Auslegung/Bestimmung des Schalldämpfervolumens beim Omnibus entspricht dem acht- bis zehnfachen Hubvolumen des Motors.
Je nach Hubvolumen und Schalldämpferart wiegt die Abgasanlage zwischen 40 und 65 kg.
Zur Vermeidung von Körperschall und zur Wärmeisolierung gegenüber der Omnibus-Bodengruppe wird der Schalldämpfer meistens doppelwandig und mit einer Isolierschicht ausgeführt.
Die Schalldämpfer-Abgasanlage hat nicht nur die Aufgabe, die Außengeräuschgrenzwerte zu erfüllen, sondern ist ebenso auf den Geräuschpegel im Fahrgastraum abgestimmt. Dabei spielen die subjektiven Betrachtungen inzwischen eine dominierende Rolle (Komfortempfinden von Fahrer und Fahrgästen).

---

[4] Resonanzfrequenzen $f_m = k \frac{c}{4l}(2m+1)$ mit m = 0, 1, 2, ..., n.

Der Korrekturfaktor k ist $k = \frac{1}{0.085\sqrt{S_k/l + 1}}$

Der Dämpfungsverlauf des Pfeifendämpfers ergibt sich aus der Gleichung

$D = \log \left| 1 + \frac{1}{4}(\zeta - 1)^2 \tan^2 \frac{2\pi f}{c} \, 1 \right|$

ζ = Fläche Volumen/Fläche Rohr

Reinigung

Emissionen bei Verbrennungsmotoren

Bei der Verbrennung fossiler Kraftstoffe wie Benzin und Dieselöl werden mit dem Abgas Schadstoffe freigesetzt, deren weitgehende Verminderung eine vorrangige Aufgabe der Umweltpolitik ist. Beim Betrieb von Otto- und Dieselmotoren entstehen folgende Stoffe:

- Stickoxide (NO_x) als Folge von hohen Temperaturen und hohem Druck
- Kohlenwasserstoffe (HC) und
- Kohlenmonoxid (CO) als Ergebnis einer unvollständigen Verbrennung
- Partikel; sie entstehen durch örtlichen Luftmangel bei der Verbrennung sowie durch Schmierstoffe, Öladditive, Abrieb und Schwefel im Kraftstoff.

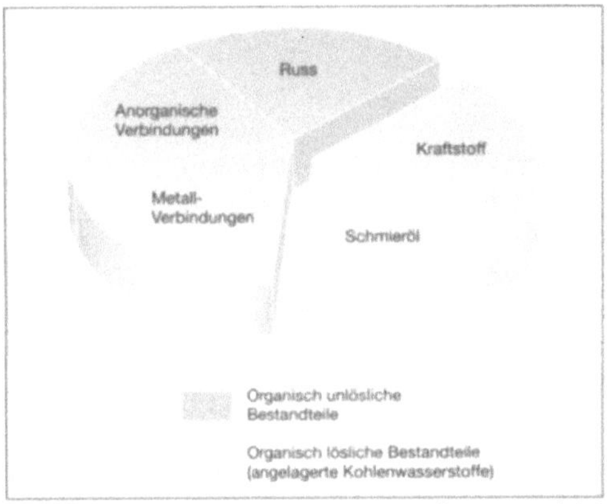

Bild 7
Partikelzusammensetzung

Der Ausstoß dieser Schadstoffe ist gesetzlich begrenzt. Die Höhe der Emission hängt vom Betriebszustand und von der Art des Motors ab.

Partikel-Emissionen sind beim Verbrennungsvorgang im Dieselmotor nicht zu vermeiden. Menge und Zusammensetzung der Partikel werden bestimmt durch

- Brennverfahren
- Einstellung und Betrieb des Diesels
- Struktur des Kraftstoffes

Bei Motorvolllast bestehen etwa 90 % der Partikel aus Ruß und Schwefelverbindungen sowie aus Asche, Salzen und Metallabrieb in einem bestimmten Verhältnis. Bei anderen Betriebszuständen ändert sich dieses Verhältnis.

Abgas-Gesetzgebung

Die Abgaszusammensetzung kann sowohl durch technische Maßnahmen am Motor als auch durch Abgasnachbehandlung (Abgasreinigung) beeinflusst werden.

Beim Ottomotor mit Lambda-Regelung werden mit dem Dreiwegekatalysator die Schadstoffe um über 90 % vermindert. Dabei wird das Luft-Benzin-Verhältnis durch die Lambda-Sonde so gesteuert, dass trotz unterschiedlicher Fahrbedingungen das stöchiometrische Verhältnis Lambda = 1 gewährleistet bleibt.[5]

[5] Die Lambda-Sonde misst permanent den Sauerstoffgehalt des Abgases und wirkt auf die Gemischaufbereitung ein.

Abgasnachbehandlungssysteme finden derzeit bei Nfz-Dieselmotoren nahezu keine Anwendung, während sie bei Pkw-Ottomotoren zum festen Bestandteil des Fahrzeugs gehören. Ende der 80er Jahre zeichnete sich bei Nutzfahrzeugen ein Bedarf an Partikelfilter ab. Jedoch führten seither die Weiterentwicklungen auf den Gebieten der Turboaufladung und Einspritztechnologie zur Senkung der Partikelemission um den Faktor 3 bis 5, womit eine Erfüllung der EU-II – Grenzwerte ohne Partikelfilter möglich wurde. Auch konnten die NO_x-Grenzwerte bisher mit innermotorischen Maßnahmen wie z. B. der Abgasrückführung eingehalten werden.
Die zunehmende Verschärfung der Grenzwerte lässt vermuten, dass innermotorische Maßnahmen allein in Zukunft nicht mehr zum Ziel führen. Tabelle 2 zeigt die zukünftigen Grenzwerte für schwere Nutzfahrzeuge nach EU III, EU IV (gültig ab 2005) und EU V (gültig ab 2008). Als Testzyklen werden der neue Europa Stationärzyklus (ESC = European Steady Cycle) und für Fahrzeuge mit Abgasnachbehandlungssystemen zusätzlich der neue Europa Transient Test (ETC = European Transient Cycle) herangezogen.

Tabelle 2 Grenzwerte der EU für schwere Nutzfahrzeuge (European Stationary Cycle – ESC Test)

Grenzwert	HC g/kWh	NO_x g/kWh	CO g/kWh	PM g/kWh
EURO II	1,1	7,0	4,0	0,15
EURO III	0,6	5,0	2,0	0,1
EURO IV	0,46	3,5	1,5	0,02
EURO V	0,46	2,0	1,5	0,02

Zur Zeit werden im Prinzip zwei Bereiche der Abgasnachbehandlung bei Nutzfahrzeugen sehr intensiv bearbeitet:

- Senkung der Stickoxide
- Reduzierung der Partikelemission

Dreiwegekatalysatoren, die beim Ottomotor gleichzeitig die HC-, CO- und NO_x-Emissionen verringern, sind für Dieselmotoren nicht geeignet. Der Diesel wird mit hohem Sauerstoffüberschuss betrieben, was eine katalytische NO_x-Reduktion praktisch unmöglich macht, denn das theoretisch vorhandene Reduktionspotenzial aus CO und HC wird durch Oxidationsvorgänge verbraucht. Auch reichen die Abgastemperaturen nicht immer aus, um ein Anspringen des Katalysators zu gewährleisten.

Dieselkatalysatoren

Mit einem Oxidationskatalysator werden bei einem Dieselfahrzeug gasförmige Kohlenwasserstoffe (HC), Kohlenmonoxid (CO) und flüssige Partikelanteile zu Kohlendioxid und Wasser oxidiert. Das hat eine deutliche Verringerung der HC-, CO- und Partikelemissionen zur Folge.

Voraussetzung für einen hohen HC- und CO-Konvertierungsgrad ist ein niedriger Schwefelanteil im Dieselkraftstoff. Ein geringer Schwefelgehalt ist auch für eine niedrige Partikelemission wünschenswert, denn durch den Schwefel kommt es im oberen Lastbereich bei höheren Temperaturen zu einer Sulfatbildung und damit zu einer höheren Partikelemission.

Der Oxidationskatalysator wird entweder als Komponente vor dem Schalldämpfer angeordnet oder mit einem Dämpfer kombiniert eingesetzt. Die Kat-Dämpfer-Kombination ist eine kompakte Baueinheit mit besonders ausgeglichener Strömungsverteilung und relativ wenig Abgasgegendruck, was besonders für gegendruckempfindliche Motoren wichtig ist. Der Monolith als Träger der katalytisch wirksamen Beschichtung kann aus Metall oder Keramik bestehen.

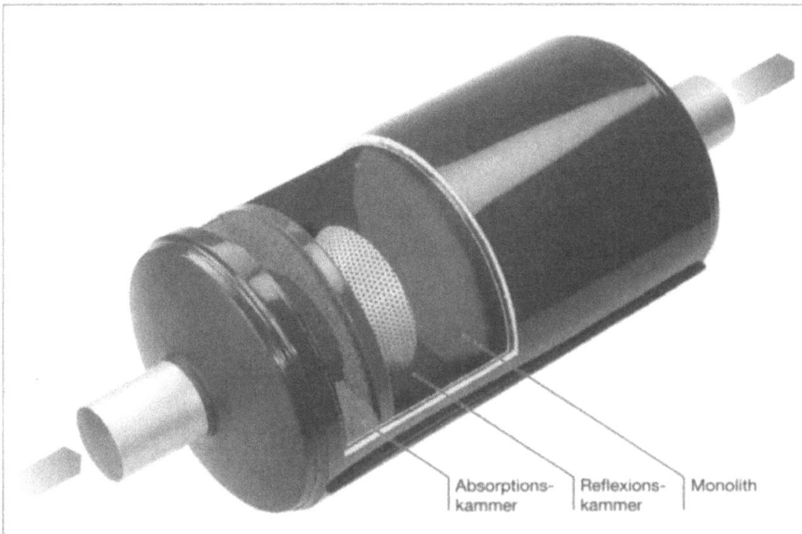

Bild 8
Oxikat-Schalldämpfer-Kombination

Partikelfilter

In den vergangenen Jahren wurden verschiedene Partikelfiltersysteme entwickelt. Dadurch kann die Partikelemission bei Dieselfahrzeugen stark verringert werden. Mit einem Partikelfilter erreicht man eine Emissionsreduzierung von mehr als 90 % der Partikelmasse. Dabei werden auch die Feinstpartikelemissionen deutlich reduziert.
Zur Zeit sind für den Fahrzeugeinsatz verschiedene Filtermaterialien wie zum Beispiel keramische Wabenfilter, Kerzenfilter oder Sintermetallfilter unter den strengen Anforderungen im Fahrzeugbau (Baugröße, Strömungswiderstand, mechanische und thermische Festigkeit, Lebensdauer, Filterregenerationsverhalten) Erfolg versprechend. An das Filtermedium werden dabei folgende Forderungen gestellt:

- Hoher Abscheidegrad
- Ausreichendes Speichervermögen
- Keine oder geringe Motorbelastung
- Lange Lebensdauer

Damit die Filter nicht verstopfen und der Durchflusswiderstand die Motorleistung nicht reduziert, müssen sie in gewissen Zeitabständen von ihren Rußablagerungen befreit werden, wobei sich die thermische Regeneration als umweltfreundlichste Methode erwiesen hat: das Abbrennen der Rußschicht bzw. die Umwandlung zu CO_2 und Wasserdampf.
Zur Rußverbrennung sind Abgastemperaturen oberhalb 550 °C erforderlich. Diese Temperaturen werden im Fahrzeugeinsatz nicht zuverlässig erreicht, wodurch Zusatzmaßnahmen notwendig sind.
Grundsätzlich kann man zwischen aktiven und passiven System für die Regeneration unterscheiden. Unter passiven Systemen versteht man solche, die ohne zusätzlichen Energie- sowie Steuerungs- und Regelungsaufwand auskommen.

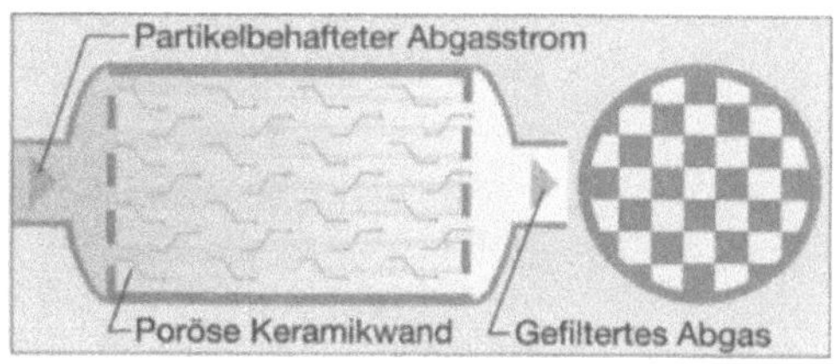

Bild 9
Längs- und Querschnitt durch Keramikfilter

Tabelle 3 Regenerationssysteme für Partikelfilter

Passive Systeme	Aktive Systeme
CRT-System (Continuously Regeneration Trap)	Brenner-Regeneration
Katalytischer Rußfilter (CSF)	Elektrische Filterbeheizung
Kraftstoffadditiv-unterstützte Regeneration	Motormaßnahmen

Brenner-Regeneration

Für Nutzfahrzeuge und Arbeitsmaschinen sind Systeme mit Brennern im Einsatz, die während des Motorbetriebs (Vollstromsysteme) oder des Motorstillstands (Standregeneration) den Rußabbrand durch Temperaturanhebung einleiten und durchführen. Nachteilig bei diesen Systemen ist der hohe technische Aufwand bei den Vollstromsystemen beziehungsweise die benötigte Stillstandzeit und manuelle Auslösung der Regeneration bei den Standsystemen.
Diese Systeme zur Fremdzündung des Rußes durch Sekundärenergie (z. B. Brenner) sind technisch realisierbar, aber aufwendig. Deshalb versucht man entweder über motorische Maßnahmen oder über Systeme, bei denen ein Rußabbrand schon bei deutlich niedrigeren Temperaturen erfolgt, den Filter zu regenerieren.

Motorische Maßnahmen

Bei den motorischen Maßnahmen wurden mit der Common-Rail-Technologie große Fortschritte erzielt. Diese zeichnet sich durch einen sehr flexiblen Verbrennungsprozess aus, bei dem durch mehrere Einspritzungen eine Spitzentemperatur erreicht werden kann, die für die Regeneration des Filters benötigt wird.

Kontinuierlich regenerierende Abscheider – CRT

Beim kontinuierlich regenerierenden Abscheider (Continuously Regenerating Trap – CRT) werden die Rußteilchen durch überschüssige Stickoxide eliminiert. Dabei wird zunächst NO in einem Oxidationskatalysator, der dem Partikelfilter vorgeschaltet ist, zu NO_2 umgewandelt. NO_2 bewirkt schon bei niedrigen Temperaturen die Oxidation von Ruß, so dass Kohlendioxid und Stickstoff entstehen. Allerdings funktioniert das CRT-System nur bei einem Mindestverhältnis von NO_x zu Rußpartikeln von 8 : 1 (was unter den meisten Betriebsbedingungen vorhanden ist). Bei diesem Verfahren ist ein Kraftstoffschwefelgehalt von 50 ppm oder weniger nötig.

Katalytische Rußfilter

Bei diesem Verfahren wird ein beschichteter Rußfilter eingesetzt. Die Beschichtung senkt die Zündtemperatur des Rußes auf Temperaturen unter 350 °C, die im normalen Fahrbetrieb erreichbar sind. Wie beim

CRT handelt es sich bei diesen Filtern um ein passives Verfahren, das sich leicht auf nachgerüstete Motoren anpassen lässt.

Katalytische Kraftstoffzusätze

Ein ganz anderer Ansatz liegt in der Beimischung von katalytisch wirksamen Substanzen direkt in den Kraftstoff. Einige dieser Technologien verwenden ein System, bei dem der Zusatzstoff aus einem separaten Tank mit dem Kraftstoff vermischt wird. Der Zusatzstoff ermöglicht die Verbrennung der Partikel (in einem Filter) bei relativ niedrigen Temperaturen, die bei Motoren mit der Common-Rail-Technologie durch eine ausgeklügelte Steuerung der Verbrennung problemlos erreicht werden können.

DENOX-Katalysatoren

Zur Verringerung der NO_x-Emission von Dieselmotoren durch Abgasnachbehandlung eignen sich katalytische Prozesse mit bevorzugter Reduktion des NO_x in Gegenwart von überschüssigem Sauerstoff.
Die direkte Reduktion ist wegen ähnlicher chemischer Reaktivität von NO_x und O_2 eine schwierige Aufgabe. Bisher ist es nur mit Ammoniak (NH_3) als Reduktionsmittel und einem speziellen Katalysator gelungen, eine selektive katalytische Reduktion des NO_x zu N_2 zu realisieren.
Bei diesem so genannten SCR-Verfahren (Selective Catalytic Reduction) wird NH_3 als Reduktionsmittel in den Abgasstrom eingebracht, das sich in einem Katalysator mit den Stickoxiden des Abgases zu unschädlichem Stickstoff (Hauptbestandteil der Luft) und Wasser umsetzt. Die chemischen Reaktionen verlaufen schnell und selektiv im Wesentlichen nach folgenden Gleichungen:

$$4\,NO + 4\,NH_3 + O_2 \rightarrow 4\,N_2 + 6\,H_2O$$
$$6\,NO_2 + 8\,NH_3 \rightarrow 7\,N_2 + 12\,H_2O$$

Als Reaktiv-Katalysator wird eine Mischung aus Titanoxid (TiO_2) und Vanadinoxid (V_2O_5) mit Zusätzen weiterer Oxide verwendet.
Für die Anwendung der SCR-Technik bei Fahrzeugen ist die Verwendung von reinem Ammoniak aufgrund dessen gesundheitsgefährdender Eigenschaften nicht geeignet. Als geeignete Alternativen bieten sich ammoniakbildende Substanzen an. Eine Möglichkeit dazu ist, Ammoniak aus Harnstoff [$CO(NH_2)_2$] durch einen Hydrolyse-Katalysator zu erzeugen:

$$CO(NH_2)_2 + H_2O \rightarrow 2\ NH_3 + CO_2$$

Harnstoff kann dabei in Wasser gelöst im Fahrzeug mitgeführt werden.
Das SCR-Verfahren hat sich in vielen Heizkraftwerken und bei stationären Verbrennungsmotoren zur Verminderung der Stickoxidemission bewährt. Dabei werden für NO_x Umsatzraten bis über 80 % erreicht. Dieses Reduktionspotenzial steht in einem Temperaturfenster von 250 bis 550 °C zur Verfügung.
Dabei stellt sich das Problem, dass sich die NO_x-Konzentration im Abgas abhängig vom Betriebszustand des Motors ändert. Deshalb muss die Zugabe des Reduktionsmittels zum Abgas permanent an die aktuellen Konzentrationen angepasst werden. Trotz der Lastsprünge und der Anpassung der Harnstoffzugabe an die wechselnden Verhältnisse konnten mit dem SCR-Verfahren bereits hohe NO_x-Reduktionsraten erzielt werden.
Um die Dosierung des Reduktionsmittels (Ammoniak oder Harnstoff) im Fahrzeugbetrieb optimal zu gestalten, werden auch Sensoren entwickelt, welche die Stickoxid- oder Ammoniakkonzentration im Abgas nach dem Katalysator messen.

Erdgas als Kraftstoff-Alternative

Der Omnibus war immer wieder bei der Entwicklung umweltfreundlicher Technologien ein Vorreiter. In den siebziger Jahren zum Beispiel waren es Geräuschkapselung und darauf abgestimmte Abgassysteme. In den Achtzigern folgte die Entwicklung von Rußfiltern, die in Großversuchen zur Serienreife gebracht wurden. Eine weitere moderne Alternative: die Entwicklung von Erdgasmotoren mit Dreiwege-Katalysatoren für Omnibusse (und Lkw).
Erdgas ist ein besonders umweltfreundlicher Brennstoff. Das Abgas von Erdgasmotoren enthält deutlich weniger CO_2, NO_x und Partikel als das Abgas herkömmlicher Motoren. Außerdem ist es nahezu geruchsfrei. Für den Einsatz als Kraftstoff für Verbrennungsmotoren wird das Erdgas nach einem Reinigungsbad auf ca. 200 bar verdichtet und steht dann als „Compressed Natural Gas" (CNG) zur Verfügung.
Für den Erdgasbetrieb wird ein modifizierter, nach dem Otto-Prinzip arbeitender Motor eingesetzt. Dementsprechend wird das Abgas durch einen Dreiwegekatalysator mit Lambda-Regelung geleitet. Dieser Katalysator reduziert den Ausstoß von Stickoxid (NO_x), Kohlenwasserstoffen (HC) und Kohlenmonoxid (CO) auf extrem niedrige Werte, die die Euro III-Vorgaben unterschreiten.

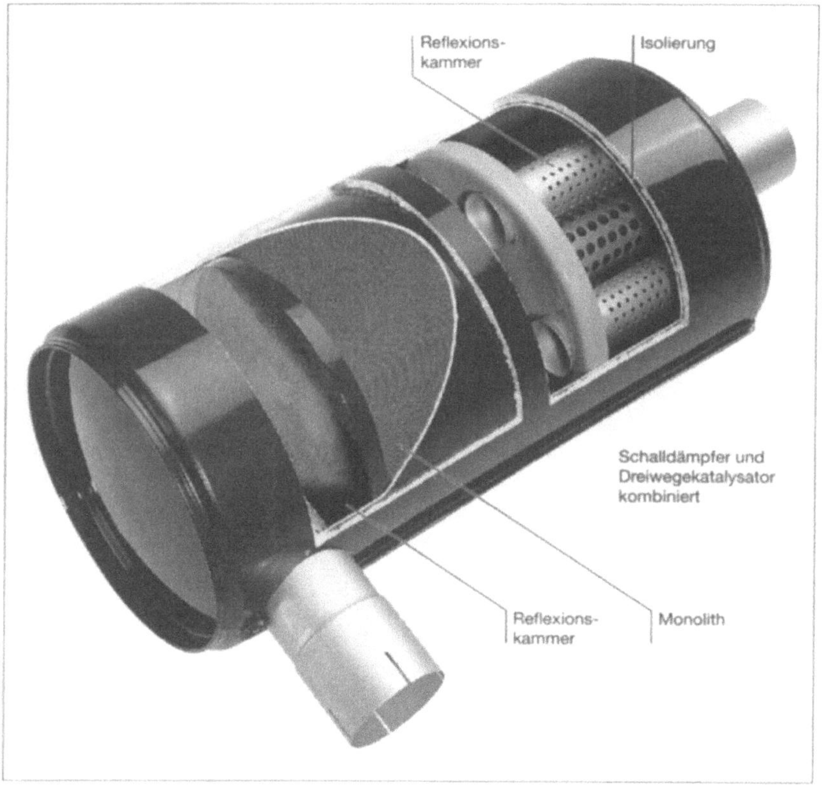

Bild 10
Kat-Schalldämpfer-Kombination für Erdgasmotor mit Platin und Rhodium auf Metallmatrix

Quellen:

- Abgastechnik von Eberspächer (1991)
- Vom Knalltopf zur Abgasanlage (1977)
- Abgastechnik im Pkw-Sektor (1999)
- Abgastechnik im Nutzfahrzeug (1998)
  jeweils Herausgeber: J. Eberspächer GmbH & Co., Esslingen
- Dr.-Ing. Heiner Kamm: Prüfung des Geräuschverhaltens von Omnibussen, Vortrag am 2. Omnibus-Forum, Mannheim (1989)

Integrationsbeispiel für ein Webasto Klimasystem

Heizung, Kühlung, Lüftung und Komfort für den Reise- und Stadtbus

Weder im Reisebus noch im Stadtbus können sich Unternehmer resp. Betreiber heute unzufriedene Fahrgäste, sprich unzufriedene Kunden leisten. Im Reisebussektor herrscht mittlerweile ein vehementer Verdrängungswettbewerb, und bei den Stadtbussen sind die Betreiber gezwungen, sich gegen Alternativen wie U-Bahn, S-Bahn oder private Pkw durchzusetzen. Ein Weg, um im Markt seine konkurrenzfähige Position zu behalten oder besser noch auszubauen, ist die konsequente Verbesserung des Reisekomforts. Fazit: Mit den steigenden Komfortansprüchen der Fahrgäste steigen auch die Anforderungen der Omnibushersteller und Betreiber an Hersteller und Zulieferer.
Unbestritten hat die Entwicklung im Busbereich mit umweltfreundlichen, sparsamen Dieselantrieben oder umweltoptimierten Gasantrieben in den letzten Jahren für erhebliche Verbesserungen gesorgt. Von diesen Verbesserungen ist der Fahrgast jedoch nur mittelbar direkt betroffen. Für Reisende ist der Komfort innerhalb des Busses jedoch das primäre Entscheidungskriterium pro oder kontra Bus. Denn nur hier kann er unmittelbar sein subjektives Wohlbefinden beschreiben und nachvollziehen. Überhitzung, mangelhafte Lüftung, beschlagene Scheiben, schlechtes Aufheizen des Busses am Morgen, kalte Außenwände oder eine unzureichende Temperaturverteilung im Bus können das Innenraumklima beeinträchtigen, zählen zu den häufig von Fahrgästen kritisierten Mängeln. Andererseits sorgen Radiatoren direkt an ihren Betriebspunkten für fast unerträgliche Temperaturen, während Reisende wenige Sitze weiter über kalte Füße klagen. Bei Stadtbussen sorgen darüber hinaus die notwendigerweise häufig öffnenden und schließenden Türen besonders in der kalten Jahreszeit für Missfallen bei den Passagieren. Auch wenn die Klimatechnik

Ein einzigartiges Reiseerlebnis bot das großzügige Faltdachsystem von Webasto im „Allwetter Schnellreisewagen" von 1935.

in Fahrzeugen generell in den letzten Jahren große Fortschritte gemacht hat, ist auch im Busbereich noch viel Raum für Innovationen. Bereits 1935 feierte die erste Autoheizung zur vollkommen geruchlosen Erwärmung und Zuführung von Frischluft Premiere. Das patentierte Produkt hatte damals wie heute einen gravierenden Nachteil: Es funktionierte nur bei warmem, sprich bei laufendem Motor. Die erste wirklich funktionsfähige Standheizung arbeitete im Jahr 1950 in einem Reisebus. Klimaanlagen, die für das Busreisen quasi eine Revolution darstellten, werden erst seit 1966 eingebaut.

Die Idee einer motorunabhängigen Warmwasserheizung war im Jahr 1935 revolutionär. Damals stellte Webasto die erste Heizung für Pkw und Busse vor.

Stand- und Zusatzheizungen haben seitdem zahlreiche Neuerungen erfahren und sich zu ausgereiften Produkten entwickelt. Im Pkw sind sie längst nicht mehr Sonderausstattung für eine kleine Elite, in Lkw und Bus gehören die Standheizung wie Heizung und Klimaanlage zur Standardausstattung. Klima-Management ist heute das zeitgemäße Stichwort für Buskomfort mit Zukunft. Und dieser Begriff beinhaltet viel mehr als das bloße Aufheizen und Abkühlen. Mit Klima-Management wird eine technologische Entwicklung beschrieben, die in der letzten Stufe jedem Buspassagier die Einstellung eines individuelles Mikroklimas direkt am Sitzplatz ermöglichen wird.
Der Klimakomfortspezialist Webasto erarbeitet als Entwicklungspartner gemeinsam mit Fahrzeugherstellern individuelle Klimatisierungskonzepte für alle Bustypen: kompakte Aufdachanlagen, kompakte Heck-Klimaanlagen, vollintegrierte Splitklimaanlagen, heckintegrierte Splitklimaanlagen, heckinterne Doppeldecker-Klimaanlagen. Hinzu kommen Dachluken für Omnibusse – seit Anfang der 90er Jahre als Notausstiege gesetzlich vorgeschrieben – die als Ventilationsluken mit Energie gewinnender Solartechnologie und integrierten Ventilatoren ausgerüstet werden können und so im Klimatisierungskonzept für den Bus eine nicht zu unterschätzende Rolle spielen. Diese optional mit

Regensensoren ausgestatteten Dachluken erlauben eine um bis zu 15 °C geringere Aufheizung des Innenraumes. Last but not least beschäftigt sich Webasto im Rahmen seiner Gesamt-Klimakompetenz als logische Konsequenz seit 1996 auch mit dem Thema Türsysteme für Bus und Bahn, die schneller und dichter schließen als bisherige Lösungen.
Mit der Webasto Türsysteme GmbH hat das Unternehmen sein Kerngeschäft mit einer kompletten Produktpalette aller gängigen Türsysteme erweitert. Beispielsweise entwickelte Webasto eine neue Schwenkschiebetür mit elektrisch angetriebener Außenschwingtür, die dank des modularen Aufbaus leicht an unterschiedliche Fahrzeugtypen angepasst werden kann. Erwähnenswert ist auch eine von Webasto entwickelte patentierte Türdichtung namens Airsafe, die sich erst nach dem Schließen aufbläst und sich wie ein Kissen präzise um die Fuge legt. Diese Lösung ist bereits reif für die Serienfertigung.

*Bus Top Solar:
Vereint Standlüftung und Batterieladung mit den Basisfunktionen Lüften und Notausstieg. Optional mit Regenwasser.*

Zurück zum Thema Klimatisierung, wo es in Bussen vor allen eine grundsätzliche Herausforderung für die Hersteller gibt: Für vom Bauvolumen her große Anlagen fehlt schlichtweg der Platz. Gleichzeitig sorgen die gestiegenen Anforderungen von Busbetreibern und Fahrgästen für eine immer komplexere Technik, die auf möglichst kleinem Raum bei möglichst geringen Kosten und bei geringem Gewicht untergebracht werden muss. Hinzu kommt, dass die Zugänglichkeit, sprich Wartungsfreundlichkeit unter keinen Umständen leiden darf. Mit moderner Modultechnik, leichteren Materialien, der Reduzierung von Einzelkomponenten und computergesteuerten Diagnosesystemen wird herstellerseitig diesen Forderungen heute Rechnung getragen.
So kommt beispielsweise die Standheizung der Thermo-Baureihe von Webasto, die in den drei Leistungsvarianten Thermo 230/300/350 angeboten wird, trotz unterschiedlicher Leistungsstufen zwischen 23 und 35 kW Heizleistung mit nur einer Baugröße aus. Mit den Maßen 610 x 245 x 220 mm und optimiertem Gewicht kann dieses praxiserprobte Heizgerät auch problemlos in Niederflurbusse eingebaut werden. Für den Einsatz in Fahrzeugen, die mit Flüssig- oder Erdgas betrieben werden, bietet Webasto die Varianten Thermo Gas-N (Natural Gas) und Thermo Gas-L (Liquid Gas) an. Beide Systeme unterscheiden sich bezüglich des Bauvolumens kaum von der Dieselheizung.
Ein weiterer wichtiger Baustein des Heizungs- und Klimatisierungssystems in Bussen und ein neuerlicher Schritt in Richtung Komplettsystem ist die Wasserstation. Webasto hat in Zusammenarbeit mit den führenden Busherstellern eine Einheit entwickelt, die bereits einen

großen Teil der heizspezifischen Komponenten enthält, die bisher einzeln eingebaut werden mussten. Dazu gehört beispielsweise die Standheizung, die Umwälzpumpe, Regel- und Rückschlagventile sowie Wasser- und Kraftstofffilter. Mit diesem System ist es gelungen, die Einbaukosten durch schnelle Montage deutlich zu senken. Die Schnittstellen zum Fahrzeug sind bei der Wasserstation auf Wasser-, Brennstoff-, Abgas- und elektrischen Anschluss reduziert. Das System mit Heizleistungen zwischen 23, 30 und 35 kW ist für verschiedene Fahrzeugtypen weitgehend vereinheitlicht, so dass der logistische Aufwand für den Bushersteller spürbar verringert wird.

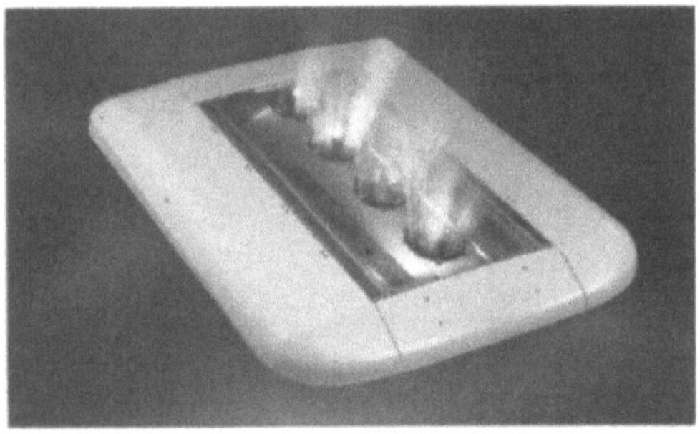

Das modulare Klimakonzept der Zukunft: Aerosphere

Mit der Aerosphere hat Webasto eine modulare Klimaanlage im Programm, bei der besonderer Wert auf kostengünstige und prozesssichere Produktion gelegt worden ist. So kommt die Anlage mit Verdampfer und Verflüssiger als eigenständige Baugruppe mit rund 30 % weniger Teilen aus, und die bisherigen Schraub- und Nietverbindungen werden durch eine neuartige, genauso zuverlässige Klebstoffverbindung ersetzt. Die Aerosphere bietet ein Leistungsspektrum zwischen 22 kW und 26 kW Kälteleistung; in der Aufdachanlage plus möglicher 8 kW in der Frontbox.

Basierend auf dem technischen Prinzip der Aerosphere sorgt die Heizungs- und Lüftungsanlage Thermovent für eine optimale Versorgung des Fahrzeuges mit Frischluft und Wärme. Optisch sind beide Anlagen nicht zu unterscheiden. Erst ein Blick unter die Haube offenbart, dass bei der Thermovent keine Kühlaggregate verwendet werden und statt dessen die Frischluft mittels Ventilatoren und Wärmetauschern aufbereitet wird.

Logischerweise nutzt es wenig, Kälte und Wärme zu erzeugen, wenn anschließend beides nicht möglichst effektiv im Bus verteilt wird. Zwei mit einem führenden Bushersteller neu entwickelte Seitenwandheizer von Webasto (Thermo Activ Radial bzw. Thermo Activ Axial) setzen die gewünschte Temperatur deutlich effektiver und schneller um und geben diese an den Innenraum ab, als dies von herkömmlichen System bisher geleistet wurde. Themo Activ-Lösungen werden in den nächsten Jahren in Kombination mit anderen Webasto-Bussystemen zu einer deutlichen Steigerung des Buskomforts führen.

Während heute die Bereiche Heizen, Standheizen, Kühlen und Standkühlen durch speziell auf diese Anforderungen hin konstruierte Systeme für Bus und Lkw weitgehend zufriedenstellend gelöst sind, sieht Webasto in der Entwicklung eines Gesamtkonzeptes für die Busklimatisierung die zukunftsweisende Lösung. Für Entwickler und Techniker der Webasto Klimatechnik GmbH – das Unternehmen befasst sich übrigens bereits seit rund 60 Jahren mit Klimakomfort in Bussen – führte dieser Ansatz zur Entwicklung eines Systems, das in Zukunft

Heizen und Kühlen während der Fahrt und im Stand gleichermaßen ermöglichen soll.

Drei im Bereich Busklimatisierung bekannte Problemfelder bildeten bereits in der Entwicklungsphase die zentralen Eckpunkte aller weiteren Überlegungen. Es sind zum einen der relativ voluminöse Innenraum von Bussen mit bis zu 50 Kubikmeter Raumvolumen in Normaldecker-Reisebussen bei einer Länge von 13,8 Metern und bis zu 80 Kubikmeter im Doppelstockbus. Hinzu kommt, dass die großen Fenster- und Seitenflächen sich im Sommer stark aufheizen und im Winter stark abkühlen. Auf Grund dessen werden enorme Energiemengen in den Innenbauteilen gespeichert, die gekühlt bzw. aufgeheizt werden müssen. Auch über die Längsachse des Fahrzeuges eingebrachte zusätzliche Energie – beispielsweise über die Frontscheibe oder den heißen Motorraum – muss wirkungsvoll kompensiert werden.

Hinzu kommt, dass moderne Antriebsmotoren zum Aufheizen des Busses immer weniger Abwärme beisteuern.

Die Spezialisten von Webasto haben sich das Ziel gesetzt, den Energietransport im Fahrzeug mit nur einer Verrohrung und nur einem Trägermedium zu ermöglichen. Dabei handelt es sich um das ohnehin zur Motorkühlung verwendete Wasser-/Glykolgemisch. Verbunden durch eine einfache Wasserverrohrung kann so jede Klima-Komponente nicht nur Wärme abgeben, sondern auch aufnehmen, d. h. heizen und kühlen. So lassen sich alle Bereiche des Innenraumes sehr flexibel gezielt klimatisieren. Da das Webasto System modular aufbaut, ist der Einbau auch in Doppelstock- oder Gelenkbusse möglich. Bedienung und Regelung werden über die gleichen Komponenten nach dem gleichen Prinzip gesteuert. Durch diese Reduzierung von Varianten erzielt man fast zwangsläufig auch eine Reduzierung der Einbaukosten.

Das Webasto-System zur vollständigen individuellen Klimatisierung von Bussen mit Namen Aquasphere hat in den vergangenen 4 Jahren die praktische Erprobung in Fahrzeugen eines renommierten Busherstellers erfolgreich hinter sich gebracht, so dass jetzt die Vorbereitungen auf die Serienproduktion laufen. Was nun bietet Aquasphere Außergewöhnliches?

Zunächst hat das Klimatisierungs-Komplettsystem eindeutig Vorteile gegenüber konventionellen Lösungen, wenn es um Umweltverträglichkeit, Gewicht, System- und Betriebskosten, Design, Regelkomfort und Montagefreundlichkeit geht. Es gibt weder Dachaufbauten noch andere Elemente, die das Außendesign des Fahrzeuges negativ beeinflussen. Das Aquasphere-System besteht aus kompakten vormontierten und vorgeprüften Komponenten mit einem kompakten optimierten Kältekreislauf mit reduzierten Kältemittel-Füllmengen, die sich im Einzelnen wie folgt darstellen: Im Heck des Busses sitzt die Energiestation, in der das für die Klimatisierung des Busses benötigte

Kalt- und Warmwasser erzeugt wird. Diese Energiestation ist in drei Unterbaugruppen aufgeteilt: Plattenverdampfer, Wasserverteilstation und Verflüssiger. Inklusive Raum für die Luftführung beansprucht die Energiestation nur ein Volumen von 0,8 m^3.

Im Dachbereich sind – je nach Größe des Busses – ein oder mehrere Dach-Wärmetauscher integriert, an den Seitenflächen sitzen Seitenwandheizer. Eine separate Front-Klimaeinheit wird ebenfalls über das System gespeist. Spezielle Wärmetauscher z. B. für den Türbereich, für die Toilette oder die Fahrerliege können versorgt werden.

In der Energie-Einheit, in der alle zum Kühlen notwendigen Aggregate sowie die Ventile- und Wasserpumpen integriert sind, wird ein Wasser-Glykol-Gemisch abgekühlt und zu den diversen Klimaeinheiten geleitet. Die Verwendung eines Wasser-Glykol-Gemisches bringt gegenüber herkömmlichen integrierten Anlagen eine deutliche Verringerung von umweltschädlichen Kühlmitteln. In den Klimaeinheiten erfolgt die Konditionierung des Gemisches, also Aufheizung oder Abkühlung von Frischluft, Umluft oder Mischluft in einen frei wählbaren Verhältnis. Dank dieser zentralen Lufttemperierung ist es möglich, im gesamten Bus für jeden Fahrgast ein angenehmes Raumklima herzustellen. Ergänzt und vervollständigt wird das Aquasphere-System durch eine Front-Klimaeinheit, die für optimale Bedingungen am Arbeitsplatz des Fahrers sorgt. Geregelt werden alle Systemkomponenten über ein zentrales Elektronikmodul. Wenn Aquasphere 2001 in Serie geht, wird das Klima-Komplettsystem auch in Leistung und Verbrauch neue Maßstäbe setzen.

Die Zukunft der Bus-Klimatisierung liegt für Webasto in der Weiterentwicklung des Aquasphere-Systems, das in nicht allzu weiter Ferne die Herstellung eines individuellen Mikroklimas für jeden Fahrgast,

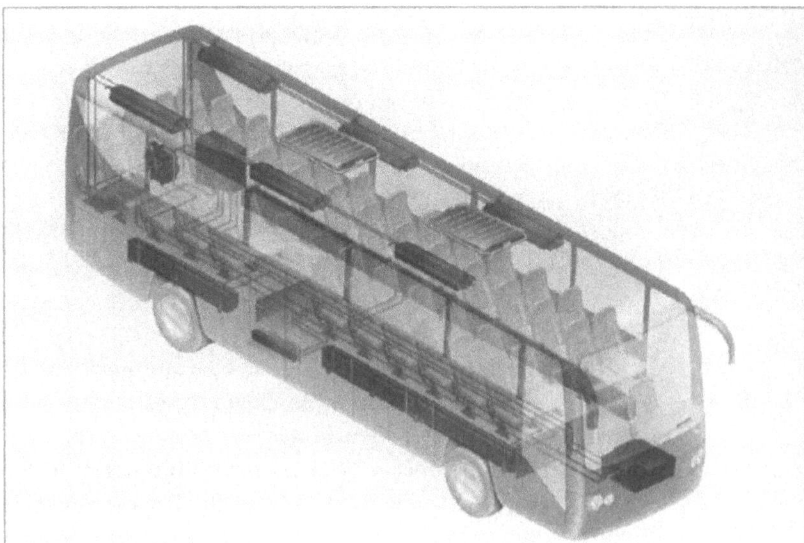

Aquasphere: Das voll integrierte Heiz- und Klimasystem für optimalen Buskomfort – mit dem Wasserkreislauf heizen und kühlen.

d. h. für jeden einzelnen Sitz ermöglichen soll. Mit anderen Worten: Die Individual-Klimatisierung mit Eingriffsmöglichkeiten für jeden Fahrgast – nach Maß abgestimmt auf den psychischen und physischen Zustand des Reisenden – ist keine Utopie mehr.
Einen weiteren Kernpunkt der Entwicklung sieht Webasto in der Energieeinsparung durch intelligentere Regelungen und Verknüpfungen sowie regelbare Einzelkomponenten. Gemeint sind damit beispielsweise die Heizleistung im Vorwärmgerät oder regelbare Verdichter und Wasserpumpen. Auch spielen weitere Maßnahmen zur Reduzierung der passiven Innenraumaufheizung z. B. durch Luken mit Permanententlüftung und die Gewichtsreduzierung durch das Mitnutzen der Rahmenstrukturen des Fahrzeuges für die Aufnahme von Komponenten in den Zukunftsüberlegungen eine nicht unwesentliche Rolle.
Zur Senkung der Betriebskosten – für private Unternehmer ebenso ein substantielles Thema wie für kommunale Betreiber – will Webasto durch eine Verlängerung der Wartungsintervalle beitragen. Gelingen wird dies, indem man die Lebensdauer der Einzelkomponenten noch weiter erhöht.
Abschließend kann man sagen, dass die Zukunft der Busklimatisierung generell durch folgende Aussage gekennzeichnet ist: Der verbesserte Passagierkomfort wird ebenso weiter im Mittelpunkt stehen wie die Entwicklung umwelt- und ressourcenschonender Lösungen.
Um nicht mehr auf betriebsfremde Prüfeinrichtungen angewiesen zu sein, die nur zeitlich begrenzt zur Verfügung stehen und die spezifischen Anforderungen zum Teil nur eingeschränkt erfüllen, hat die Webasto AG eine eigene Klima-Simulationshalle gebaut und im Januar 2000 in Betrieb genommen, die in Europa Maßstäbe setzt. Die 10 Millionen Mark teure Klimakammer mit sechs mal zwanzig Metern Grundfläche und sechs Metern Höhe bietet selbst für Doppelstockbusse und Lkw ausreichend Platz. Die Anlage in Stockdorf zählt zu den größten und modernsten „Kühlschränken" in der Fahrzeugerprobung und kann darüber hinaus auch noch heizen. Auch wenn in Zukunft der Praxistest nicht ersetzt werden kann und soll, ist es für Webasto jetzt möglich, in kürzester Zeit relevante Testaussagen zu erhalten und umzusetzen. Die neue Anlage erlaubt eine Prüfung separater Aggregate ebenso wie die Prüfung im eingebauten Zustand. Temperaturen von –40 Grad C bis +70 °C sind in der neuen Klima-Simulationshalle ebenso darstellbar wie sehr hohe tropische Luftfeuchtigkeit oder extrem trockenes Wüstenklima. Mit Speziallampen wird die Sonneneinstrahlung simuliert, während ein Gebläse die Luftströmung während der Fahrt nachbildet. Die in nur rund sechs Monaten Bauzeit errichtete Klimakammer stellt auch optisch einen zentralen Baustein des neu konzipierten Forschungs- und Entwicklungszentrums der Webasto AG in Stockdorf bei München dar.

Betriebsdatenerfassung bei modernen Linienbus-Automatgetrieben

– Technische Möglichkeiten und Kundennutzen –

Einleitung

Ein vorrangiges Ziel jedes Verkehrsbetriebes ist es, die Betriebsabläufe zu optimieren und den Einsatz seiner Fahrzeuge so effizient wie möglich zu gestalten. Hierzu werden zentrale Daten über den täglichen Fahrzeugeinsatz benötigt wie z. B. die durchschnittliche Geschwindigkeit oder Stillstandszeiten.
Die Nutzung des auf diesem Weg aufzeigbaren Optimierungspotentials ist gleichbedeutend mit einer Aufwandsreduzierung und führt somit zu einer Verbesserung der Ertragssituation des Verkehrsbetriebes.
Gleichzeitig steht der Betreiber eines Öffentlichen Personennahverkehrs (ÖPNV) gegenüber seinem Auftraggeber in der Pflicht, die erbrachte Leistung zu dokumentieren in Form von

- Fahrleistung;
- Zahl der beförderten Personen;
- Erfüllung des Fahrplanes als einer zentralen Vertragsgrundlage zwischen Auftraggeber und Auftragnehmer;
- etc.

Die Dokumentation dieser Daten bedeutet für den Verkehrsbetrieb einen nicht zu unterschätzenden (Kosten-)Aufwand, egal ob diese Dokumentation über externe Dienstleister oder durch den Verkehrsbetrieb selbst durchgeführt wird.
Bei der Erfassung der für Betriebsoptimierung als auch der für die Dokumentation erforderlichen Daten bietet sich die Steuerung des Automatgetriebes in besonderer Weise an. Das Automatgetriebe

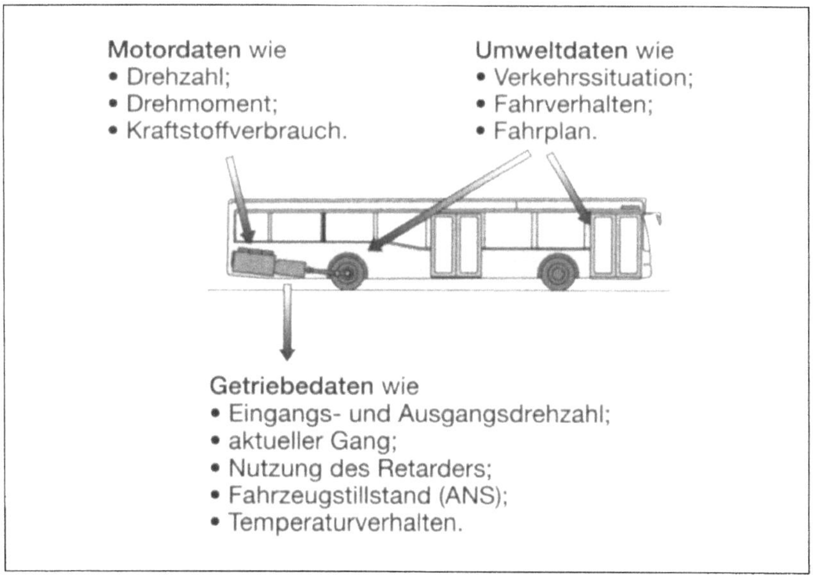

Bild 1
Zusammenhang zwischen Getriebedaten einerseits und Motor- sowie Fahrzeugdaten andererseits

nimmt im Antriebsstrang eine Schlüsselposition ein, da sich sowohl die Daten des Verbrennungsmotors als auch Informationen aus der Fahrzeugumwelt in den Betriebsdaten des Getriebes widerspiegeln, s. **Bild 1**. In den Getriebedaten wie Ein- und Ausgangsdrehzahl, geschalteter Gang, Lastgeberstellung etc. bilden sich Drehmoment, Drehzahl und Kraftstoffverbrauch des Motors genauso ab wie das Fahrerverhalten und die aktuelle Verkehrssituation. Im Rahmen eines Pilotprojektes in den Niederlanden wurden daher die in der Steuerung E 200 des DIWA-Automatgetriebes gespeicherten Daten ausgelesen und entsprechend den Anforderungen des Betreibers aufbereitet. Auf dieser Basis wurde ein Verfahren entwickelt, welches eine Spezifizierung des Antriebsstrangs mit Blick auf die tatsächlichen Einsatzbedingungen und damit eine optimierte Auslegung erlaubt.

Die Steuerung E 200 des Voith-Automatgetriebes DIWA.3

Mit der Einführung der 3. Generation des DIWA-Automatgetriebes im Jahr 1994 wurde die bislang verwendete Analog-Steuerung durch die Mikroprozessor-Steuerung E 200 ersetzt, s. **Bild 2**. Neben der Verwendung eines 16-bit-Mikroprozessors mit einem zweiten unabhängigen Sicherheitsrechner war insbesondere die serienmäßige CAN-Schnittstelle ein Meilenstein in der Getriebeentwicklung, mit dem Voith als erster Anbieter von Automatgetrieben für Linienbusse diese zukunftsweisende Technologie in eine Serienlösung umsetzte.

Aufbauend auf den Möglichkeiten der Mikroprozessor-Steuerung und unter Nutzung der sich rasch entwickelnden PC-Technologie, wurde das PC-basierte Diagnosesystem DIWAGNOSIS entwickelt, welches in

Bild 2
Getriebesteuerung E 200 des Voith-DIWA®,-Automatgetriebes

Benutzerfreundlichkeit und Leistungsumfang bis heute Maßstäbe setzt. Ziel dieser Entwicklung war von Anfang an, bei einem Minimum an Hardware-Anforderungen dem Benutzer ein Optimum an Unterstützung bei der Überprüfung sowie der Fehlersuche und -behebung zu bieten. Dies schließt nicht nur das Getriebe selbst, sondern auch die Peripherie wie Tastenschalter oder Lastgeber mit ein. Die jeweils benötigten Informationen sind kontextsensitiv abrufbar und werden durch graphische Darstellungen, Messkurven und Ausschnitte aus Schaltplänen ergänzt.

Ein weiteres Novum ist die Erfassung zentraler Betriebsdaten des Getriebes, welche im Rahmen der Weiterentwicklung der Steuerungssoftware eingeführt wurde und seit Anfang 1998 zum Standardfunktionsumfang der Getriebesteuerung zählt. Hierbei werden die Betriebszustände des Getriebes kontinuierlich erfasst und die kumulierten Werte beim Abschalten in einem nicht-flüchtigen Speicher gesichert. Im Einzelnen werden protokolliert:

- Betriebszeit des Getriebes, wobei zusätzlich die Betriebszeit bei Fahrzeugstillstand und laufendem Motor betrachtet wird;
- Verweilzeit in den einzelnen Gängen einschließlich der Automatischen Neutralschaltung (ANS);
- Zeitanteile der Lastgeberstellungen von Leerlauf bis Kick-Down;
- Stellung des Tastenschalters;
- Anzahl der Schaltungen;
- Temperaturkollektiv des Getriebeöls;
- Abtriebsdrehzahl bei Einlegen der Wandlerbremse (Retarder).

Auswertung der Betriebsdaten in der Praxis

Der praktische Nutzen der Betriebsdatenerfassung soll im Weiteren am Beispiel zweier Betreiber aus den Niederlanden dargestellt werden. Dies ist zum einen die Stadt Amsterdam, zum anderen die Stadt Almere, zwei Städte mit unterschiedlicher Verkehrssituation. So ist in Amsterdam als einer „historischen Stadt" auch eine „gewachsene" Verkehrssituation zu erwarten, d. h., der Linienbus ist Bestandteil des gesamten Verkehrs und Einflussgrößen wie Staus, stop-and-go, niedrige Durchschnittsgeschwindigkeit etc. spiegeln sich unmittelbar im Fahrverhalten des Stadtbusses wider. Anders dagegen in Almere, wo durch eine entsprechende Verkehrsplanung vom Zeitpunkt der Stadtgründung an versucht wurde, durch Busspuren, Ampelsteuerungen etc. den Stadtbus vom restlichen Verkehr zu entkoppeln und so den ÖPNV attraktiver zu gestalten. Die Daten der betrachteten Fahrzeuge zeigt **Bild 3**.

Bild 3
Beispiele Amsterdam und Almere, Fahrzeugdaten

Beispiel 1:		**Beispiel 2:**	
Stadt:	Amsterdam/NL	Stadt:	Almere/NL
Bus:	SB250 Berkhof 12 Meter	Bus:	B93 articulated Den Oudsten
Motor:	RS 160 M	Motor:	RS 245 M
Getriebe:	D 854.3	Getriebe:	D 864.3
Hinterachse:	$i_A = 5{,}25$	Hinterachse:	$i_A = 5{,}19$
v_{max}	$= 105$ km/h	v_{max}	$= 106$ km/h

Die erste Auswertung der abgespeicherten Betriebsdaten ergab jedoch, dass trotz der unterschiedlichen Verkehrssituation zentrale Kenngrößen wie die mittlere Geschwindigkeit oder die Zahl der Halte pro Kilometer annähernd gleich waren, siehe Tabelle 1.

Tabelle 1 Mittlere Geschwindigkeit, Anzahl Stopps per Kilometer

	Amsterdam	Almere
mittlere Geschwindigkeit	25,84 km/h	23,67 km/h
Anzahl Stopps per km	1,48	1,31

Die trotz der Maßnahmen zur Verbesserung des Verkehrsflusses unerwartet niedrige Durchschnittsgeschwindigkeit in Almere erklärt sich bei Betrachtung der Zeitanteile in den einzelnen Gängen, s. **Bild 4**, und hier insbesondere durch den Zeitanteil der ANS (Automatische Neutralschaltung). Die ANS wird aktiv, wenn bei eingetastetem Vorwärtsgang das Fahrzeug steht und über z. B. die Betriebsbremse gehalten wird, also bei Stop-and-go-Verkehr oder auch an der Haltestelle mit betätigter Haltestellenbremse. Dies ist in 31 % der Zeit der Fall. Berücksichtigt man die Anzahl der Schaltungen „ANS > 1", so ergibt sich, dass jeder dieser Stopps mit durchschnittlich 37,2 s zu Buche schlägt.
Das Fahrerverhalten selbst spiegelt sich in der Lastgeberstellung wider: So nutzen die Fahrer in Almere Vollast bzw. Kick-down (L6/L7) nur in ca. 8 % der Zeit, was sicherlich eine positive Auswirkung der Busspuren

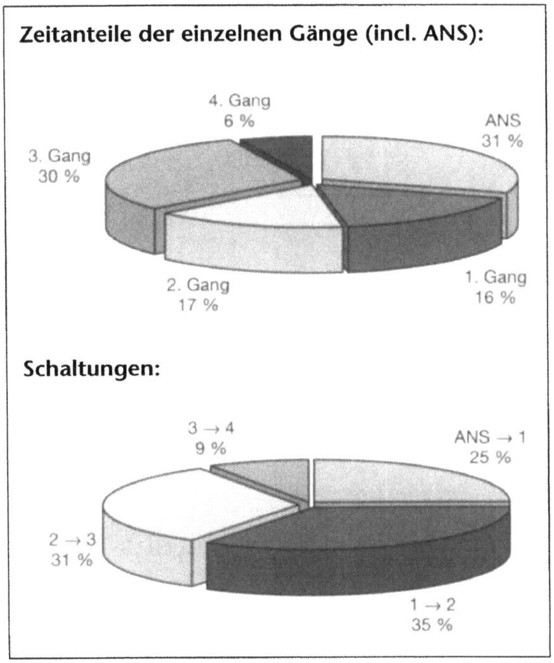

Bild 4
Beispiel Almere, Zeitanteile in den einzelnen Gängen und Häufigkeit der Schaltungen

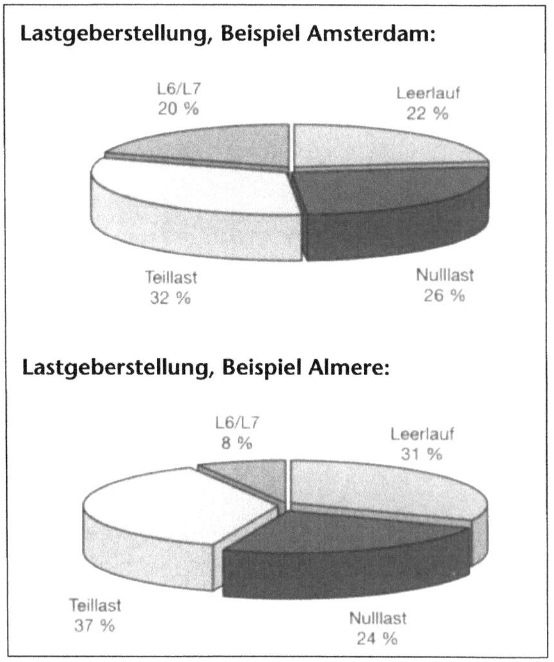

Bild 5
Auswertung der Daten zur Lastgeberstellung, Fahrerverhalten

ist. In Amsterdam, wo sich der Fahrer zügig in den fließenden Verkehr einfädeln muss, wird dagegen Vollast/Kickdown deutlich häufiger benutzt.

Sowohl in Amsterdam als auch in Almere werden Teillast und Nulllast (also entlastetes Fahrpedal bei rollendem Fahrzeug) zu ungefähr der Hälfte der Zeit benutzt, d. h. die Fahrer verhalten sich verbrauchsbewusst, indem z. B. die kinetische Energie des Fahrzeugs beim Ausrollen genutzt wird.

Die Zeitanteile des Motorleerlaufs bei stehendem Fahrzeug entsprechen dem Zeitanteil der ANS: Hier finden sich bei den Daten aus Almere die 31 %-Zeitanteil aus **Bild 4** wieder. In Amsterdam liegt dieser Zeitanteil mit 22 % doch deutlich niedriger, was sich sicherlich auch darin zeigt, dass in Amsterdam trotz einer größeren Anzahl von Stopps die Durchschnittsgeschwindigkeit höher ist als in Almere.

Beide Auswertungen belegen im Übrigen, wie wichtig eine möglichst effiziente „Automatische Neutralschaltung" bei einem Linienbus-Automatgetriebe ist. Bedingt durch den Getriebeaufbau, bewirkt die ANS des DIWA-Automatgetriebes eine **vollständige** Trennung des Automatgetriebes einschließlich des Wandlers vom Verbrennungsmotor, so dass keinerlei Öl im Wandlerkreislauf bewegt wird. Nur so kann der

Bild 6
Beispiel Almere, Öltemperaturkollektiv

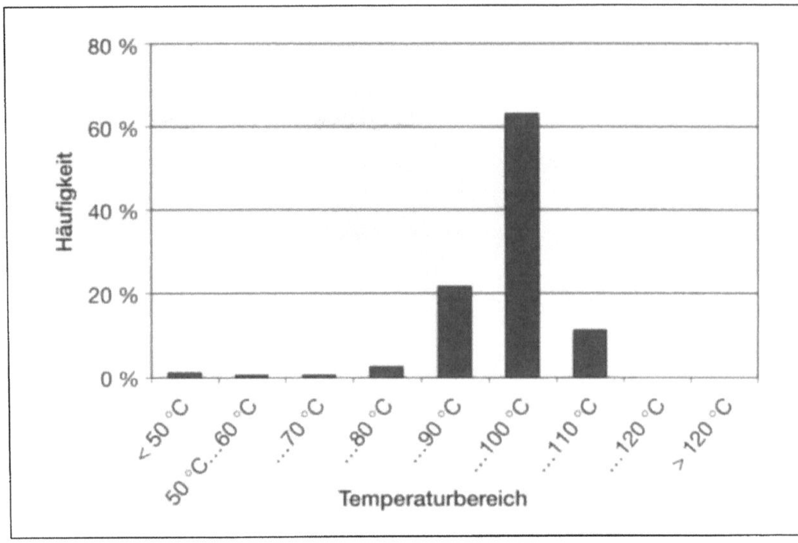

Leerlaufverbrauch des Motors auf ein Minimum gesenkt werden. Messungen haben gezeigt, dass je nach Zeitanteil des Fahrzeugstillstands der Unterschied im Kraftstoffverbrauch mit und ohne ANS durchaus 5 Liter pro 100 km erreichen kann.

Während die bislang erläuterten Daten Aufschluss über die Verkehrssituation und den Fahrzeugeinsatz liefern, gibt das in der Betriebsdatenerfassung aufgezeichnete Öltemperaturkollektiv Hinweise zur thermischen Situation des Getriebes. Die Aufzeichnungen in Almere zeigen, dass die Öltemperatur einen Maximalwert von 110 °C praktisch nicht überschritten hat; zu ca. 62 % der Zeit bewegte sich die Öltemperatur zwischen 90° und 100 °C. Dieses vergleichsweise niedrige Temperaturniveau ist auch ein Resultat des DIWA-Kühlkonzeptes, das ein insgesamt niedrigeres Temperaturniveau als bei Wettbewerbsgetrieben zur Folge hat. Der Fahrzeugbetreiber profitiert hiervon dadurch, dass zum einen ein Ölwechselintervall von 120.000 km bereits mit preisgünstigen teil-synthetischen Ölen erreichbar ist (anstelle teurerer vollsynthetischer Öle). Zum anderen bietet der Kühlkreislauf ausreichend Reserven, dass auch bei schwierigen Umgebungsbedingungen eine Überschreitung der zulässigen Öltemperatur sicher vermieden wird, d. h. eine Leistungsreduzierung z. B. der Retarderfunktion infolge Überhitzung ist nicht zu erwarten.

Antriebsstrangauslegung auf Basis der Betriebsdaten

Bei der Auslegung eines Antriebsstranges fällt der Wahl der Achsübersetzung besonderes Gewicht zu. Üblicherweise erfolgt die Festlegung der Achsübersetzung aufgrund der Erfahrung der Betreiber, gestützt durch die Auswertung von Tachoscheiben. Während diese Tachoscheiben aber letztlich nur den Betrieb von wenigen 1000 Kilometern darstellen können, repräsentieren z. B. die in Almere ausgelesenen Betriebsdaten den Einsatz von 17 Fahrzeugen mit einer Gesamt-Laufleistung von ca. 2.000.000 Kilometern. Anhand dieser Daten und hier insbesondere der Zeitanteile der einzelnen Gänge lässt sich sicherlich verlässlicher beurteilen, ob und inwieweit eine gewählte Auslegung der tatsächlichen Verkehrssituation gerecht wird.
Für das Beispiel Amsterdam sind diese Zeitanteile in **Bild 7** dargestellt. Demnach wird der 4. Gang, der als Kraftstoff sparender „Overdrive" mit einer Übersetzung i = 0,73 ausgelegt ist, zu einem Zeitanteil von nahezu 23 % genutzt. Dies erklärt sich durch die Linienführung, welche Autobahnabschnitte mit einschließt, so dass die gewählte Auslegung auf eine Maximalgeschwindigkeit von ca. 105 km/h gerecht-

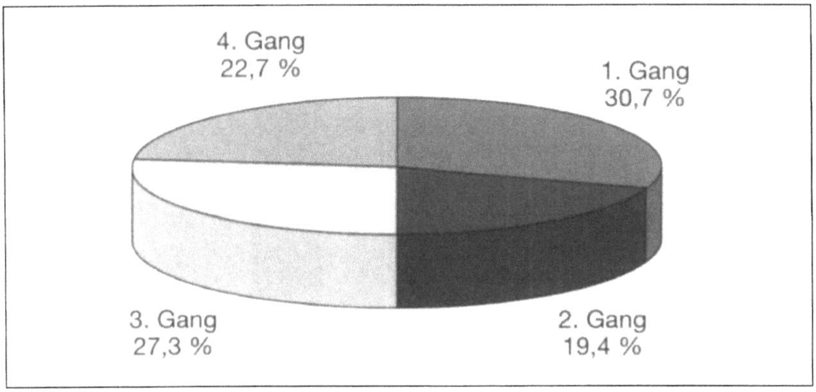

Bild 7
Beispiel Amsterdam, Zeitanteile in den einzelnen Gängen (Zeitanteile bezogen auf die reine Fahrzeit, d. h. ohne ANS)

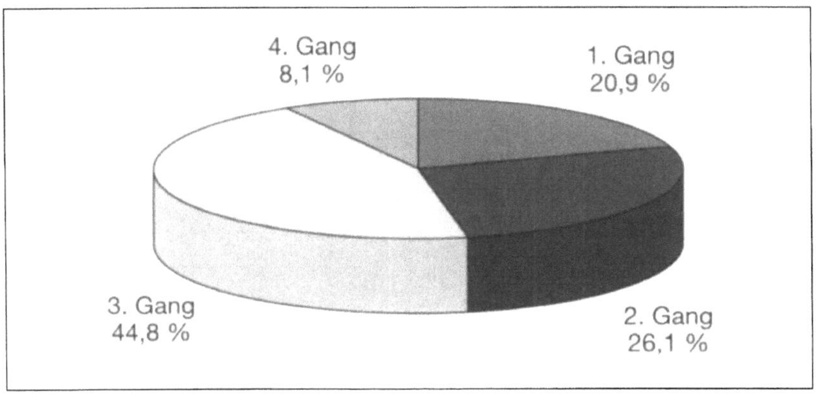

Bild 8
Beispiel Almere, Zeitanteile in den einzelnen Gängen (Zeitanteile bezogen auf die reine Fahrzeit, d. h. ohne ANS)

fertigt ist, und im Hinblick auf einen günstigen Kraftstoffverbrauch beibehalten werden sollte.

Anders dagegen in Almere: Hier wird der 4. Gang nur in 8,1 % der Zeit genutzt, der 3. Gang hingegen zu 44,8 %, s. **Bild 8**. Es stellt sich somit die Frage, ob die Auslegung auf eine ähnliche Endgeschwindigkeit wie in Amsterdam angebracht ist oder ob nicht im Hinblick auf eine höhere Effizienz eine „kürzere" Achse gewählt werden sollte. Für die Beurteilung der Eignung unterschiedlicher Achsübersetzungen ist aber die Aussage über die Zeitanteile in den Gängen nicht ausreichend. Vielmehr wird ein Geschwindigkeitskollektiv benötigt, welches zumindest im oberen Geschwindigkeitsbereich eine verlässliche Auflösung der Geschwindigkeitsverteilung bietet. Hierzu wurde ein Verfahren entwickelt, welches durch Kombination der einzelnen Betriebsdaten das geforderte Kollektiv liefert, s. **Bild 9**.

Das so ermittelte Geschwindigkeitsprofil zeigt, dass die Maximalgeschwindigkeit 60 km/h kaum überschreitet, d. h. anders als in Amsterdam wird der mit v_{max} = 106 km/h verfügbare Geschwindigkeitsbereich gerade zu 60 % genutzt.

Weiterhin weist das Geschwindigkeitsprofil einen sehr hohen Zeitanteil im Bereich zwischen 40 und 45 km/h auf (ca. 32 %). Dies erklärt sich

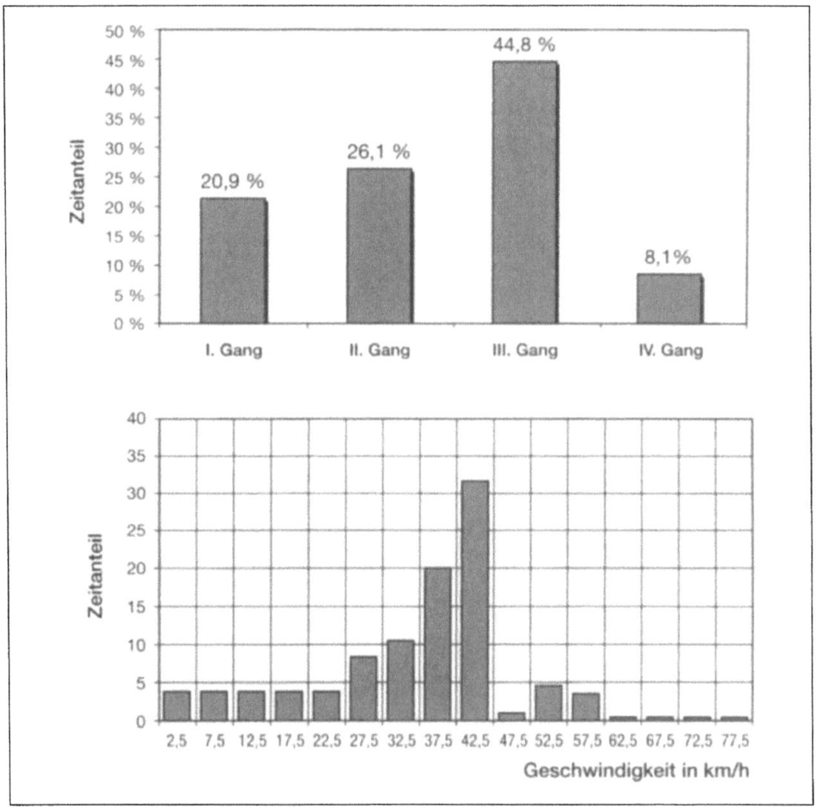

Bild 9
Beispiel Almere, Ermittlung des Geschwindigkeitskollektivs auf Basis der Zeitanteile in den einzelnen Gängen. Klassenbreite des Geschwindigkeitskollektivs 5 km/h, angegeben ist jeweils die mittlere Geschwindigkeit der entsprechenden Klasse.

durch die in Almere gewählte Ampelschaltung („grüne Welle"). Bedingt durch die Achsübersetzung $i_A = 5{,}19$ fallen diese Zeitanteile in den 3. Gang bei einer relativ hohen Motordrehzahl und damit ungünstigerem Kraftstoffverbrauch als z. B. bei niedrigerer Drehzahl im 4. Gang.

Durch Vergrößerung der Achsübersetzung verschieben sich diese Zeitanteile zunehmend in den Bereich des 4. Gangs, s. **Bild 10**. So erreicht bei einer Achsübersetzung von $i_A = 6{,}29$ ($v_{max} = 87$ km/h) der Zeitanteil im 4. Gang ca. 37,5 %. Entsprechend ist eine Reduzierung des Kraftstoffverbrauchs zu erwarten, die sich in diesem Beispiel bei 5 bis 10 % bewegen dürfte.

Bild 10
Beispiel Almere, Einfluss der Achsübersetzung auf die Zeitanteile in den einzelnen Gängen.

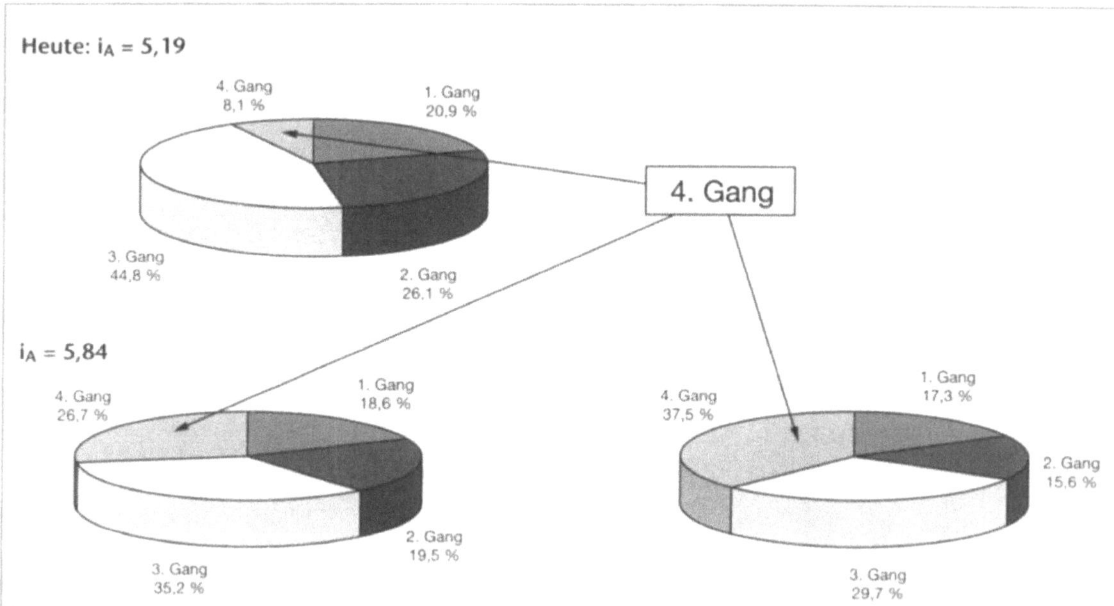

Zusammenfassung und Ausblick

Die Auswertung der in der Getriebesteuerung gespeicherten Daten fügt sich harmonisch in das Voith-Gesamtkonzept der Betriebsdatenerfassung ein, s. **Bild 11**: Der Fahrzeugbetreiber erhält über die Steuerung des DIWA-Automatgetriebes ein weites Spektrum von Möglichkeiten, welches von der gesamten Fahrzeugflotte bis hin zu diskreten Fahrzeugen auf diskreten Strecken anwendbar ist.

So erlauben die in der E 200 gespeicherten Betriebsdaten unmittelbar eine Bewertung der tatsächlichen Verkehrssituation eines Verkehrsbetriebes. Mögliche Potentiale zur Optimierung wie z. B. Stillstandszeiten werden aufgezeigt, die Auswirkung von Auslegungsparametern wie z. B. die Achsübersetzung auf das Betriebsverhalten kann untersucht werden. Durch die Auswertung einer größeren Anzahl von Fahrzeugen über einen längeren Zeitraum sind die Ausgangsdaten statistisch abgesichert, die so gewonnenen Aussagen besitzen entsprechende Allgemeingültigkeit und bilden das Fundament des Gesamtkonzeptes einer umfassenden Auswertung von Betriebsdaten.

Aufbauend auf diesen statistischen Daten, können Fahrstreckenaufzeichnungen und Fahrzeitmessungen durchgeführt werden. Hierzu stehen an der Diagnoseschnittstelle der Getriebesteuerung kontinuierlich die wichtigsten Daten wie Drehzahlen, Geschwindigkeit und

Bild 11
Gesamtkonzept der Betriebsdatenerfassung und -auswertung.

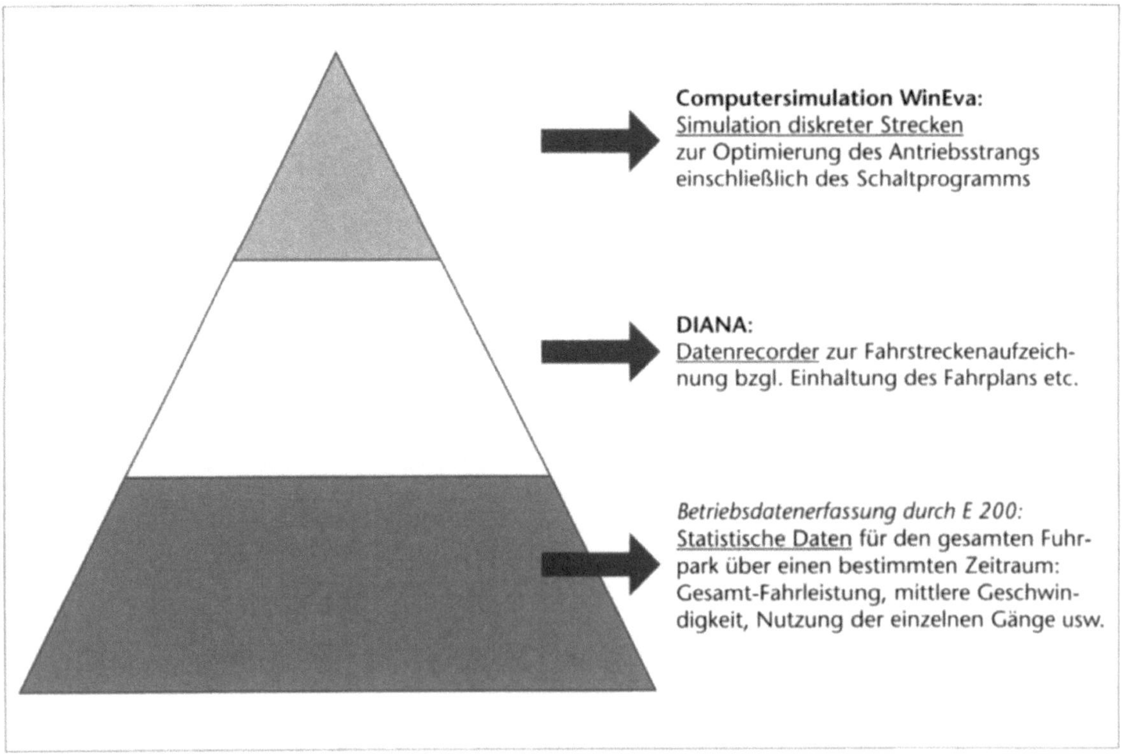

Drücke etc. an, d. h., auch hier wird die Sensorik des Getriebes unmittelbar genutzt. Das Auslesen dieser Daten erfolgt z. B. über einen PC mit installiertem Messwerterfassungsprogramm DIANA (DIWA-Analyser), wobei weitere Informationen wie z. B. ein Türsteuerungssignal oder auch Positionsdaten aus einem GPS-Modul berücksichtigt werden können.

Abgerundet wird das Voith-Konzept der Betriebsdatenerfassung durch ein Computersimulationsprogramm WinEva, mittels dessen auf Basis diskreter Strecken und Fahrzeugkonfigurationen z. B. der Einfluss unterschiedlicher Schaltprogramme oder zusätzlicher Nebenverbraucher (z. B. Klimaanlage) konkret untersucht werden kann.

Sachwortverzeichnis

C

D

E

F

H

I

M

T

U

V

W

Z

Quellennachweis

- „Der Motorwagen" Teil I/II, 1898–1914, Dr. Peter Kirchberg, Faksimiliausgabe Steigerverlag Moers
- „Diesel – Der Mensch, das Werk, das Schicksal", Eugen Diesel, 1937, Hanseatische Verlagsanstalt AG, Hamburg
- „75 Jahre Otto-Motor", Gedenkveranstaltung 19. Oktober 1951 in Köln, Festvortrag: Prof. Dr. Franz Schnabel, München
- „Nikolaus August Otto – der Schöpfer des Verbrennungsmotor", Arnold Lange, 1949, Franksche Verlagshandlung Stuttgart
- „Magirus – IAA 1995" – Otto-Peter A. Bühler, 1955/57, Presseinformation
- „Lexikon der Fahrzeugtechnik", Lueger Band 12, Hrsg. Paul Koessler, 1967, Deutsche Verlagsanstalt GmbH, Stuttgart
- „75 Jahr Kässbohrer", 1893–1968, Bollinger/Pflüger, 1968 Ulm/ Do, Firmenschrift
- „Deutsche Omnibusfertigung auf hohem Niveau", Ing. Otto-Peter A. Bühler, 1968, DVWG-Heft 2, Tetzlaff-Verlag, Frankfurt/Main
- „75 Jahre Nutzfahrzeugentwicklung", 1896–1971, Mercedes-Benz, Firmenschrift
- „Chronik – Mercedes-Benz Fahrzeuge und Motoren 1972/73, 5. erweiterte Auflage, Firmenschrift
- „Handbuch für den Kraftfahrzeug-Ingenieur", Koessler/Buschmann, 8. Aufl., 1973, Deutsche Verlagsanstalt GmbH, Stuttgart
- „Die europäische Automobilindustrie", Lage und Entwicklung 1967, VDA, Frankfurt
- „30 Jahre Mercedes-Benz" – zur Geschichte des Fahrzeug-Dieselmotors 1955, Firmenschrift
- „75 Jahre Motorisierung des Verkehrs", 1886–1961, Jubiläumsschrift der Daimler Benz AG, Stuttgart
- „Mercedes-Benz Lastwagen und Omnibusse", 1886–1986, Werner Osswald, Motorbuch-Verlag, Stuttgart
- „Ein Mann macht Auto-Geschichte", Dr. von Brunn, 1972, Motorbuch-Verlag, Stuttgart
- „Die deutsche Automobil-Industrie", Dokumentation 1886–1979, H. C. Graf von Seher-Toss, Deutsche Verlagsanstalt Stuttgart
- „Neoplan Doppeldecker-Busse", Dr. Ing. Günther Wirbitzky, 1980, Stuttgart-Möhringen, Firmenschrift
- „Chronik der Technik", 3. Verbr., Auflage 1989, Bertelsmann Lexikon-Verlag
- „Robert Bosch", Leben und Leistung, Theodor Heuss, 1981, Heyne-Verlag, München
- „Es begann mit Luft", 1888–1988, S. P. Reifenwerke GmbH, Hanau, Firmenschrift

- „7000 Jahre Handwerk und Technik“, Manfred Pawlek, Verlagsgesellschaft Hersching/Deutsche Verlagsanstalt GmbH, Stuttgart
- „100 Jahre Automobil – Mercedes in aller Welt“, Ing. Otto-Peter A. Bühler, 1986, Mercedes-Benz AG, Firmenschrift
- „Ein Jahrhundert Automobiltechnik/Nutzfahrzeuge“, Hrsg. Olaf von Fersen/Ing. Otto-Peter A. Bühler, 1987, VDI-Verlag, Düsseldorf
- „Metroliner in Carbon-Design“, Ing. Otto-Peter A. Bühler, 1987, Neoplan-Buch
- „Aller Laster Anfang“, Klaus Rabe, 1985, Westermann-Verlag, Braunschweig
- „Sternstunden der Technik“, Rudolf Pfortner, Hrsg. 1986, Econ-Verlag, Düsseldorf/Wien
- „Der Zukunft ein Stück voraus – 125 Jahre Magirus“, Klaus Rabe, 1990, Econ-Verlag GmbH, Düsseldorf
- „IVECO-Story“ 1994, Nord Publishing House Ltd., St. Gallen/ Switzerland
- „MAN – Leistung und Weg“ – Verschiedene Autoren 1991, Springer Verlag, Berlin
- „Scania 100 Jahre“ 1891–1991, Södertälje 1990, Firmenschrift
- „Überfordert uns die Technik?“, A. Kuhlmann, 1992, Fachbuch-Verlag GmbH, Leipzig/Köln
- „100 Jahre Omnibusbau“, Omnibus-Revue Sonderheft 1995, Vogel-Verlag, München
- „100 Jahre Omnibusbau“, Lastauto und Omnibus, Ingo Kasten, 1995, Eurotransport-Media-Verlags und Veranstaltungs GmbH, Stuttgart
- „Wilhelm Maybach – König der Konstrukteure“, Harry Niemann, 1995, Motorbuch-Verlag, Stuttgart
- „Tatsachen und Zahlen“, aus der Verkehrswirtschaft, Ausgaben ab 1960–1995, Verband der Automobilindustrie (VDA), Frankfurt/M.
- „Die europäische Automobilindustrie“, Lage und Entwicklung 1965–1996, VDA, Frankfurt

Verschiedene Berichte, Tests und Fachpublikationen aus dem Archiv des Verfassers.

Veröffentlichungen Deutscher Firmen:

Ernst Auwärter, Stuttgart und Steinenbronn;
Gottlob Auwärter, Stuttgart-Möhringen;
Büssing, Braunschweig;
Drögmöller, Heilbronn;
Kässbohrer, Ulm;
Magirus, Ulm;
Magirus-Deutz, Ulm;
MAN, München;
Mercedes-Benz, Stuttgart;
Vetter, Stuttgart;
IVECO, Ulm und Turin.

Veröffentlichungen ausländischer Firmen:

Van Hool, Belgien;
Ionckheere, Belgien;
Berkhoff, Niederlande;
DAF, Niederlande;
Heuliez,Frankreich;
Berliet,Frankreich;
Saviem, Frankreich;
Volvo, Schweden;
Scania, Schweden;
Steyr, Österreich;
Ikarus, Ungarn;
Ayats, Spanien;
Irizar, Spanien;
Caetano, Portugal.

Bildnachweise:

Das Bildmaterial wurde aus den Archiven von Mercedes-Benz, Kässbohrer, MAN, Ernst Auwärter, Gottlob Auwärter/Neoplan, IVECO zur Verfügung gestellt.
Eigenaufnahmen des Verfassers und Archivbilder aus dem Archiv des Verfassers.

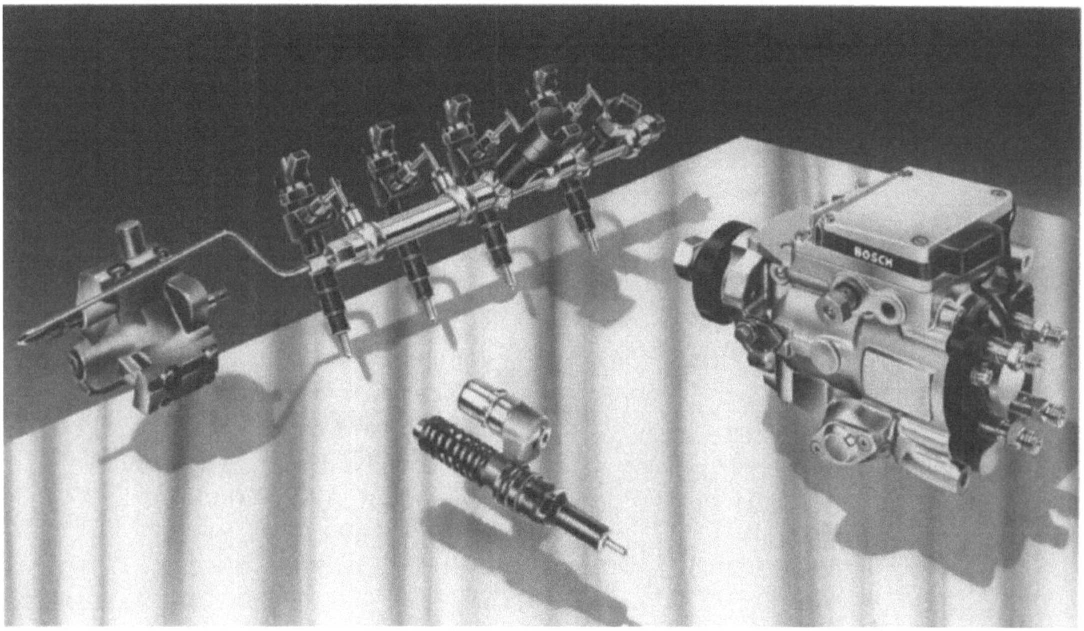
BOSCH

MIX
Papier aus verantwortungsvollen Quellen
Paper from responsible sources
FSC® C105338

If you have any concerns about our products,
you can contact us on
ProductSafety@springernature.com

In case Publisher is established outside the EU,
the EU authorized representative is:
Springer Nature Customer Service Center GmbH
Europaplatz 3, 69115 Heidelberg, Germany

Printed by Libri Plureos GmbH
in Hamburg, Germany